Adolph Witzel

Die antiseptische Behandlung der Pulpakrankheiten des Zahnes

Mit Beiträgen zur Lehre von den Neubildungen in der Pulpa

Adolph Witzel

Die antiseptische Behandlung der Pulpakrankheiten des Zahnes
Mit Beiträgen zur Lehre von den Neubildungen in der Pulpa

ISBN/EAN: 9783743468528

Hergestellt in Europa, USA, Kanada, Australien, Japan

Cover: Foto ©berggeist007 / pixelio.de

Weitere Bücher finden Sie auf **www.hansebooks.com**

DIE

ANTISEPTISCHE BEHANDLUNG

DER

PULPAKRANKHEITEN DES ZAHNES

MIT BEITRÄGEN ZUR LEHRE

VON DEN NEUBILDUNGEN IN DER PULPA

VON

ADOLPH WITZEL,

PRACT. ZAHN-ARZT IN ESSEN AN DER RUHR.

Mit 18 litho- und chromolithographischen Tafeln und 70 Holzschnitten.

COMMISSIONSVERLAG VON C. ASH & SONS

LONDON, LIVERPOOL, MANCHESTER, PARIS, WIEN, HAMBURG, KOPENHAGEN, PETERSBURG UND

BERLIN.

1879.

DEM HERRN

D.̲ CARL WEDL,

Ordentlichen Professor an der Universität in Wien,

als Zeichen

der grössten Hochachtung

gewidmet

VOM VERFASSER.

Inhalt.

Vorwort.
	Seite.
Allgemeine Mittheilung über Behandlung der Pulpakrankheiten. .	3

Ueber die Wirkung der Arsenpasta.
Die Einwirkung der Arsenpasta auf gesundes Pulpagewebe (Tafel I)	8
Einige Notizen über Herstellung von Pulpapräparaten (Fig. 1.)	9
Die Wirkung des Arsens auf krankes Pulpagewebe Tafel II. Tafel VI u. Tafel XVI.)	10
Bemerkungen über Phenoltannin . .	17

Die Ueberkappung blossgelegter Pulpen.
Das Fricke-Atkinson'sche Verfahren	19
Die Einwirkung des Chlorzinkcementes auf gesunde und erkrankte Pulpen Tafel III	20
Die mikroskopische Structur des Pulpagewebes (Fig. 2 und 3) . . .	23
Was ist bei der Ueberkappung blossgelegter Pulpen zu berücksichtigen?	25
Die Indication und die Technik der Pulpaüberkappung	26
Die Ueberkappung dünner, fester Dentinschichten über nahe liegende Pulpen (Fig. 4)	28
Die Ueberkappung blossgelegter Pulpen	29
Misserfolge nach Pulpaüberkappungen vergl. Seite 212 . .	31
Die Prognose der Pulpaüberkappungen Fig. 5 bis Fig. 9)	33
Die Irritation der Pulpa durch oberflächliche Caries Tafel IV . .	37

Die Amputation der partiell entzündeten Pulpakrone.
Klinische Bemerkungen über partielle Pulpitis . . .	39
Differenzialdiagnose der Pulpaaffectionen (vergl. Seite 166 . .	40
Mikroskopische Untersuchungen partiell entzündeter Pulpen (Tafel V) .	41
Beobachtungen über Heilung partiell entzündeter Pulpakronen Fig. 10)	44
Statistische Notizen über Pulpaamputationen . .	49

	Seite.
Die Diagnose der Pulpaamputation . . .	58
Die Application und die Zusammensetzung der Arsenpasta (Tafel VII)	69
Die Technik der Pulpaamputation (Fig. 11—17) . . .	73
An welchen Zähnen kann die Amputation ausgeführt werden? .	73

Neubildungen in der Pulpa.

Vorkommen und Eintheilung derselben (Tafel III, IX und X) .	76
Die Entwickelung der freien Dentinneubildungen (Fig. 18—28) .	85
Die Untersuchung des Pulpagewebes in der Umgegend grösserer Dentikel (Fig. 29, 30, 31)	96
Die Neubildung in den Pulpawurzeln (Dentinoide) (Fig. 32, 33, 34, 35) . .	101
Sind die Odontoblasten niemals an den Dentinneubildungen in der Pulpa betheiligt? (Fig. 36, 37, 38, 39)	105
Die interstitiellen Dentinneubildungen (Fig. 40, 41)	109

Ursachen und Folgen der Dentinneubildungen.

Ueber die Entstehung der Dentikel .	112
Krankenberichte zu Tafel XI und XII . . .	115
Welche Veränderungen werden durch die Gegenwart freier Dentinkel in dem Pulpagewebe herbeigeführt?	121
Die Diagnose der Dentinneubildung	126
Die Behandlung der durch Dentikel veranlassten Pulpaentzündungen (Fig. 43, 44, 45 Tafel XIII)	129
Was wird aus den amputirten Pulpen? (Tafel XIV)	134
Misserfolge nach der Pulpaamputation .	140

Die Totalentzündung der Pulpa.

Die klinischen Erscheinungen der Totalentzündung (cfr. Seite 41, Fig. 46)	150
Ueber rücksichtslose Behandlung der Zahnpatienten . . .	154
Die Ursachen der Pulpaentzündung — Verletzung oder Infection? (Tafel XIV)	155
Der Lister'sche Verband in der Zahnheilkunde . . .	156
Ist es zweckmässig über irritirten und partiell entzündeten Pulpen erweichtes Zahnbein sitzen zu lassen? (Fig. 49 und 50)	165
Das Gesamtbild der Pulpitis (Fig. 51 und 52. Tafel XV)	172
Die Behandlung der Totalentzündungen (Taf. XVI)	181

Das Ausfüllen der Wurzelkanäle.

Allgemeine Bemerkungen über das Ausfüllen der Wurzelkanäle .	185
Das Ausfüllen der Kanäle mit Gold oder Zinnfolie	186
„ „ „ „ mit Creosot oder Chlorzinkcement und Watte .	187
Die Verwendung des Catgut beim Wurzelfüllen (cfr. Fig. 65) . . .	188
Das Ausfüllen der Wurzelkanäle mit Phenolcement (Fig. 53, 54, 55, 56 und Tafel XVII)	189
Ueber die Extraction der Pulpawurzeln (Fig. 57, 58, 61, 67) . .	194

	Seite.
Das Wurzelfüllen unterer Eckzähne und Bicuspidaten (Fig. 59)	196
Die Wurzelfüllung bei unteren Mahlzähnen und Weisheitszähnen (Fig. 60, 61)	197
Beschreibung der Tafel XVIII, (Fig. 18—35)	198
Wurzelfüllungen der Zähne des Oberkiefers Fig. 62)	199
Wurzelfüllungen an den oberen Schneide- und Eckzähnen (Fig. 63, 64)	200
„ „ „ Bicuspidaten (Fig. 65)	202
„ „ „ Mahlzähnen (Fig. 67, 68)	203
„ „ „ Weisheitszähnen	204
Beschreibung der Tafel XVIII, Fig. 1—18	204
Ueber die Vorbehandlung der Wurzelkanäle	205
Krankenberichte zu dem Wurzelfüllen.	209

Die Behandlung der Misserfolge. Allgemeine Schlussbemerkungen.

Die Behandlung der Misserfolge nach dem Ueberkappen der Pulpen	212
Ueber den zu häufigen Gebrauch der Jodtinktur bei Wurzelhautaffectionen	215
Die Behandlung der Nachschmerzen in amputirten Pulpen	216
Die Behandlung der Misserfolge nach dem Ausfüllen der Wurzelkanäle	217
Wann sollen wir Zähne mit erkrankten Pulpen füllen?	219
Die Nothwendigkeit der statistischen Notizen	221
Schlussbemerkungen	222

Druckfehler-Verzeichniss.

Seite 14 Zeile 11 von unten lies gangränösen statt gengranösen.
Seite 51 Zeile 13 von unten lies Tafel IX. statt Tafel VIII.
Seite 79 Zeile 11 von oben lies Tafel XII. statt XIV.
Seite 157 Zeile 6 von unten lies Zahnsubstanzen statt Substanzen.
Seite 164 Zeile 2 von unten lies in derselben statt aus derselben.
Seite 183 Zeile 8 von unten lies Tafel XVI. statt Tafel VI.
Seite 216 Zeile 2 von unten lies Wurzelgefässe statt Wurzelcanäle.

Vorwort.

Durch den Vortrag des Herrn Primarius Dr. Zsigmondy, pract. Arzt und Zahnarzt, den derselbe auf der Versammlung des Central-Vereins Deutscher Zahnärzte in Wien 1872 über „Blossliegende Pulpen" hielt, wurde meine Aufmerksamkeit auf dieses Kapitel der Zahnheilkunde gelenkt, welches ich seitdem unausgesetzt mit Lust und Liebe bearbeitet habe. Die Resultate meiner Studien habe ich bereits vor drei Jahren der Casseler Versammlung in flüchtigen Umrissen vorgelegt, während auf der Versammlung des Central-Vereins Deutscher Zahnärzte in Leipzig den Anwesenden der Inhalt dieses Buches durch meinen Vortrag und durch meine practischen Demonstrationen in seinen Hauptzügen bekannt geworden ist. Für den Leser mussten jedoch mehrere Kapitel wesentlich erweitert werden. Einiges ist ganz neu hinzugetreten.

Ich bin mir wohl bewusst, in einzelnen Kapiteln etwas scharf und schneidig geworden zu sein, allein unserer Spezialität, die vor 10 Jahren kaum als Wissenschaft anerkannt wurde, und die sich seitdem so rasch und so bedeutend emporgearbeitet hat, ihr kann eine gründliche antiseptische Behandlung der mit emporgewucherten kleinen krankhaften Auswüchse nur heilsam und förderlich sein.

Bei der Abfassung dieses Werkes, das durchweg auf eigenen in der Praxis gesammelten Erfahrungen steht, ist auf eine dem Zwecke entsprechende reiche Illustration des Textes die grösste Sorgfalt verwendet worden, und ich darf wol hoffen, dass durch die beigegebenen Holzschnitte, lithographischen und chromolithographischen

Tafeln, wie sie hier von der Meisterhand des Herrn Dr. J. Heitzmann ausgeführt vorliegen, das Interesse des Lesers für die an und für sich trockene Lectüre weit mehr angeregt wird, als durch weitläufig detaillirte Beschreibungen mikroskopischer Beobachtungen, die ohne beigegebene Abbildungen auf die Mehrzahl der Leser grade keine besondere Anziehungskraft ausüben.

Aus diesem Grunde habe ich auch den Text zu den Zeichnungen, für deren vorzügliche Ausführung ich dem Herrn Dr. J. Heitzmann zu grossem Dank verpflichtet bin, so knapp zugemessen.

Den freundlichen Leser bitte ich nun noch, das Buch von Anfang an, Kapitel für Kapitel in seinen Musestunden durchzulesen. Wird ein Abschnitt überschlagen, so bleibt der nachfolgende gänzlich unverständlich. Den eingeschalteten Krankenberichten bitte ich eine besondere Aufmerksamkeit zu widmen; denn ich bin überzeugt, dass durch die Beschreibung selbst beobachteter Misserfolge mehr Nutzen geschaffen wird, als durch die Aufzählung einer grossen Anzahl wohlgelungener Operationen.

Und nun, mein Büchlein, mache furchtlos allen Deutschen Zahnärzten Deinen Besuch und erwirb Dir, wenn es möglich ist, viele Freunde. Allen vorurtheilsfreien Lesern aber bringe die herzlichsten Grüsse

vom

Verfasser.

Essen a. d. Ruhr, den 28. März 1878.

Als ich vor drei Jahren auf der Versammlung des Central-Vereins Deutscher Zahnärzte in Cassel meine Methode: **„Die Behandlung exponirter und canterisirter Pulpen mit Carbolcement"** veröffentlichte, glaubte ich kaum, dass meine Mittheilungen so bald die Aufmerksamkeit tüchtiger Collegen auf sich ziehen würden. Ich konnte dies um so weniger erwarten, weil schon viele Collegen vor mir Gleiches versucht hatten, ohne jedoch mehr zu erreichen, als dass ihre Mittheilungen eben gelesen wurden.

Betrachten wir alle diejenigen Mittel, welche bisher zur Ueberdeckung der exponirten Pulpen zur Anwendung gekommen sind und noch heute von manchem Practiker als probat empfohlen werden. Da gebraucht der Eine Blei- der Andere Zinnplättchen, der Dritte Gold, der Vierte Guttapercha, der Fünfte findet Chlorzinkpulver, der Sechste Creosotwatte oder Schwamm, der Siebente Pappe als sicherste Schutzdecke, ja sogar Holz und Federkiele sind allen Ernstes zum Ueberdecken der Pulpen empfohlen worden.

Wenn ich nun glauben darf, dass durch meine derzeitigen Mittheilungen auch nur einige dieser unfehlbaren Kappen obsolet geworden sind, und ich für meine **anti-eptische Behandlung** auch nur einige Freunde erworben habe, so kann ich mit dem Erfolge sehr zufrieden sein.

Die erste sachliche Bemerkung zu meinem Vortrage bringt College Ostermann (V. J. Schr.*) XV. pag. 63), doch hat derselbe meine Mittheilungen insofern missverstanden, als er glaubt, es sei mir ganz gleichgiltig, ob man die mit Arsen cauterisirte Pulpakrone entferne oder nicht, wenn dieselbe hinterher nur mit Carbolcement überdeckt wird. Diese Anschauung lässt sich mit den in meinem Vortrage dargelegten Ansichten durchaus nicht in Einklang bringen; ebensowenig kann der von Ostermann empfohlene Salicylcement den von mir angegebenen Carbolcement ersetzen.

*) Deutsche Vierteljahrsschrift für Zahnheilkunde. Leipzig. Arthur Felix.

Ferner hat College Steinberger in Wien meine Methode in einer Versammlung des Vereins österreichischer Zahnärzte besprochen (V. J. Schr. 1875), die von mir angegebene Behandlung exponirter Pulpen mit Creosottannin als zweckmässig empfohlen, hingegen den Carbolcement, der ihm nicht fest genug wird, als nicht zweckmässig zur Pulpaüberdeckung verworfen. Und doch ist es gerade dieses Präparat, geschätzte Collegen, auf das ich Ihre Aufmerksamkeit heute wiederholt lenken möchte.

Ich habe endlich noch die Bestätigung meiner Ansicht durch Professor Taft in Cincinnati zu erwähnen, sowie auf eine Arbeit des Collegen Günther in Wien über Creosottannin (V. J. Schr. 1875) zu verweisen, in der Sie neben sachgemässen Erweiterungen die Prinzipien meines in Cassel gehaltenen Vortrages wiederfinden.

Diese Aeusserungen beweisen mir einmal, dass meine derzeitigen Mittheilungen ein gewisses Interesse für sich wachgerufen haben, andererseits geht aber auch aus ihnen hervor, dass ich von verschiedenen Seiten nicht verstanden worden bin, deshalb erlauben Sie mir wol, geehrte Collegen, mein altes Thema heute noch einmal aufzunehmen, um zu versuchen, Sie durch Wort und Bild für eine Behandlung zu gewinnen, mit der ich nun schon seit 5 Jahren die besten Resultate erziele.

Ich führte damals in Cassel aus, dass wir frisch exponirte **gesunde Pulpen,** wenn wir dieselben sofort — noch ehe sie vom Speichel überschwemmt werden — mit schwacher Creosottanninlösung antiseptisch behandeln, durch Ueberkappung mit Cement fast stets dem Zahne erhalten können, während unsere Bemühungen, bereits entzündete Pulpen durch das gleiche Verfahren zu erhalten, in der Mehrzahl der Fälle ungünstige Resultate geliefert haben.

Meine Herren! Auch heute, nach Verlauf von vier Jahren, bin ich mit der Behandlung entzündeter Pulpen nicht wesentlich glücklicher gewesen. Es stellen sich eben diesen Versuchen viele locale Hindernisse in den Weg, die den Erfolg der Operation höchst wahrscheinlich stets fraglich machen werden.

Wäre es uns möglich, jede zur Behandlung kommende Pulpa stets genau untersuchen zu können, so würde unsere Stellung dieser

Krankheit gegenüber längst eine bestimmtere sein. Ganz treffend bezeichnet ein amerikanischer College diesen Punct mit einem Gleichnisse, indem er sagt: „Bei der Behandlung der Pulpakrankheiten geht es uns ungefähr so, als wenn man einem Arzte seine Patienten in ein grosses Fass stecken und von ihm verlangen würde, er sollte vom Spundloche aus seine Kranken untersuchen und behandeln."

So liegen in der That die Verhältnisse bei der Behandlung exponirter Pulpen: Die subjectiven Erscheinungen der Pulpa-Affection, soweit uns intelligente Patienten darüber berichten können, sind unzuverlässig; der objective Befund bietet ebenfalls keine sichern Anhaltspuncte, denn meist ist die freiliegende Stelle vom Excavator auch noch leicht verletzt, die Pulpa blutet ein wenig, so dass uns selbst die kleine freiliegende Stelle nur ein unklares Bild gibt. Um das kranke Organ genauer zu überblicken, müssen wir einen grösseren Theil der Pulpahöhlenwände abtragen, eine Operation, welche die Erhaltung der Pulpa noch mehr in Frage stellen würde.

Wenn es mir auch in vielen Fällen gelang, die entzündete Pulpa mit Carboltanninlösung zu beruhigen, dieselbe durch mehrstündige Anwendung des Mittels gegen leichten Druck unempfindlich zu machen, und ich oft mit den besten Hoffnungen die Cementkappe auf die erkrankte Pulpa aufsetzte, so habe ich dennoch — trotz meiner Vorsicht in der Auswahl der einzelnen Fälle — meist schlechte Resultate gehabt. Ich sah die Pulpaentzündung oft gleich an demselben Tage, manchmal auch erst nach Wochen in dem gefüllten Zahne wieder auftreten, die dann trotz aller Derivativa nur durch die Anbohrung der Pulpahöhle zuweilen gelindert werden konnte.

Dass ein solcher Ausgang den Zahn viel weniger sichert, als die vollständige Entfernung der Pulpa oder Amputation der Pulpakrone und Ausfüllung der Pulpahöhle mit Carbolcement ist selbstverständlich, denn die durch dies Bohrloch eintretenden Fäulnisserreger führen ohne Ausnahme schliesslich den vollständigen Zerfall der Pulpa herbei, ein Vorgang, der meist mit periostalen Reizungserscheinungen Hand in Hand geht, so dass solche Zähne, wenn sie auch nicht direct schmerzen, doch stets beim Kauen empfindlich sind, ein Umstand, der auf Schwellung der Wurzelhaut zurückzuführen ist.

Wir sehen uns daher immer auf's Neue gezwungen, in den Fällen, wo unsere Patienten trotz einer vorhandenen Pulpaentzündung die Erhaltung des Zahnes wünschen, nach einem Mittel — **der Arsenikpasta** zu greifen, um zuerst auf eine möglichst humane Weise die oft qualvollen Schmerzen zu beseitigen und den Zahn gleichzeitig für die weitere Behandlung vorzubereiten.

Ueber die Wirkung der Arsenpasta auf entzündete Pulpen ist bereits so viel für und wider geschrieben worden, dass ich eigentlich erst um Entschuldigung bitten muss, bei diesem Medicamente nochmals einige Minuten zu verweilen.

Die Veranlassung hierzu giebt mir R. Baume mit seiner Besprechung über den Werth der Arsenpasta in seinem kürzlich erschienenen Lehrbuche der Zahnheilkunde*). Es liegt nicht in meiner Absicht, hier eine Kritik eines Werkes zu geben, dessen Erscheinen wir alle mit Freuden begrüsst haben; es soll hier nur auf einige Irrthümer hingewiesen werden, von denen ja Werke von dem Umfange, wie das in Rede stehende, selten frei sind.

Wenn früher von anderer Seite der Anwendung der Arsenpasta oft die wunderlichsten Nachwehen zugeschrieben wurden, so haben wir das entschuldigt, da diese Mittheilungen meist auf einseitige Beobachtungen zurückzuführen waren, allein in einem Lehrbuche der Zahnheilkunde hätten wir vor allen Dingen eine ruhigere, objectivere Besprechung desjenigen Mittels erwartet, das wir täglich zur Behandlung der Pulpaentzündung anwenden, und dessen wir uns voraussichtlich noch lange Jahre vor wie nach mit Erfolg bedienen werden.

*) Leipzig, Arthur Felix.

Die Anwendung und Wirkung der Arsenpasta war einer gründlicheren Untersuchung werth, als sie uns dort geboten wird; nahezu befremden muss es uns jedoch, dass dem alten Liede von der tief eingreifenden Wirkung des Arsens noch ein neuer Vers von der Zerstörung der Zahnsubstanzen durch die Aetzpasta hinzugefügt worden ist.

Für keine der von ihm hier aufgestellten Behauptungen hat uns Baume stichhaltige Beweise gebracht.

Wenn er sagt, dass jeder Zahn mit erkrankter Pulpa, der nicht gefüllt werden kann oder soll, besser extrahirt, als mit Arsen schmerzfrei gemacht werde, so bestätigt er damit meine in Cassel ausgesprochene Ansicht. Wenn wir aber Patienten haben, welche die Erhaltung eines solchen Zahnes doch wünschen — und ich meine, mit diesem Verlangen muss die moderne Zahnheilkunde rechnen — so will es uns nahezu barbarisch erscheinen, anstatt durch sachgemässe Anwendung der Arsenpasta auf leichte und sichere Weise die Schmerzen zu beseitigen, dem Patienten ohne Grund diese Behandlung zu verweigern und das kranke Organ, das ja bekanntlich schon gegen den leichtesten Sondendruck sehr empfindlich ist, mit der Bohrmaschine auszubohren. Wenn sich der Patient gegen eine solche Behandlung auflehnt, so thut er das mit vollem Rechte, denn diese Doctrin **passt nicht** in den Rahmen einer modernen Zahnheilkunde.

Es ist nicht allzuschwer, dem beobachtenden Zahnarzte klar zu legen, dass die, hier der Anwendung der Arsenpasta zur Last gelegten consecutiven Periosterkrankungen, dem Mittel selbst nicht ausschliesslich zugeschrieben werden können.

Die vielfach betonte tiefe Einwirkung der Arsenpasta ist nicht nachweisbar.

Ich habe durch meine der Versammlung in Cassel vorgelegten Pulpapräparate bewiesen, dass das Mittel, wenn es auf eine nicht verletzte gesunde Pulpa aufgelegt wird, ganz oberflächlich wirkt, auch auf eine partiell entzündete Pulpakrone (z. B. auf die freiliegende Papille einer Mahlzahnpulpa applicirt) nur in der

Richtung des erweichten Pulpagewebes devitalisirt, während die gesunden Theile der Krone und die Wurzeln von der Zerstörung nicht betroffen werden.

Tafel I. Cauterisirte Pulpa aus einem kräftigen oberen mittleren Schneidezahn, dessen Krone durch einen Pivotzahn ersetzt wurde. **Die gesunde Pulpa** lag in einer vollständig intacten Höhle und musste erst durch Wegbohren des harten Dentins freigelegt werden. Die exponirte, nur oberflächlich vom Bohrer verletzte Stelle wurde mit Carbolarsenpasta cauterisirt und nach zwölf Stunden aus der erweiterten Pulpahöhle mit dem Extractor herausgenommen und zur mikroskopischen Untersuchung hergerichtet. In der Abbildung des Präparates sieht man bei **a** die mit der Arsenpasta in Berührung gekommene Stelle, vom ausgetretenen Blutfarbestoff scharlachroth gefärbt. Die vom Aetzmittel nicht direkt getroffene Stelle ist entzündlich geröthet, in ihr verlaufen mehrere stärkere und schwächere mit Blut überfüllte Capillaren **b**; genau so wie es bei partiell entzündeten Pulpen beobachtet wird. Bei **c** liegt in der vom Extractor zerrissenen Partie ein Blutextravasat, das wahrscheinlich in Folge einer Gefässverletzung bei der Herausnahme der Pulpa entstanden ist: links neben und unter demselben sieht man ein stärkeres Gefäss **d**, das als helle Linie auch noch in der Wurzelpulpa sichtbar war.

Nur selten findet man bei extrahirten gesunden Pulpen die Gefässe mit Blut angefüllt. Dieselben erscheinen gewöhnlich in frischen Präparaten als hellrothe, nur bei schräger Beleuchtung hervortretende Linien, während sie in entzündeten Pulpen von Blut strotzend, oft schon mit blossem Auge zu sehen sind.

In dem vorliegenden Wurzelpulpapräparate waren die stärkeren Gefässstämme als blassrothe Linien sichtbar, die jedoch schon nach wenigen Stunden durch das Glycerin verwischt waren. Beim Ablösen der Pulpa von den Häkchen des Extractors wurde dieselbe in zwei Theile zerrissen. In dem kürzeren sieht man bei **e** drei runde einfache und ein grösseres zusammengeflossenes Dentikel. Zwei kleinere eingebuchtete Dentinkörperchen liegen bei **f**. In dem stärkeren, zur linken Hand liegenden Theile der Pulpawurzel bemerkt man zwischen **g** eine grosse Anzahl im Parenchym zerstreut liegende Kalkkörnerchen,

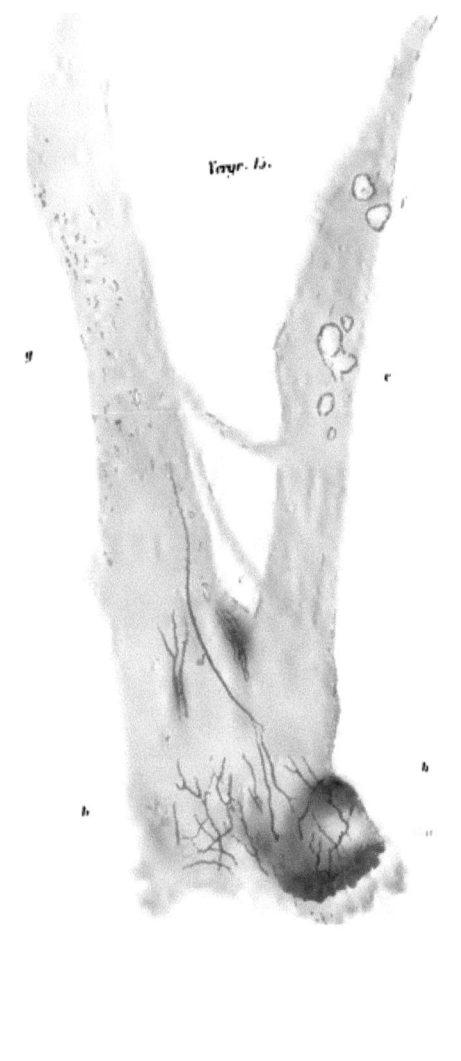

sonst aber keine Spur von entzündlicher Reaction. Die Gesammtbetrachtung dieses Präparates liefert den unumstösslichen Beweis, dass die Wirkung der Arsenpasta auf eine gesunde, wenig verletzte Pulpa eine ganz oberflächliche ist.

Die Beschaffung geeigneter mikroskopischer Präparate, wie wir sie in unserem Werke zur Abbildung bringen, ist in einer Privat-Praxis oft mit grossen Schwierigkeiten verbunden. Die Patienten, welche uns consultiren, wollen gewöhnlich ihre Zähne erhalten und nicht extrahirt haben, und deshalb bekommt der Zahnarzt selten gesunde und leicht entzündete Pulpen unter das Mikroskop. Eine zweite Schwierigkeit liegt in der Auslösung der Pulpa aus ihrer festen Umhüllung. Früher wurde zu diesem Zwecke das Sprengen des Zahns in einem Schraubstock empfohlen; doch nur selten bekamen wir bei diesem Verfahren brauchbare Objecte; die meisten Pulpen waren durch eingedrungene Zahnfragmente total verletzt.

Jetzt brauche ich zur Section des Zahnes die neben abgebildete Zange (Fig. 1), wie sie zur Trennung verwachsener Wurzeln gebraucht wird. Da, wo ich die Zange in Schmelz ansetzen muss, schneide ich mit einer Feile kleine Furchen, setze da die Schneiden der Zange ein und mit einem kräftigen Druck ist der Zahn in zwei Hälften gesprengt. Gewöhnlich liegt dann die Pulpa unverletzt in den beiden Stücken, die dann von der Wurzel aus so mit der Zange weiter zerlegt werden, dass die Pulpa mit der Pincette aus den Canälen leicht herausgenommen werden kann. Während der Section muss der Zahn beständig mit Glycerin befeuchtet und der Zutritt der Luft so viel als möglich ausgeschlossen werden.

Fig. 1.

Die so erhaltene Pulpa wird auf den bereitliegenden Objectträger in einem Tropfen Glycerin gebracht. Ehe das Deckgläschen aufgelegt wird, untersuche ich die Pulpen mit einer guten Loupe, lege event. die um ihre Axe gedrehten Wurzeltheile mit der Pincette und den Mikroskopirnadeln zurecht und beseitige gleichzeitig etwa anhängende Zahnfragmente. Nun bedecke ich das Object mit einem dünnen hinreichend grossen Deckgläschen und drücke die Pulpa mit demselben durch einen leichten Druck allmälig etwas breit. Liegt das Object gut, befinden sich keine Luftblasen in unmittelbarer Nähe desselben, so wird das überflüssige, am Rande des

Deckgläschens ausgetretene Glycerin mit einem Stückchen Zunder abgewischt, der Rest mit einem feinen Haarpinsel abgenommen und der Rand des Deckgläschens mit geschmolzenem Terpentin sorgfältig umpinselt. Ich kann Terpentin besonders empfehlen, weil es sich trotz etwaiger Glycerinreste fest mit dem Glase verbindet; es wird durch Eindampfen des käuflichen Terpentins zur Harzconsistenz gewonnen. Mit einem warmen Spatel wird dann die Terpentinleiste geglättet und beschnitten und weiter mit Terpentin die über dem Spiritus erwärmten Schutzleisten auf dem Objectträger befestigt. Auf diese klebe ich dann mit Gummi zwei Zettel und bezeichne darauf mit wenigen Worten den Character und die Präparation des Objectes.

Durch dieses Verfahren erhält man namentlich in grösseren Präparaten das Blut in den Gefässen auf längere Zeit, allmälig wird jedoch durch das eindringende Glycerin der Blutfarbestoff gelöst und die Gefässe erblassen.

Kleinere Objecte werden durch das sog. Tinctions-Verfahren sehr vortheilhaft zur mikroskopischen Untersuchung hergerichtet. Man benutzt dazu nach der Angabe von Gerlach (mikroskopische Studien, Erlangen 1858) eine Auflösung von Carmin in amoniakhaltigem Wasser, in welcher jedoch jeder Ueberschuss von Amoniak, den man durch den Geruch leicht erkennen kann, zu vermeiden ist. In eine solche Auflösung, welche man am zweckmässigsten in einem Uhrgläschen herrichtet, legt man die Pulpa auf 6—10 Minuten hinein, wodurch dieselbe eine intensivrothe Farbe erhält, darauf bringt man das Object in ein anderes Uhrglas, in dem sich eine schwache Lösung von Essigsäure in Weingeist oder Glycerin befindet und lässt es daselbst einige Minuten liegen. Ist die Färbung des Präparates gut gelungen, so erscheinen die Kernbildungen unter dem Mikroskop als tief-roth gefärbt, die Zellen haben weniger Farbstoff aufgenommen und die Intercellularsubstanz ist nahezu farblos geblieben. Durch diese Färbung mit Carmin werden die mikroskopischen Bilder wesentlich übersichtlicher und durch die Aufbewahrungsflüssigkeit wenig oder gar nicht mehr erhellt.

Die Wirkung des Arsens auf das Pulpagewebe ist noch nicht ganz aufgeklärt, das scheint jedoch ausser Frage zu stehen, dass die specifische Wirkung des Mittels zuerst Veränderungen in den Nervenendungen herbeiführt.

Das Gefühl ist in der geätzten Stelle aufgehoben, während die Circulation noch fortbesteht, dieselbe wird erst nach einigen Stunden mit dem beginnenden Zerfall in den cauterisirten Theilen ganz unterbrochen. Man findet dann in dem Parenchym der Pulpa in der Umgegend der geätzten Stelle Blutextravasate, wahrscheinlich in Folge von Gefässrupturen.

Gleich nach dem Auflegen des Aetzmittels tritt nämlich in der entzündeten, hyperämischen Pulpa eine noch stärkere Füllung der Gefässe des Organs in seiner ganzen Ausdehnung ein, in der entzündeten Partie selbst kommt es zu bedeutenden Ausdehnungen der Capillargefässe, die an den exponirten Stellen leicht bersten.

Extrahirt man eine solche Pulpa bald nachdem die heftigen Schmerzen nachgelassen haben, so findet man auch den anfangs nicht entzündeten und vom Aetzmittel nicht getroffenen Theil blutroth gefärbt.

Diese secundäre Fluxion erscheint nach der Vorbehandlung der exponirten Pulpa mit Carboltannin viel weniger stark, und durch die leichte Aetzung wird die Hyperästhesie in den entzündeten Theilen schnell beseitigt. Nach der vorbereitenden Anästhesirung der Pulpa mit Carbollösung ist die Wirkung der Arsenpasta eine viel mildere und die Blutzufuhr nach den gesunden Theilen eine viel schwächere. Die Entzündungsröthe tritt, sobald die oberflächliche Partie der Pulpa durch das Aetzmittel zerstört worden ist, unter dem Einflusse des antiseptischen Verbandes aus den gesunden Theilen der Pulpa wieder zurück und beschränkt sich dann auf die Umgebung der freiliegenden, vom Aetzmittel getroffenen Stelle.

Dieser Rücktritt der Entzündungsröthe aus den gesunden Pulpatheilen muss abgewartet werden, ehe man die Pulpa amputirt oder exstirpirt. Deshalb lasse ich das Aetmittel auf einer partiell entzündeten Pulpa ungefähr 24 Stunden, auf einer total entzündeten 48 Stunden unter einem gut schliessenden Carbolmastixverbande liegen.

Wird die cauterisirte Pulpa dann aus dem Zahne herausgenommen, so sieht man bei Totalentzündung derselben auch die Pulpawurzel wieder freier von Entzündungsröthe, während sich bei partiell entzündeten Pulpen die Wirkung des Aetzmittels und die Durchtränkung des Pulpagewebes mit Blutfarbstoff auf die Pulpakrone beschränkt.

Die nebenstehende **Tafel II.** bringt mit Figur 1 die Wurzel einer total entzündeten Pulpa 3 Stunden nach der Arsenik-Aetzung des Kronentheils extrahirt. Die Entzündungsröthe a lief an dem frischen Präparate fast bis zur Wurzelspitze aus, in welcher ein erweitertes stärkeres Blutgefäss b sichtbar war.

Fig. 2. Wurzel einer stark entzündeten Pulpa, 24 Stunden nach der Cauterisation aus dem Zahne herausgenommen. Die Entzündungsröthe ist hier zurückgetreten und beschränkt sich auf den Kronentheil der Pulpawurzel, in welchem zwischen den entzündeten Partien a ein grosses pyramidenförmiges Dentikel b liegt.

Fig. 3. Cauterisirte Pulpa eines Eckzahnes. Die vom Arsenik getroffene Partie — Aetzschorf — blieb zum Theil am Nervextractor hängen. Der hier abgebildete, vom Aetzmittel nicht direct getroffene Kronentheil der Pulpa ist blutroth gefärbt. Am Halse verliert sich die Entzündungsröthe allmälig. Der Wurzeltheil ist von Entzündung frei. In demselben sehen wir, von der Wurzelspitze ausgehend, zwei Gefässe b, dazwischen, sowie auch in dem Kronentheile mehrere kleine Dentinkörperchen c. In dem Grundgewebe der Pulpawurzel liegt neben den Gefässen und Nerven eine zahlreiche Menge kleiner runder, ovaler und spindelförmiger Kalkinselchen (Dentinoide).

Die weiteren mikroskopischen Befunde, wie wir sie an den geätzten Pulpatheilen bei stärkerer Vergrösserung fanden, zählen wir hier nicht auf, wir verweisen auf die hierauf bezüglichen Abbildungen in unserer Arbeit:

> hier betonen wir nur noch einmal, dass in den nicht direct cauterisirten Pulpatheilen Gewebsveränderungen, welche der Arsenpasta zur Last gelegt werden konnten, nicht nachzuweisen waren. Wir mussten sie vielmehr immer **als Folgen der präexistirenden Pulpaentzündung auffassen.**

Im Allgemeinen kann man sagen, dass, je mehr das Pulpagewebe durch die Entzündung erweicht worden ist, um so tiefer sich auch die Wirkung des Aetzmittels nachweisen lassen wird.

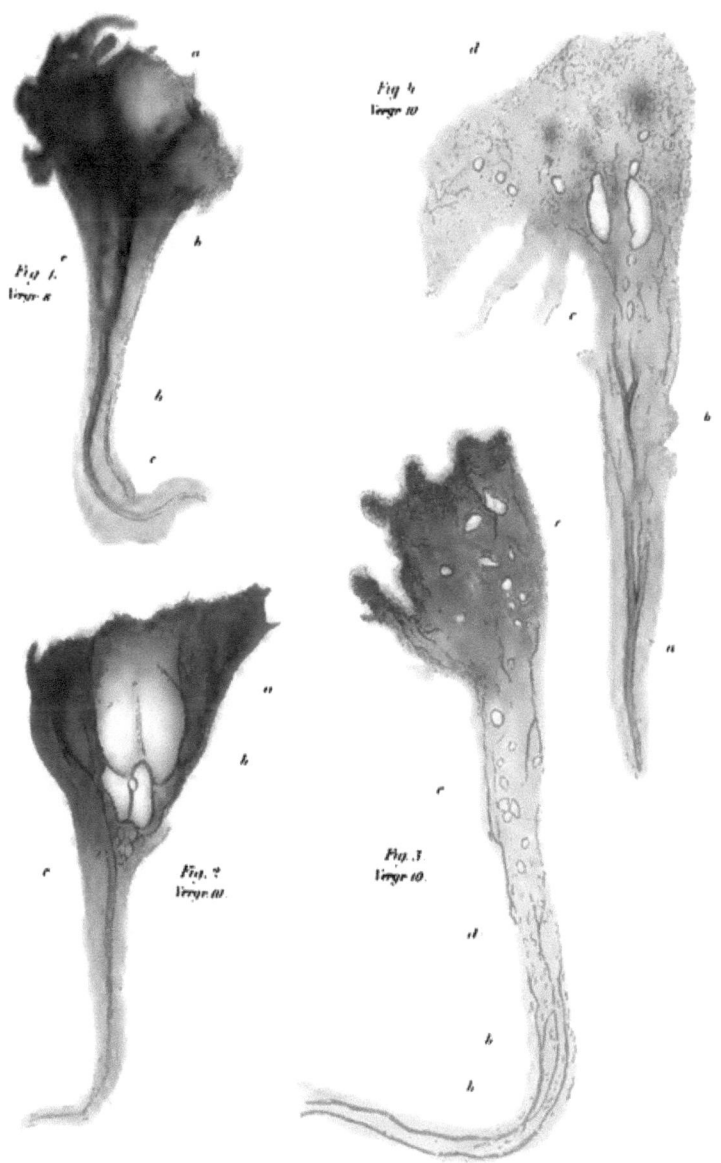

Kommt Periostitis nach der sachgemässen Anwendung der Arsenpasta zur Beobachtung — und das ist ja nach der Aetzung total entzündeter Pulpen zuweilen der Fall — so ist das für uns noch lange kein Grund, dieselbe als Folge der Arsenikätzung aufzufassen. Wir wissen, dass bei acuter Pulpitis, namentlich wenn sie in einer geschlossenen oder nur wenig eröffneten Pulpahöhle auftritt und schnell das ganze Organ ergreift, das Periost stets mehr oder weniger in Mitleidenschaft gezogen wird, es liegt hier schon ehe wir den Zahn mit Arsenik behandeln, eine Irritation der Wurzelhaut vor, welche sich nicht immer durch die Percussion nachweisen lässt.

Tafel II, Fig. 4. ist die Pulpawurzel aus einem unteren, schwach entwickelten Mahlzahne eines 13 Jahre alten Knaben. Der Zahn hatte dem jungen Patienten erst seit 24 Stunden Schmerzen bereitet und war gegen Percussion kaum empfindlich. Trotzdem fand ich nach der Extraction an beiden Wurzeln das Periost stark geröthet und etwas verdickt. Die Section des Zahnes gab mir eine Pulpa, die in der Nähe des cariösen Defectes, welcher die Höhle noch nicht erreicht hatte, einen Abscess zeigte. Die Spitze der hier abgebildeten Distalpulpawurzel ist von einem stark erweiterten Gefässstrange **a** durchzogen. In der Mitte des Präparates liegt ein schwächerer Gefässstrang **b**, und in dem entzündeten, bereits in Schmelzung begriffenen Kronentheile sieht man mehrere Kalkspindeln (Dentinoide) **c**, von Blutextravasaten **d** umgeben.

Wird eine solche Pulpa — wie es leider von unberufenen Händen oft genug geschieht — erst tief verwundet und das Aetzmittel dann noch **durch rohen Druck in die Pulpawunde hineingequetscht**, so brauchen wir uns wahrlich nicht zu wundern, am andern Tage Reizungen des Periostes vorzufinden.

Jedem Zahnarzte, der die von ihm extrahirten Zähne untersucht, ist es bekannt, dass bei länger bestandener Pulpitis oder bei acuter Pulpaentzündung, die mit raschem Zerfall des Gewebes einhergeht, stets eine deutlich sichtbare Injection und Schwellung der Wurzelhaut vorhanden ist; er findet genau dieselben Erscheinungen an den Wurzelspitzen, gleichviel ob die Pulpen am Tage vorher mit Arsen behandelt worden sind oder nicht. Ebenso bekannt ist es, dass in einzelnen Fällen die secundären Wurzelhautentzündungen, welche als Folge einer Pulpitis erscheinen, nach Cauterisation der Pulpa verschwinden.

Vor einiger Zeit consultirte mich eine meiner Patientinnen, welcher ich vor 4 Jahren den oberen zweiten Backenzahn mit Cement gefüllt hatte, und klagte über heftige Schmerzen an der ganzen linken Gesichtshälfte, die nach Ansicht der Patientin von dem gefüllten Zahne ausgehen mussten, da sie denselben kaum mit der Zungenspitze berühren durfte. Der angeklagte Zahn war allerdings gegen Percussion sehr empfindlich, stand aber fest in seiner gegen Druck unempfindlichen Alveole; dagegen fand ich an dem benachbarten ersten Backzahne, der auch wurzelkrank erschien, eine cariöse Höhle und in derselben unter der erweichten Dentindecke eine stark entzündete Pulpa, die aus der verletzten Höhle reichlich blutete. Schon durch die geringe Blutung wurden die Schmerzen wesentlich gemildert, die nach halbstündiger Carbolisirung der Pulpa auch in dem Nachbarzahne fast ganz verschwunden waren.

Es lag hier eine Pulpitis des cariösen Zahnes vor, zu welcher sich zunächst, wie so oft, Periostitis desselben Zahnes und später durch Fortleitung auch Periostitis am Nachbar gesellt hatte.

Bleibt eine cauterisirte Pulpa ohne jede Nachbehandlung, wird weder die Zahnhöhle erweitert, noch die geätzte Pulpakrone nach einigen Tagen entfernt, verstopft sich endlich noch die Cavität mit Speiseresten, so stellt sich nach einigen Wochen mit dem durch die Verstopfung der Höhle herbeigeführten gengranösen Zerfall der Pulpa consecutive Periostitis ein. Der auf der Pulpa zurückgelassene Aetzschorf ist es, der hier in erster Linie solchen Zähnen gefährlich wird. Er zerfällt in der warmen feuchten Zahnhöhle, die von Fäulniss-Bacterien wimmelt, ausserordentlich schnell in eine braun-röthliche oder grau-grünliche Masse mit dem bekannten Fäulnissgeruche, und eben diese Gewebsauflösung zieht das darunter liegende gesunde Gewebe mit in das Verderben hinein: es entsteht consecutive Wurzelhautentzündung.

Wird hingegen eine Pulpa nach der Aetzung mit Bohrer oder Excavator amputirt und antiseptisch nachbehandelt, wird endlich wie es von jedem vorsichtigen Operateure stets geschehen sollte der Zahn mit Schmelzmesser und Feile so hergerichtet, dass eine feste Verstopfung der Cavität nicht möglich ist, oder werden ganz defecte Zahnkronen nach der Cauterisation abgeschnitten und die Zahnränder mit dem Zahnfleisch gleich gefeilt, so werden an den Wurzeln so behandelter Zähne Periostiten zu den Seltenheiten gehören. Die Zähne werden oft noch jahrelang vom Patienten zum Kauen benutzt, ob mit oder ohne Nachtheil für die übrigen Zähne wird hier nicht discutirt.

Ich wiederhole, dass der sachgemässen Anwendung der Arsenpasta die secundären Periosterkrankungen nicht zugeschrieben werden dürfen, und die aufgestellte Behauptung, dass die harten Zahngewebe durch die Aetzpasta zersetzt werden, hat bis jetzt noch Niemand bewiesen.

„Der schlimmste Vorwurf", sagt Baume*), „welcher das Arsenik trifft, ist, dass ein solcher Zahn sehr gelitten hat, das Zahnbein ist durch das Causticum zersetzt und zerfällt sehr bald."

Hier kann doch nur von einer chemischen Zersetzung der Zahngewebe durch die arsenige Säure die Rede sein, und da drängt sich uns wieder die Frage auf, wie ist das möglich? Die Affinität der arsenigen Säure zu den Kalksalzen des Zahnes ist eine so schwache, dass eine Zersetzung derselben durch eine so winzige Portion Arsenik, die noch dazu an andere Substanzen gebunden direct auf die Pulpa gelegt wird, **unmöglich ist,** zumal da das Aetzmittel, durch Wachs oder Mastixschwamm fixirt, kaum mit den Wänden der Höhle in Berührung kommt und am andern Tage mit dem Aetzpastaträger fast vollständig wieder aus dem Zahne entfernt wird. Die Portion Arsenikpasta, die wir zur Zerstörung der Pulpaoberfläche gebrauchen, ist zu klein, um vorher abgewogen werden zu können. Ich bin aber fest überzeugt, dass nicht der 10. Theil von dieser winzigen Portion Arsen von der Pulpa aufgenommen wird. Hiervon kann man sich beim Gebrauch der rothen Carbolarsenpasta sehr leicht überzeugen.

---
* Lehrbuch der Zahnheilkunde. Leipzig. Arthur Felix. Seite 246.

Um die Beweise zu erschöpfen, liess ich Schliffe von frisch extrahirten Zähnen anfertigen und bedeckte dieselben mit einer Portion Pasta aus Arsen und Ol. Caryophyll. Wie zu erwarten war, zeigte der Schliff am anderen Tage auch nicht die Spur einer Einwirkung. Wir machten gleichzeitig einen Versuch mit einer Mischung von Arsen und Creosot, am anderen Tage fanden wir die belegte Stelle etwas getrübt. Der dritte Versuch wurde mit Creosot allein gemacht und auf dem Schliffe dieselbe Wirkung gefunden, wie nach Versuch zwei. Zuletzt machte ich noch von einem gesunden temporairen Eckzahne einen feinen Längsschliff und theilte denselben in zwei Hälften, von denen die eine 8 Tage in die Phenol-arsen-pasta eingelegt wurde. Beim späteren Vergleich dieser Hälfte mit der, welche nicht in der Pasta gelegen hatte, liess sich selbst mit dem Mikroskop absolut keine Einwirkung auf das Zahnbein constatiren.

Hieraus geht mit Sicherheit hervor, dass das Arsen in der kurzen Zeit, in welcher es mit dem Zahngewebe in Berührung kommt, keine chemische Zersetzung des Zahnbeines herbeiführen kann.

Warum, frage ich, soll hier der Zerfall der Zahnkrone wieder durch die Anwendung des Arsens erklärt werden, warum wird hier nicht dem Studirenden, für den doch ein jedes Lehrbuch hauptsächlich geschrieben sein dürfte, auseinandergesetzt, dass ein Zahn, seines Ernährungsorgans gänzlich beraubt, sich selbst überlassen, naturgemäss zerfallen muss, und dass der Zerfall stets eintreten wird, gleichviel ob die Pulpa mit Arsenik zerstört und dann exstirpirt wird oder ob sie dem armen Patienten nach der Angabe von Baume bis zur Wurzelspitze (!) mit der Bohrmaschine herausgebohrt wird.

Ich muss mich daher heute, wie vor 3 Jahren, trotz aller Angriffe, **für die Unentbehrlichkeit der Arsenpasta** bei Behandlung der Pulpaentzündungen aussprechen. Die Wirkung derselben ist stets eine sichere, und wenn wir die Pulpa vorher einige Minuten mit Carboltanin behandeln, nahezu schmerzlose. Ihre Anwendung hat nur dann unangenehme Folgen, wenn die Pasta entweder nicht richtig applicirt, oder wenn die Indicationen für ihre Anwendung nicht richtig erwogen, oder wenn die geätzte Pulpa resp. der Zahn nach der Canterisation nicht sachgemäss weiter behandelt wird; und ich betone hier nochmals: Die Arsenpasta ist das schätzenswertheste Heilmittel unseres Arzneischrankes, sie ist bis heute der conservativen Zahnheilkunde noch unentbehrlich; ich behaupte, dass auch mit Arsen behandelte Zähne, wenn sie hinterher sachgemäss gefüllt werden, noch lange Jahre hindurch bestehen. **Wir können aus unserer Praxis eine Menge Patienten vorführen, deren Zahnpulpen wir vor 8 Jahren canterisirt haben, und bei denen die nachträglich gut gefüllten Zähne noch heute bestehen. Thatsachen beweisen.**

Ehe ich weiter gehe, muss ich einige Worte über das bereits genannte **Phenol-Tannin-Präparat***) sagen, das seit 2 Jahren das Creosot und auch die von mir früher angegebene Creosot-Tanninlösung**) aus meinem Operationszimmer ganz verdrängt hat und letztere durch den Morphiumzusatz noch wesentlich übertrifft.

---

*) Wir wählen hier absichtlich den Namen **Phenol**, statt Carbolsäure, weil letztere, streng genommen, keine Säure ist. Carbonate werden durch dieselbe nicht zersetzt, Lackmuspapier wird davon nicht geröthet.

Reines wasserfreies Phenol crystallisirt in grossen farblosen Prismen, welche bei 40° schmelzen, sich in 15 Theilen Wasser, in Alkohol, Aether und Glycerin in jedem Verhältnisse lösen. Das chemisch nicht ganz reine Phenol der Pharmakopöe ist in seinen Löslichkeitsverhältnissen hiervon etwas verschieden.

Die Keimfähigkeit der Pilzsporen wird durch 0,06 pCt., die Fäulniss von Eiweiss durch 2 pCt. aufgehoben, und durch Zusatz von 0,1–0,5 pCt. zu frischem eiweisshaltigem Gewebe verhindert, so lange als das Phenol nicht vollständig verflüchtigt ist; mit der Aufhebung der Fäulniss durch Phenol verschwindet auch der Fäulnissgestank.

Durch inneren Gebrauch, sowie durch Resorption aufgepinselten Phenols durch die unverletzte Haut, ist tödtlicher Ausgang veranlasst worden; ebenfalls wird das Phenol leicht von Wunden, von subcutanem Zellgewebe bei Injectionen, ebenso von allen Schleimhäuten in die Blutmasse aufgenommen; es ist deshalb Vorsicht bei der Anwendung des Phenols gerathen.

Oertlich wirkt es in schwächeren Lösungen so, dass zunächst ein Brennen, dann leichte Anästhesie der bepinselten Stellen sowohl auf der äusseren Haut, als auch auf Schleimhäuten veranlasst. In concentrirten Lösungen ätzt es die Gewebe stark, wobei dieselben durchsichtig werden. Nothnagel.

**) cfr. V. J. Sch. für Zahnheilkunde. 1874. pag. 138.

Dieses Mittel hat vor dem Creosot und den bisher gebrauchten Phenollösungen schon den grossen Vorzug, dass ihm der uns Allen nur zu gut bekannte Theergeruch fehlt, ein Geruch, an dem die Patienten zuweilen den Zahnarzt noch auf der Strasse erkennen wollen. Der penetrante Phenolgeruch ist in dieser Lösung durch ein besonderes Herstellungsverfahren gebunden, ohne dass die desinficirende Kraft des Phenols geschwächt worden wäre. Sie zeichnet sich ferner vor ähnlichen Aetzmitteln dadurch aus, dass sie, obwohl für unsere Zwecke hinlänglich stark, doch nur **oberflächlich** ätzt, und dass wir mit ihr im Stande sind, durch längere constante Einwirkung eine schwache locale Anästhesie zu erzeugen, die so gesteigert werden kann, dass wir Nadelstiche, ja sogar kleine Einschnitte durch die von ihr betroffenen Hautstellen nicht mehr als Schmerz fühlen. Aehnliche Wirkung haben fast alle Aetzmittel — keins jedoch in so hervorragender Weise als die von mir angegebene Morphium-Phenoltanninlösung. Gerade diese physiologische Wirkung macht das Phenoltannin für unsere Zwecke ganz ausserordentlich verwendbar, namentlich bei der Behandlung der Pulpakrankheiten. Es cauterisirt und anästhesirt eine freiliegende Pulpa in kurzer Zeit und ohne schmerzhafte Reaction; durch die adstringirende Wirkung des Tannins wird die Blutzufuhr nach dem entzündeten Theile des Organes herabgesetzt, und entzündete Pulpen sind nach 10 Minuten langer Application des Mittels in der Mehrzahl der Fälle ganz schmerzfrei, so dass die Wirkung der nachgelegten Arsenpasta kaum noch gefühlt wird.

Bleibt die Phenoltanninlösung auf einer bereits exponirten Pulpa gut abgeschlossen mehrere Stunden liegen, so tritt **ein höherer Grad von Anästhesie** ein, und in der That ist es mir schon durch dreistündige Anwendung dieses Mittels in einzelnen Fällen gelungen, die entzündete Pulpakrone ohne wesentliche Schmerzen sofort zu amputiren, die Wurzelstränge zu überkappen und den Zahn **direct** mit bestem Erfolge zu füllen. Ich erwähne diese Versuche nur, um vielleicht später ausführlich noch einmal darauf zurückzukommen.

Die Ueberkappung blossgelegter Pulpen.

Schon vor langer Zeit zeigte sich in der conservativen Zahnheilkunde das ernste Bestreben, „blossgelegte"*) anscheinend gesunde Pulpen nicht wie früher durch Aetzmittel zu zerstören, sondern wenn irgend möglich dem Zahne zu erhalten. Die Methode, eine zufällig blossgelegte Pulpa wieder durch eine Kappe zu schützen, wurde von einzelnen tüchtigen Collegen schon vor ca. 20 Jahren empfohlen und practisch ausgeführt. Man benutzte, wie wir schon Anfangs bemerkten, zu diesem Zwecke — solange man die Ursachen der Pulpaentzündungen und die Bedingungen, unter denen dieses Organ wieder gesunden kann, noch nicht kannte — die verschiedensten Materialien, um die blossgelegte Pulpa gegen den „Druck der Füllung", dem man immer die üblen Ausgänge dieser Operation zuschrieb, zu schützen.

Ein rationelleres Verfahren der Pulpa-Ueberkappung wurde vor 15 Jahren von Fricke (Lüneburg) empfohlen.**) Er überdeckte, nachdem er die Pulpa mit Creosot behandelt hatte, dieselbe mit dem bekannten Chlorzinkcement. Dieses Verfahren, das ja auf dem einzig richtigen Principe beruht, der exponirten Pulpa eine genau anschliessende Schutzdecke zu bringen, wurde, wie so vieles Andere von den deutschen Collegen erst dann beachtet, als dasselbe als grosse amerikanische Erfindung, als sogenannte „Atkinson'sche Methode", nach Deutschland importirt wurde. Seit jener Zeit nimmt die Ueberdeckung der blossliegenden Pulpen mit Chlorzinkcement einen hervorragenden Platz in der conservativen Zahnchirurgie

---

*) Unter „blossgelegten Pulpen" verstehen wir hier solche, die wir mit unseren Instrumenten — zufällig oder absichtlich — freigelegt haben.

**) Auf der Versammlung des Centralvereins deutscher Zahnärzte in Frankfurt a. M. 1863.

ein, und es lässt sich nicht leugnen, dass gewisse Erfolge damit erzielt worden sind. Die Methode beruht, wie wir schon erwähnten, darauf, der freiliegenden Pulpa ohne jeden Zwischenraum eine eng anliegende Schutzdecke zu bringen; und das ist ja die Cardinalregel bei der in Rede stehenden Operation.

Leider ist das **„Fricke'sche Verfahren"** nur dann anwendbar, es kann wenigstens nur dann mit ziemlichem Erfolge durchgeführt werden, wenn die exponirten Pulpen ganz gesund und ihre kleine freiliegende Stelle nicht verletzt war. In allen anderen Fällen, und die sind ja bei Weitem vorherrschend, sind mit den Chlorzinkkappen mehr Pulpen zu Grunde gerichtet als erhalten worden. Denn nicht das sind günstige Erfolge der Pulpaüberkappungen, dass die Pulpa eine Zeit lang nicht schmerzt, sondern dass die Pulpa unter der Cementkappe normal weiter functionirt. Dieses günstige Resultat wird kaum bei 10 pCt. erreicht. In allen übrigen Fällen gehen die verwundeten Pulpakronen unter der Chlorzinkcementkappe durch Schrumpfung zu Grunde, ein Umstand, den ich mit Tomes[*]), neben der Aetzung der Pulpa durch das Chlorzink, der hygroscopischen Beschaffenheit des Zinkcements zuschreibe. Der Pulpa wird während der Erhärtung des Cementbreies so energisch Feuchtigkeit entzogen, dass nothwendiger Weise Schmerz und Schrumpfung der wunden Stellen eintreten muss.

Das Chlorzink ist ferner ein tief eingreifendes Aetzmittel, dessen Wirkung wir an entzündeten Pulpen sehr gut studiren können. Hier ruft das Mittel, selbst wenn wir die schmerzhafte Pulpaoberfläche vorher mit Phenoltannin so unempfindlich gemacht haben, dass dieselbe sogar einen leichten Druck mit der Sonde verträgt, in dem nerven- und gefässreichen Parenchym der Pulpakrone eine so starke Reaction hervor, dass an eine Heilung einer so tractirten Pulpawunde niemals zu denken ist. So von Chlorzink durchsetzte Pulpakronen schrumpfen im günstigen Falle unter der Kappe und geben somit die beste Gelegenheit zum Zerfall der gesunden Partien und indirect zu Periostitis.

Ganz analog ist die Wirkung des Chlorzinks, wenn es durch eine dünne erweichte Dentindecke zu einer kranken Pulpa

[*] cfr. V. J. Schrift für Zahnheilkunde. 1873. Seite 333.

gelangt, nur dass hier die Schmerzanfälle bei einer bisher latenten Pulpitis nach der Anwendung des Chlorzinks in der geschlossenen Höhle noch viel heftiger auftreten, als wenn das Organ vorher blossgelegen hat, ein Punkt, auf den ich besonders Diejenigen aufmerksam machen muss, die etwa ohne Unterschied jede empfindliche Höhle provisorisch mit Cement ausfüllen wollen.

Bei der Ueberkappung **gesunder Pulpen** mit Chlorzinkcement tritt der Schmerz sofort nach dem Contact der Masse mit der Pulpaoberfläche ein, hält 4—5 Minuten an und verschwindet allmälig ganz. Anders bei **erkrankten exponirten Pulpen**, wo wir die bereits vorhandenen Schmerzen durch Creosot oder Phenol vorher beseitigen mussten. Hier fühlt der Patient gleich nach dem Ueberkappen gewöhnlich keine Unbequemlichkeiten und erst nach Verlauf von 10—12 Minuten stellt sich Schmerz ein, der an Heftigkeit nichts zu wünschen übrig lässt, und nur durch sofortige Wegnahme der Kappe kann der Totalentzündung der Pulpa vorgebeugt werden.

Ueber die soeben besprochene Wirkung des Chlorzinkcements mögen die nebenstehenden Präparate Aufschluss geben.

Tafel III, Fig. 1. Die Pulpa eines unteren Bicuspidaten von einem 23jährigen Mädchen. Die Patientin hatte in dem Zahne, dessen Pulpa ich beim Entfernen der cariösen Massen freilegte, nur wenig Schmerzen gehabt. Ich überdeckte die Pulpa nach vorheriger Behandlung mit Phenol sofort mit Chlorzinkcement und füllte — weil ich dem Experimente keine besonders günstige Prognose stellen konnte — provisorisch mit Guttapercha. Am anderen Tage kam die Patientin mit heftigen Schmerzen in dem gefüllten Zahne zu mir zurück, und da derselbe auch gegen Percussion schon empfindlich war, extrahirte ich sofort.

Beim Sprengen des Zahnes fand ich die exponirte Stelle weiss geätzt und geschrumpft; die anliegenden, vom Chlorzink nicht direct getroffenen Partien zeigten eine Trübung des Gewebes, die sich einige feine Gefässstämmchen einschliessend — bis zur Mitte der

Pulpakrone erstreckte. Hier sehen wir in Folge der Aetzung die Gefässstämme stark erweitert und mit Blut überfüllt. Dieselben ziehen sich als dunkel-rothe Linien durch die ganze Wurzelpulpa und schicken an einigen Stellen kleine ebenfalls mit Blut überfüllte Ausläuferchen ab. Die Mitte des Präparats ist da, wo die kleinen Kalkspindeln (Dentinoide) zwischen den Gefässen liegen, durch ausgetretenes Blut roth gefärbt.

Mit wenigen Ausnahmen werden alle mit Chlorzinkcement **direct überkappte**, wunde Pulpen an der exponirten Stelle die geschrumpfte und getrübte Partie zeigen, und in den Fällen, wo die nachhaltigen Schmerzen nach der Ueberkappung mit Cement auf eine bereits vorhandene Irritation des Gefässsystems schliessen lassen, werden sich auch in den Pulpawurzeln die hier beschriebenen pathologischen Veränderungen in den Gefässen nachweisen lassen.

Fig. 2. Pulpa aus einem unteren, stark cariösen Weissheitszahne, aus dem die erweichte Dentinschicht nicht ganz entfernt wurde, und den ich nach der Phenolisirung und dem Mastixverbande am anderen Tage mit Chlorzinkcement füllte. Patientin hatte nach dieser Behandlung in dem Zahne, der nur wenig geschmerzt hatte, in den ersten Tagen keine Unbequemlichkeiten. Nach einigen Wochen stellten sich, wie es mir schien, mit beginnender Menstruation ziemlich heftige, ziehende Schmerzen in dem Zahne ein, in Folge dessen die Extraction vorgenommen wurde.

Hier sehen wir nun, dass die Wurzel der Pulpa von stark erweiterten, mit Blut überfüllten Gefässen durchzogen ist, welche in der Mitte der Krone die entzündete, in Verkreidung begriffene Partie durchsetzen und über derselben als feine Ramificationen bis zur Peripherie der Pulpa auslaufen. In der Umgegend der verkreideten Stellen befinden sich eine Menge in das Parenchym der geschrumpften Pulpa eingeschlossener Luftbläschen.

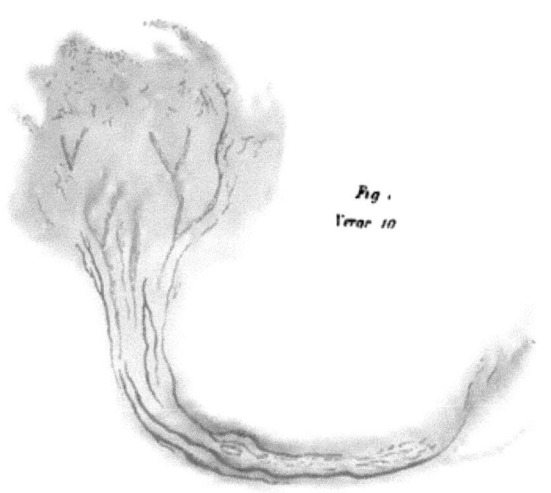

Fig. 1.
Veror 10

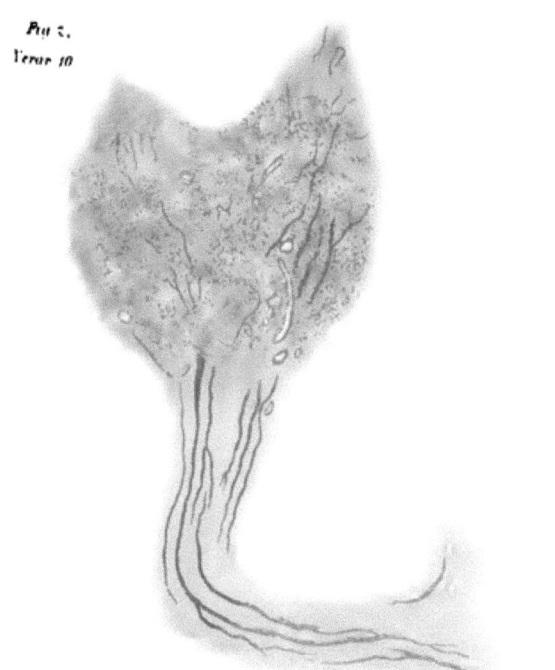

Fig. 2.
Veror 10

— 23 —

Schon Zsigmondy*) macht uns darauf aufmerksam, dass, wenn der Schmerz nach der Application einer Chlorzinkkappe länger als eine Viertelstunde anhält, die Kappe sofort wieder zu entfernen und bis zum Nachlassen der Schmerzen Creosot einzulegen sei. Doch verkennt Zsigmondy die Ursachen des Schmerzes, den er auf einen mechanischen Reiz zurückführen will, auf einen Druck, welchen die Kappe auf die exponirte Stelle der Pulpa ausüben soll, während nach meiner Ueberzeugung der Schmerz durch die tief eingreifende Aetzung des Chlorzinks herbeigeführt wird und erst dann ausbleibt, wenn die afficirte Pulpakrone durch wiederholte Creosot- und Chlorzink-Aetzungen vollständig devitalisirt worden ist.

Dr. Zsigmondy's Rath, die Cementkappe sofort wieder zu entfernen, wenn die mit Vorsicht überdeckte Pulpa nach einer Viertelstunde noch schmerze, ist gut und wol zu beherzigen, allein ich füge hinzu, die **Erhaltung** einer solchen Pulpakrone dann überhaupt gar nicht mehr zu versuchen.

Die Pulpaoberfläche, die sich im gesunden Zustande durch eine gewisse Elasticität und Festigkeit auszeichnet, welche sie selbst gegen leichten Druck wenig empfindlich sein lässt, wird — wenn auch die Entzündung nur wenige Tage bestanden hat — histologisch so verändert, dass die erkrankte Pulpaoberfläche besonders von Aetzmitteln, wie das Chlorzink, leicht durchsetzt und theilweise zerstört wird.

Es scheint mir zweckmässig, hier die mikroskopische Structur der Zahnpulpa durch die beiden nebenstehenden Scizzen, welche ich der vortrefflichen Pathologie der Zähne von Wedl entlehnte, einzufügen.

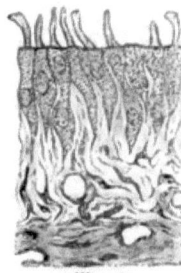
Fig. 2.

Fig. 2. Randpartie der Zahnpulpa im Querschnitt von einem Füllen. Die aneinander gereihten Dentinzellen zeigen an ihrem peripherischen Ende frei hervorragende, dicke, vom Zahnbeine abgerissene Fortsätze, enthalten in ihrem feinkörnigen Protoplasma einen oder zwei ovale, nahe

*) V. J. Schrift für Zahnheilkunde. 1872.

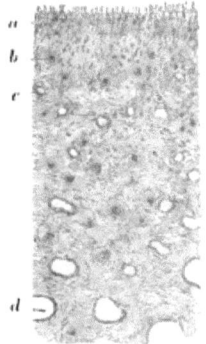

Fig. 3.

oder entfernter von einander gerückte Kerne, schnüren sich halsartig ab und stehen durch ihre spitzen centralen Enden mit den Spindelzellen des Parenchyms in Verbindung. Zahlreiche Blutgefässe mit ihren Lichtungen sind quer oder schief in den Schnitt gefallen. (Vgr. 100.)

Fig. 3. Querschnitt durch die Pulpa eines Eckzahnes. Man beobachtet in diesem Segment die Dentinzellenreihe mit frei hervorragenden Fortsätzen (*a*) zahlreiche quer durchschnittene Nervenröhrenbündel (*b*) und Capillaren (*c*). Die Gefässlichtungen nehmen gegen den centralen Pulpatheil an Umfang zu (*d*). Ein Geflecht von Bindegewebsbündeln und Spindelzellen bildet das Stroma. (Vgr. 100.)

Diese zarte Struktur verträgt kein energisch wirkendes Aetzmittel. Wollen wir blossgelegte Pulpen mit Erfolg überkappen, so sind andere Wege zu betreten, als sie bisher noch von vielen Praktikern zur Erreichung dieses Zieles, „das für die conservative Zahnchirurgie stets die wichtigste Aufgabe sein muss", verfolgt werden.

Wir müssen die kritiklose Behandlung exponirter Pulpen mit scharfen Aetzmitteln, durch die stets ein Theil der Pulpaoberfläche zerstört wird, endlich aufgeben, wir müssen endlich conservativ verfahren.

Die Anwendung schwacher Phenollösungen kann und darf hier nur allein den Zweck haben, die Fäulnisserreger auf der blossgelegten Pulpa zu vernichten event. die Hyperästhesie der Odontoblastenschicht zu beseitigen.

Eine andere Wirkung verlangen wir von den in Rede stehenden Mitteln nicht. Aeussert sich ihre Wirkung anders, so vernichten wir durch unsere rohe Behandlung diejenige Schicht der Pulpaoberfläche, an deren Erhaltung uns vor Allem gelegen sein sollte, ich meine die Odontoblasten und die unterliegenden Spindelzellen, durch die zuerst eine Reparatur des Pulpahöhlendefectes durch Ersatzdentin zu erwarten ist.

Bei der Ueberkappung blossgelegter Pulpen ist demnach dafür Sorge zu tragen, dass:

Erstens die freigelegte Stelle nicht mit **Zersetzungsprodukten** in Berührung kommt. Es muss vor allen Dingen das schleimige Sekret, welches sich gewöhnlich am Zahnfleischrande befindet, noch vor der Behandlung mit einer weichen Bürste entfernt, und das Zahnfleisch selbst mit etwas Phenollösung bestrichen werden. Wir müssen ferner die Instrumente, mit denen wir gewöhnlich die cariöse Höhle reinigen, stets sauber halten und ab und zu mit Phenol benetzen.

Zweitens sind zur Ueberkappung nur solche Mittel zu wählen, durch welche der frühere Zustand vor der Blosslegung möglichst wieder hergestellt wird. Die freigelegte Stelle darf durch die Kappe weder **geätzt** noch nachträglich stark **gereizt** werden.

Drittens muss die Decke mit dem freiliegenden Theile der Pulpa in **innigste Berührung** gebracht werden, auch muss sie so stark sein, dass sie durch den Druck, welcher zur Dichtung einer Amalgamfüllung nöthig ist, nicht durchbrochen werden kann*).

Zu diesem Zwecke benutzte man früher kleine Blei-, Zinn- oder Goldblättchen, welche mit Harz über den Pulpadefect festgeklebt wurden und der Füllung als Unterlage dienten. Seit den letzten 10 Jahren wird jedoch das Eingangs erwähnte Fricke'sche Verfahren — mehr oder weniger modificirt — zum Ueberkappen der Pulpen angewendet.

Mühlreiter behandelt blossgelegte gesunde Pulpen mit schwacher Carbollösung und überdeckt die exponirte Stelle mit einem Stückchen Papier, welches die Pulpa gegen die Aetzung der nachgelegten Chlorzinkcementkappe zu schützen hat.

W. Sürsen wendet zum Schutze der freiliegenden Pulpa ein Stückchen Papier an, welches er mit Chlorzinklösung befeuchtet, aber wieder abtrocknet, und deckt gleichfalls mit Cement.

Zsigmondy und Alexovits empfehlen, die exponirte Stelle zuerst mit Traumaticin zu bestreichen und dann mit etwas Chlorzinkcement zu überkappen.

Wieder Andere, namentlich v. Langsdorf, welcher schon wiederholt auf den nachtheiligen Einfluss der Chlorzinkkappe aufmerksam

---

* Zähne, deren Pulpen blossgelegt und überkappt sind, sollte man nie direct mit Gold füllen. Siehe Misserfolge auf Seite 31.

gemacht hat, benutzt zum Ueberkappen gesunder Pulpen etwas Asbest oder Guttapercha, zuweilen auch trockenes Zinkoxyd und Creosot.

Gewiss kann man durch die genannten Methoden gute Erfolge erzielen, wenn nur die gesunde Pulpa in zweckentsprechender Weise vorbehandelt und dafür Sorge getragen wird, dass die Kappe der exponirten Stelle genau anliegt.

Gewöhnlich sind aber die blossgelegten Pulpen nicht mehr gesund. In der dem cariösen Defecte am nächsten liegenden Partie lässt sich zum mindesten schon eine deutlich sichtbare Hyperämie der Capillargefässe, wie wir sie auf Tafel IV. sehen, nachweisen, und dann ist die exponirte Stelle in den meisten Fällen etwas verletzt.

Wir haben also eine **Wunde** vor uns, und die muss — soll die Pulpa dem Zahne erhalten bleiben — **per primam** zur Vernarbung gebracht werden. Um dies zu erreichen scheint mir folgendes Verfahren, welches ich schon vor drei Jahren bei der Besprechung des gleichen Thema's in Cassel angedeutet habe — ich verweise auf meine derzeitigen Mittheilungen[*] — am zweckmässigsten zu sein: Die Ueberkappung der Pulpen mit Phenolcement, die ich sogleich näher beschreiben werde, scheint für den ersten Augenblick umständlicher als sie ist; jedenfalls aber bietet sie die meisten Chancen, dass die wunde Pulpa unter der Kappe gut und schnell vernarbt.

In dem vorstehenden Abschnitte habe ich diejenigen Mittel zur Ueberdeckung blossgelegter Pulpen genannt, welche in der Praxis bisher mit gutem Erfolge angewendet worden sind; jetzt bespreche ich noch:

Die Indication und die Technik der Pulpaüberkappung.

In allen Fällen, wo die Caries bis in die Nähe der Pulpa vorgedrungen ist, wo aber der Patient noch nicht über anhaltende Schmerzen zu klagen hatte, sondern höchstens ein gelegentliches **vorübergehendes Ziehen** im kranken Zahne beim Genuss heisser oder kalter Getränke empfand, können wir annehmen,

[*] cfr. V. J. Schrift für Zahnheilkunde, 1874. Seite 138—41.

dass wir mit der Entfernung des erweichten Zahnbeines die Pulpa nahezu oder ganz an einer kleinen Stelle blosslegen werden.

Die Ausschälung der erweichten Zahnbeinschichten vollführe ich in diesen Fällen gewöhnlich mit breiten löffelförmigen Excavatoren (Tafel VII. Fig. 5 u. 6).

Ist der Eingang zur cariösen Höhle durch übergreifende Schmelzränder verengt, so nehme ich dieselben vorher entweder mit dem Schmelzmesser oder mit der Bohrmaschine weg, mit der man unter Umständen auch einen Theil der erweichten Dentine abtragen kann, doch dürfen dazu niemals runde, sondern nur die auf der Tafel VII Nr. 8 abgebildeten **ovalen** Bohrer gebraucht werden. Mit diesen Bohrern wird die Pulpa viel weniger leicht verletzt, und die Ausbohrung des erweichten Dentins ist erfahrungsgemäss damit viel weniger schmerzhaft als mit allen anderen Bohrern.

Während dieser Operation ist die erweichte Dentinschicht stets mehrere Male mit Phenoltannin, dessen beruhigende schmerzstillende Wirkung hier **besonders** zur Geltung kommt, zu betupfen und bei grosser Empfindlichkeit auf eine Viertelstunde einzulegen.

Kann der Patient trotz der Phenolisirung das Ausschneiden des erweichten Zahnbeines nicht gut vertragen, und gestatten es die Umstände, so empfehle ich in die halbgereinigte Höhle ein Stückchen Schwamm mit Phenoltannin zu legen und die Cavität auf 1—2 Tage mit Phenolmastix zu verschliessen.

Durch dieses Verfahren wird die Schmerzhaftigkeit der erweichten Dentinschicht — welche in solchen Fällen stets auf eine Hyperämie des zunächst liegenden Pulpatheiles zurückzuführen ist (cfr. Tafel IV.) — am besten beseitigt. Darauf schneide resp. hebe ich mit scharfen löffelförmigen Excavatoren, die ich stets vorher mit Phenol befeuchte, in allen Fällen den Rest der erweichten Dentinschicht aus der Höhle ganz heraus (warum, siehe Ursachen der Pulpitis) und untersuche nun, ob die Pulpa noch von einer dünnen festen Zahnbeindecke geschützt oder frei liegt.

Liegt die Pulpa nach der Ausschälung des kranken Dentins nicht frei, und verursacht ein mit der Spritze in die Höhle gebrachter Tropfen kalten Wassers nur einen gelinden, sofort wieder nachlassenden Schmerz, so lässt sich mit Sicherheit annehmen, dass die Pulpa unter der dünnen gesunden Dentinschicht nicht irritirt ist.

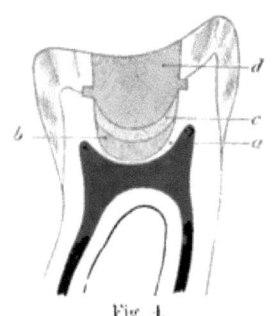

Fig. 4.

In diesem Falle lasse ich das Phenoltannin einige Minuten einwirken und lege dann auf die Dentindecke, **Fig. 4** d, ein dünnes Scheibchen weiche Guttapercha b (Präparat von Lippold), das ich mit Phenolmastix oder dem Pulpalack in der Höhle festklebe und vorsichtig andrücke. Auf diese weiche Guttaperchascheibe lege ich nun, wenn es der Raum gestattet, noch etwas Hill's Stopping nach und darüber das Amalgam. Oder ich setze eine dünne Schicht Chlorzinkcement c auf die Guttapercha und darauf das Amalgam d.

Niemals sollte aber über einer solchen dünnen Dentindecke die Guttapercha fehlen, weil sie die Pulpa gegen die thermischen Insulte zu schützen hat. Bei Vernachlässigung dieser Vorsicht gehen viele Pulpen nach dem Füllen durch consecutive Entzündung zu Grunde.

Zuweilen bedecke ich auch die dünne, vorher desinficirte Dentinschicht mit Fletcher's künstlichem Dentin[*], niemals aber direct mit Chlorzinkcement. Da, wo der Raum der Höhle die Anwendung von Guttapercha nicht gestattet, und nur eine dünne Lage Chlorzinkcement anzubringen ist, muss die Höhle vorher mit Phenolmastix

---

[*] Fletcher hat ein Präparat — Artificial Dentine for capping exposed nerves in den Handel gebracht, durch das die Pulpa nicht gereizt wird und auch sofort wie Gips erhärtet, so dass es einer Amalgamfüllung ganz gut als Unterlage dienen kann. Leider giebt das Material einen grobkörnigen Brei, der in kleinen Portionen nur schwer auf einer kleinen Fläche, z. B. auf der Pulpa eines lateralen Schneidezahns, anzubringen ist, und dieser Uebelstand macht das Präparat zur exacten Pulpaüberkappung in vielen Fällen noch unbrauchbar. In Mahlzähnen mit centralen Höhlen hingegen, wo Raum genug für Kappe und Füllung vorhanden ist, habe ich das Fletcher'sche Präparat mit Erfolg angewendet. Gelingt es Fletcher sein Präparat geschmeidiger und adhäsiver zu machen, so ist es ein Mittel, das wir zur Ueberkappung gesunder Pulpen nur empfehlen können.

ausgewaschen und mit Phenollack überzogen werden. Dadurch wird die Gefahr einer Aetzung der naheliegenden Pulpa durch das Chlorzink möglichst umgangen.

Ist die naheliegende Pulpa unter der nicht cariösen dünnen Zahnbeinschicht gegen Temperatur-Veränderungen also nach dem Einspritzen eines Tropfens kalten Wassers **einige Minuten** schmerzhaft, so liegt eine Irritation der Pulpa und eine Hyperämie des der cariösen Höhle entsprechenden Pulpatheiles vor, welche durch eine Vorbehandlung der Höhle mit Phenoltannin (10—20 Minuten genügen) und durch das nachstehende Verfahren beim Ausfüllen beseitigt wird.

Nachdem der Zahn trocken gelegt worden ist, wird die vorher desinficirte Höhle mit Schwamm und Luftbläser gut getrocknet und etwas von dem Pulpalack (cfr. Anmerkung auf Seite 30) mit Schwamm auf den Boden der Cavität aufgewischt.

Ist der Lack — der nur in einer absolut trockenen Höhle haftet — mit dem Luftbläser angetrocknet, so lege ich auf den Boden der Höhle etwas dick angesetzten Phenolcement, den ich dann mit Schwamm fest aufdrücke. Hierauf setze ich Chlorzinkcement und auf diesen — wo es der Raum gestattet — noch eine dünne Schicht Guttapercha und darauf das Amalgam.

Wird eine leicht gereizte Pulpa beim Ausschneiden des erweichten Dentins an einer kleinen Stelle freigelegt, so betupfe ich dieselbe **sofort** mit dem bereits zur Hand liegenden Phenolschwammstückchen und beobachte, ob die freiliegende Pulpa unverletzt ist oder **leicht blutet**[*]. Die oberflächliche Pulpawunde wird nun auf einige Minuten mit dem Phenolschwämmchen bedeckt gehalten, und die Höhle mit Schwammstückchen oder Phenolwatte vollgefüllt, damit kein Speichel zufliessen kann. (Zur Behandlung der blossgelegten Pulpa ist die 10 pCt. Phenoltanninlösung zu stark. Ich tauche gewöhnlich das Stückchen Schwamm, mit welchem ich die exponirte Stelle bedecken will, erst schnell in die Phenollösung und dann noch in Wasser).

---

[*] Stärkere Blutungen lassen entweder auf tiefere Verletzung oder auf stärkere Hyperämie schliessen und erfordern beim Ueberkappen die grösste Vorsicht. Fliesst auch nur eine Idee Eiter mit dem Blute zugleich aus, so ist die Pulpakrone nicht zu halten.

Inzwischen präparire ich mir auf einem Stativ etwas Phenolcement, halte den Speichel mit Fliesspapier oder Schwamm vom Zahne zurück, trockne die Höhle selbst auf das Sorgfältigste aus und betupfe die freiliegende Stelle der Pulpa mit dem hierzu angefertigten Pulpalack[*]), dessen Aether ich mit dem Luftbläser langsam, aber vollständig zum Verdunsten bringe. Darauf verwende man besondere Sorgfalt.

Nun lege ich auf die gefirnisste Pulpa eine **ganz dünne Schicht Phenolcement** vorsichtig ohne jeden Druck auf. Auf diesen selbst kommt dann eine ebenso dünne Schicht schnell erhärtenden Chlorzinkcements, mit dem dann zugleich die Dentinwände der Höhle bestrichen werden. Beide Lagen dürfen zusammen kaum die Stärke eines dicken Kartenblattes erreichen.

Zur Einführung des Cements bediene ich mich der auf Tafel VII. abgebildeten Pincetten. Nr. 1 benutze ich bei Centralcavitäten der Mahlzähne. Zum Ueberkappen blossgelegter Pulpen in Distalhöhlen der Bicuspidaten und Mahlzähne ist Fig. 2 unentbehrlich. Nr. 3 und 4 sind für die gleichen Zwecke bei seitlichen Schneidezahnhöhlen und beim Wurzelfüllen zu gebrauchen. Ich streiche entweder den Cementbrei (den ich auf solchen kleinen Stativs Fig. 2, Tafel XVII. präparire und vom Patienten in unmittelbare Nähe des Mundes halten lasse) mit einem Spatel in die Höhle ein und drücke denselben mit einem kleinen Stöckchen Schwamm, das mit einer passenden Pincette gehalten wird, vorsichtig auf die exponirte Pulpa, oder ich streiche den Cementbrei auf den Schwamm und führe ihn mit der Pincette in die Höhle ein. Der Schwamm saugt die flüssigen Theile des Cementbreies schnell auf, so dass schon nach einigen Minuten der etwas langsam erhärtende Phenolcementbrei mit einer dünnen Lage von Chlorzinkcement überdeckt, eventuell ein Theil der Cavität gleich damit gefüllt werden kann.

Dasselbe Verfahren gilt für **gesunde Pulpen**, wenn sie ganz oberflächlich verletzt sind. Wird eine gesunde Pulpa durch den Excavator oder durch die Bohrmaschine an einer kleinen Stelle aus Versehen freigelegt, so bedecke man dieselbe, noch ehe sie vom Speichel überschwemmt wird, sofort mit Phenoltannin.

---

[*]: Eine Lösung von Schiessbaumwolle, Guttapercha und Colophonium mit etwas Phenol.

präparire den Phenolcement und überkappe genau so, wie wir es bereits angegeben haben. Je schneller die exponirte Stelle auch hier überkappt wird, um so sicherer ist die Aussicht auf Erhaltung der Pulpa, die man jedoch niemals in allen Fällen und bei allen Patienten mit absoluter Sicherheit erwarten darf*).

Ist die antiseptische Kappe, wie wir sie nennen wollen, hergestellt, so fülle ich den Zahn gewöhnlich direct mit Amalgam und benutze auch hier — wenn es der Raum gestattet — ein dünnes Scheibchen Guttapercha als Zwischenlage. Nur ungern' fülle ich einen solchen Zahn direct mit Gold, denn ein Misserfolg kann bei Pulpaüberkappungen ebensogut durch eine nachträgliche Erschütterung des Zahnes als durch nachlässig ausgeführte Ueberkappung der Pulpa selbst herbeigeführt werden.

Hierfür einige warnende Beispiele aus meiner Praxis:

Misserfolge.

1ter Fall. Fräulein Glae... füllte ich vor mehreren Jahren sämmtliche oberen Schneidezähne mit Gold. Bei dem Ausfüllen des linken seitlichen Schneidezahnes musste zur Fixirung der bereits angefangenen Blattgoldfüllungen nachträglich noch ein Haftpunct angebracht werden. Dabei wurde die gesunde Pulpa leicht verletzt, aber sofort mit der grössten Sorgfalt antiseptisch behandelt, überkappt und die Goldfüllung vollendet. In den ersten Monaten verhielt sich die überkappte Pulpa ziemlich ruhig, dann aber stellten sich allmälig ziehende Schmerzen ein, welche nach einem halben Jahre zur Gangrän der Pulpa und zur Zahnfleischfistel führten.

Ein Jahr nach der ersten Behandlung kam die Patientin wieder zu mir; die Pulpahöhle des betreffenden Zahnes wurde am Zahnfleischrande in schräger Richtung nach oben perforirt, die Reste der verjauchten Pulpa so gut als möglich herausgenommen, und der Wurzelcanal einige Tage später mit Phenolcement gefüllt, das Bohrloch selbst aber mit Gold geschlossen. Nach einem halben Jahre war durch diese Behandlung des Wurzelcanales die Fistel vollständig vernarbt.

* Schmerzt die vorsichtig überkappte gesunde Pulpa noch nach einigen Minuten, so pinsele ich sofort das Zahnfleisch mit Jod-Aconittinctur ein, worauf die Schmerzen in der Regel bald nachlassen. Eine Jodtinctur-Einpinselung bewirkt hier nicht allein fast momentanes Nachlassen der Schmerzen, sondern wirkt auch als Derivans dem plötzlich eingetretenen Congestions-Zustande der Pulpa entgegen.

2ter Fall. Frau Bov... waren beide mittleren Schneidezähne zu füllen. Da die Pulpa des rechtsseitigen bereits zerfallen war, musste der Canal mit Phenolcement, der cariöse Defect selbst mit Zinkcement gefüllt werden.

Bei der Präparation des linksseitigen Schneidezahns wurde die Pulpa an einer kleinen Stelle blossgelegt und direct überkappt. Nach drei Tagen füllte ich die Höhle mit adhäsivem Gold.

Vier Wochen nach dieser Operation klagte die Patientin über ein Ziehen in der ganzen Gesichtshälfte, das zuerst von einem mit Amalgam gefüllten Praemolar ausgehen, dann wieder in dem rechten mittleren Schneidezahne sitzen sollte, bis sich zuletzt eine heftige Pulpitis und acute Periostitis an dem mit Gold gefüllten Schneidezahn herausstellte. Die Perforation der Alveole mit dem Troikar und Blutentziehung durch Blutegel schafften zwar vorübergehende Hülfe, konnten jedoch den Ausgang in Eiterung nicht mehr verhüten.

Bei dem einen Zahne scheinen thermische Insulte, bei dem anderen die Erschütterung beim Einhämmern des Goldes eine Hyperämie gesetzt zu haben, welche in beiden Fällen zur Entzündung und zur Vereiterung der überkappten Pulpa führte.

3ter Fall. Wie gefährlich selbst einer gesunden, nicht freiliegenden Pulpa das allzu energische Einklopfen einer Goldfüllung werden kann, geht aus Folgendem hervor:

Herrn Br. aus W. füllte ich vor mehreren Jahren ohne Stopfer, mit alleiniger Benutzung des White'schen Maschinenhammers, der mir zur Prüfung eingeschickt war, einen unteren kräftigen Mahlzahn mit Gold. Nach Aussage des Herrn, dem ich schon mehrere Goldfüllungen mit dem automatischen Hammerstopfer gelegt hatte und der nicht zu den empfindlichen Patienten zu zählen war, erzeugten die schnell aufeinanderfolgenden Schläge des Maschinenhammers ein Gefühl, als ob ein schwacher electrischer Strom durch den Zahn geleitet würde.

Am anderen Tage hatte der Patient ein Gefühl der Schwere in dem gefüllten Zahne und schon am dritten Tage war derselbe der Sitz einer heftigen Pulpitis, welche die Perforation und Cauterisation des entzündeten Centralorgans verlangte. Einige Tage später nahm ich die Goldfüllung wieder heraus, amputirte die geätzte Pulpakrone und füllte die Pulpahöhle mit Phenolcement, die Cavität selbst mit Platina-Goldamalgam. In der ausgeschnittenen Pulpa fand ich eine kleine Dentinkugel („Dentikel"), die jedoch nicht als Ursache der Pulpitis angesehen werden konnte. Die hatte ich vielmehr dem Zahne durch den allzu energischen Gebrauch des Maschinenhammers angeklopft.

Für die Prognose der Pulpaüberkappung ist es nicht gleichgültig, an welcher Stelle die Pulpa freigelegt worden ist, und wie gross die freigelegte Stelle ist. In Central- und etwas excentrischen Cavitäten der Mahlzähne wird gewöhnlich eine der Pulpa-Papillen an ihrer äussersten Spitze exponirt. Das sind die günstigsten Fälle, weil hier die Verletzung diejenigen Theile der Pulpa getroffen hat, wo bekanntlich die erwünschte Abkapselung des Defectes durch Ersatzdentin am leichtesten stattfinden kann.

Viel ungünstiger schon liegen die Verhältnisse, wenn bei Mahlzähnen die Pulpa durch Caries an der Buccalfläche nahezu erreicht und dann von unseren Instrumenten noch exponirt wird. Gewöhnlich sind an dieser Stelle die Pulpahöhlendefecte ausgedehnter, und die Verwundung ist in Folge dessen gefährlicher.

Die unregelmässigste Pulpahöhle finden wir in den oberen Praemolaren. Zähne mit scharfen Höckern haben in der Regel auch tiefe, in die Höcker eingreifende Pulpahörner. (Vgl. Tafel XIII, Fig. 1 bis 10.) Beim Ausschälen des erweichten Dentins aus diesen Zähnen muss man deshalb immer sehr vorsichtig sein und die Haftstellen nie in der Nähe von *a*, **Fig. 5**, sondern immer bei *b* anlegen.

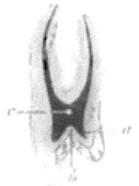

Fig. 5.

Wird die Pulpahöhle durch die Bohrmaschine oder das Messer bei *c* verwundet, so ist die Aussicht auf Erhaltung der Pulpakrone schwach.

Noch schlechter ist die Prognose, wenn die Pulpa — wie es z. B. bei abnormer Grösse der Schneidezahnpulpen bei der Anlegung von Haftstellen für Goldfüllungen leicht einmal passiren kann — an der Zahnbasis tief verletzt wird. Hat man hier das Unglück, mit dem spitzen Bohrer in die Pulpahöhle einzudringen und dabei die Pulpa selbst ganz zu durchstechen, **Fig. 6** *a*, so ist sehr wenig Aussicht auf günstige Verheilung mit Erhaltung der ganzen Pulpa vorhanden. Gewöhnlich schrumpft die angestochene Pulpakrone *b* nach der Verletzung zusammen und atrophirt.

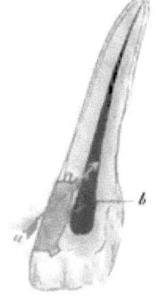

Fig. 6.

Dem Patienten kann man ein solches unglückliches Ereigniss nicht verhehlen, denn seine Bemerkung: „Jetzt haben Sie den Nerv getroffen" — ist hier leider wahr. Ist die Verletzung nicht tief, so versuchen wir auch hier die Erhaltung der Pulpa und bedecken die Wunde so schnell als möglich mit Phenolwasser. Ein kleines Stückchen Schwamm wird mit der Pincette gefasst, in ein Glas Wasser und dann in die stets bereitstehende Phenollösung getaucht und damit die Pulpawunde schnell bedeckt. Hat der leichte Schmerz nachgelassen, so bedecke man den Defect mit etwas Verbandwatte und schliesse die Höhle auf zwei Tage mit Phenolmastix oder noch besser mit Fletcher'schem Cement (siehe vorne). Jedenfalls muss der Verschluss luft- und wasserdicht sein. Schmerzt die Pulpa nicht weiter, und hat sich dieselbe nach zwei Tagen nicht allzusehr von der Höhle zurückgezogen — etwas contrahirt erscheint sie immer — so ist die Heilung der Pulpawunde per primam erfolgt, und die Ueberkappung der Pulpa kann versucht werden. Hat hingegen der Patient am Tage nach der Verletzung auch nur wenig Schmerzen gehabt, so ist partielle Entzündung der Pulpa eingetreten und die **Amputation** der Pulpakrone indicirt.

Ebensowenig als tiefverletzte Pulpen überkappt werden dürfen, können solche durch Ueberkappung gehalten werden, die bereits tage- oder wochenlang mit Speisen oder Getränken in Berührung gekommen sind. (Vgl. Ursachen der Pulpitis.)

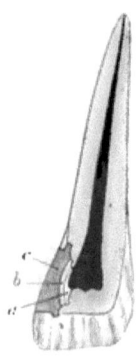

Fig. 7.

Durch die beiden nebenstehenden Zeichnungen habe ich mein Verfahren der Pulpaüberkappung illustrirt. **Fig. 7** zeigt den Durchschnitt eines Schneidezahnes mit exponirter Pulpa, die bei *a* mit Phenolcement überdeckt ist. Auf dieser Decke liegt eine Schicht schnell erhärtenden Cements *b* und auf diesem das Amalgam *c*.

Fig. 8 unterer Bicuspis, dessen exponirte Pulpa in der geräumigen Höhle bei *a* mit Phenolcement überdeckt sein soll; darüber liegt der Chlorzinkcement *b*, auf diesem eine Lage von Hill's Stopping *c* und darauf das Amalgam *d*.

So überkappe ich seit vier Jahren gesunde und leicht afficirte Pulpen mit bestem Erfolge nach dem Grundsatz, dass **Zersetzungsproducte (Speichel und Zahnfleischsecret) und starke Aetzmittel, wie Chlorzinkcement, Creosot und concentrirte Lösung von Phenolsäure etc. absolut ferngehalten werden müssen.**

Zur Erreichung eines guten Resultates genügt eine ganz schwache Desinfection der Wunde und die Adjustirung einer Kappe, die, ohne zu irritiren, die Pulpa überdeckt und schützt **also ein künstliches Ersatzdentin darstellt.** Dies ist der physiologische Zweck der Pulpakappe.

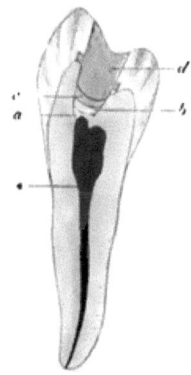

Fig. 8.

Den Vernarbungsprozess an exponirten und verletzten Pulpen habe ich bis jetzt mikroskopisch noch nicht verfolgen können, ich kann demnach nur, auf meine practischen Beobachtungen gestützt, gewisse Schlussfolgerungen ziehen.

Da, wo der Ueberkappung der Pulpa keine Verletzung voranging, kommt es wohl in den meisten Fällen unter der antiseptischen Kappe zur Bildung von Ersatzdentin, welches sich an die innere Wand des Pulpahöhlendefectes anlegt und dann allmälig bei der fortschreitenden Zahnbein-Neubildung in Dentin mit aufgeht. Wir bringen darüber bei der Dentin-Neubildung Näheres. Hier müssen wir jedoch bemerken, dass zuweilen der Verschluss eines Pulpahöhlendefectes durch eine bereits **vorhandene** Dentinkugel, wie wir in der nebenstehenden **Fig. 9** sehen, bewirkt wird. Diese freien Dentin-Neubildungen in den Pulpahörnern (cfr. Tafel V, Fig. 3 c) mögen wohl sehr häufig bei der nachträglichen Untersuchung überkappter Pulpen für Ersatzdentin gehalten werden.

Fig. 9.
a Pulpahöhle, *b* eingeklemmte Dentinkugel „Dentikel".

Wird der Rest der Pulpa, welcher diese Dentinkugel als feines Häutchen deckt, zufällig verletzt und dann überkappt, so zerfällt dasselbe natürlich, und wenn man dann nach Monaten die Kappe wieder entfernt, so findet man den Verschluss des cariösen Defectes nicht durch Ersatzdentin, sondern durch die dem Defecte anliegende Dentinkugel gebildet. Gerade diese Beobachtung habe ich wiederholt in meiner Praxis gemacht.

Wirkliche Abkapselung der Pulpa durch Ersatzdentin habe ich erst in zwei Fällen sicher beobachten können, obwohl ich voraussetzen darf, dass bei den vielen Pulpaüberkappungen, die ich bis jetzt ausgeführt habe, dieser Prozess viel öfter vorgekommen ist. Man hat in der Privatpraxis so selten Gelegenheit, überkappte Pulpen nach Monaten oder Jahren untersuchen zu können. Nur hier und da glückt es dem Präparatensammler, einen arg defecten vorderen Schneidezahn, dessen Pulpa früher mit Cement überkappt worden war, zu entkronen und in dem abgeschnittenen Stücke den Verschluss der cariösen Höhle durch Ersatzdentin mikroskopisch nachweisen zu können. Der Verlauf des Prozesses liesse sich viel besser an Zähnen grösserer Säugethiere, z. B. an Hunden oder Schafen studiren; die Anbohrung gesunder Zähne hat bei diesen Thieren jedoch ihre Schwierigkeiten.

Bei verletzten und überkappten Pulpen folgt im günstigen Falle eine Vernarbung der Wunde mit nachfolgender Dentification des Pulpagewebes, bei welcher die Spindelzellen einen hervorragenden Platz einnehmen. Ueber die Zeit, in welcher hier der Verschluss eines Pulpahöhlendefectes erfolgen kann, fehlt es bis jetzt noch an sicheren Anhaltspunkten, man nimmt jedoch an, dass dies innerhalb sechs Monaten stattfinden kann. Sauer in Berlin beobachtete einen Fall, wo die durch Fractur blossgelegte Pulpa eines mittleren Schneidezahnes unter einer Goldkappe sich in circa vier Wochen durch Ersatzdentin abkapselte. Ich habe jedoch auch einige Fälle beobachtet, wo noch nach 8—12 Monaten die Pulpa in cariösen Zähnen nach der Entfernung der Kappe als blutender Punkt in der Zahnhöhle sichtbar war; an der Kappe selbst zeigte sich eine schorfähnliche Bildung.

Die Pulpa eines oberen Eckzahnes überkappte ich im Laufe von 18 Monaten (bei jedesmaliger Erneuerung der Cementfüllung) dreimal. Nach der dritten Operation trat partielle Vereiterung der Pulpa ein.

In einem anderen Falle waren die überkappten Pulpen cariöser Schneidezähne, die ich innerhalb zweier Jahre dreimal mit Cement gefüllt hatte, mumificirt und lagen als dünne Fädchen in der Höhle. Ich hatte hier allerdings die Ueberkappung nicht mit Phenolcement, sondern mit Chlorzinkcement ausgeführt, unter dessen hygroskopischer Nachwirkung die Eintrocknung erfolgte.

Die Grösse des Defectes ist gleichfalls nicht ohne Bedeutung; denn je kleiner die exponirte Stelle und je weniger die Pulpa verletzt ist, um so leichter wird der erwünschte Verschluss zu Stande kommen.

Beträgt die exponirte Stelle mehr als einen Quadratmillimeter oder sind vielleicht, wie bei Mahlzähnen, zwei Pulpahörner freigelegt, so erfordert die Ueberkappung grosse Vorsicht.

Bei ausgedehnten Defecten kommt es viel häufiger zur Atrophie der Pulpa als zu Ersatzdentinbildung. Die exponirte Stelle schrumpft, und wenn die Pulpa nicht allmälig total atrophirt, so tritt mit dem fortschreitenden Gewebszerfall an der exponirten Stelle bald Entzündung ein. Der Prozess ergreift die ganze Pulpakrone, und schliesslich kommt es zur Vereiterung und zum Alveolarabscess, Vorgänge in der Pulpa, die durch Fig. 4, Tafel II, und durch Fig. 1 u. 2, Tafel III, veranschaulicht werden.

Am Schlusse dieses Kapitels bringe ich noch auf **Tafel IV.** die mikroskopische Abbildung einer irritirten Pulpa aus einem oberen Weisheitszahne. Der Zahn hatte dem betreffenden Herrn noch keinerlei Schmerzen verursacht und wurde nur mit Rücksicht darauf, dass die vorhandenen cariösen Stellen nicht gut gefüllt werden konnten und der schwächliche Zahn keine lange Lebensdauer mehr versprach, direct extrahirt, und die Pulpa mit der Zange vorsichtig ausgesprengt. **a a** sind die Hauptblutgefässe der zerrissenen Wurzel in 15maliger Vergrösserung, die bei **b** ganz deutlich sichtbare varicose Ausdehnungen zeigen. Entsprechend den oberflächlichen cariösen

Defecten an dem Zahnhalse und der Krone, welche die Pulpahöhle kaum mit der Spitze des cariösen Kegels erreicht hatten, sehen wir in Folge der durch Caries herbeigeführten Irritation bei c und d lebhaft roth injicirte Capillargefässe. In der Mitte des Präparates c haben wir die bekannten schlingenförmigen Gefässumbiegungen. Der übrige Theil der Pulpa lässt bei der nur schwachen Vergrösserung, mit welcher das dicke Präparat untersucht werden konnte, keine pathologischen Veränderungen mehr auffinden.

Wir haben hier also ein hübsches Bild von einer Pulpa, die noch nicht geschmerzt hatte und die in Folge des cariösen Reizes in das Irritationsstadium eingetreten war. Dasselbe ist stets der Vorläufer der Entzündung und tritt nach Virchow mit functionellen Störungen auf.

Diese primäre Hyperämie darf jedoch nicht als Entzündung aufgefasst werden, denn die Erscheinungen verschwinden wieder, sobald wir den äusseren Reiz, welcher durch die Dentinfasern zur Pulpa fortgeleitet wird, durch eine kunstgerechte Behandlung des cariösen Defectes aufheben. Wird jedoch der Verschluss der Höhle nicht rechtzeitig ausgeführt, so kommt es an den irritirten Stellen in weiterem Verlaufe zur Exsudation, Erweichung und Verstopfung der feinsten Capillaren und zu Circulationsstörungen in den anliegenden grösseren Gefässen. Durch diese nutritive Störung und durch Infection vom cariösen Herde aus kommt es dann zum Zerfall des Pulpatheiles, welcher an der Spitze des Kegels anliegt. Die particielle Entzündung der Pulpakrone, welche wir im nächsten Kapitel besprechen werden, ist damit fertig.

Taf IV

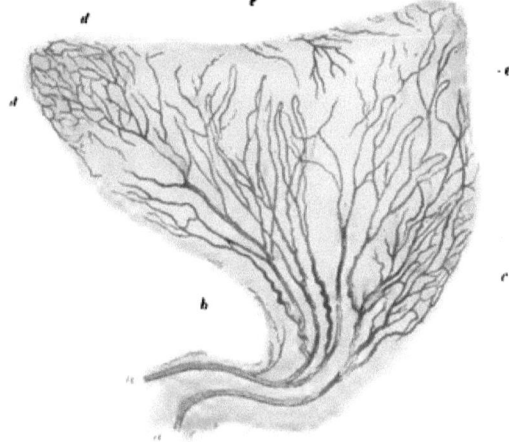

Fig. 15.

Die Amputation der partiell entzündeten Pulpakronen.

Es lässt sich theoretisch sehr schwer feststellen, wann eine partiell entzündete Pulpa noch erhalten werden kann und wann sie mit Aetzmitteln behandelt werden muss, weil ja die Behandlung von so mancherlei Nebenumständen beeinflusst wird, die der Arzt in jedem einzelnen Falle richtig erkennen muss, welche aber hier nicht specieller definirt werden können.

In der Praxis führe ich die Amputation der Pulpakronen bei Mahlzähnen und in den seltenen Fällen, wo es die Form der Pulpahöhle gestattet, auch bei Bicuspidaten aus, wenn der Patient bei **nicht eröffneter Pulpahöhle** wiederholt leichte ziehende Schmerzen im Zahne verspürt, die spontan eintreten, stundenlang anhalten und dann wieder verschwinden, oder, wenn die Schmerzen bei nicht eröffneter Pulpahöhle, vielleicht nach einer Erkältung, zum ersten Male heftig auftreten, länger als 12 Stunden mit Intervallen mehr oder weniger stark bestanden haben, und wenn die partiell entzündete Pulpa nach Entfernung der **erweichten Zahnbeinschicht** als geschwellter **kirschrother Punkt** in dem geöffneten Zahncavum sichtbar ist.

Es können nun aber auch zweifelhafte Fälle vorkommen, wo den Aussagen der Patienten nach nur eine Irritation der Pulpa vorzuliegen scheint, wo dagegen die Besichtigung des Zahnes und des cariösen Defectes auf eine Entzündung der Pulpa schliessen lässt. In solchen Fällen muss die Diagnose mit besonderer Vorsicht gestellt werden.

Da wo die Symptome zwar für die Erhaltung der Pulpa sprechen, man aber doch nicht ganz sicher ist, ob die unter der erweichten Dentinschicht liegende Pulpa gereizt oder partiell entzündet ist, empfehle ich folgendes Verfahren: Zuerst wird die desinficirte cariöse Höhle oberflächlich von der erweichten Dentinmasse befreit und die Empfindlichkeit der Schmelzdentingrenze mit dem Excavator geprüft. Finden wir das feste Zahnbein in grösseren Höhlen auch an dieser Stelle noch empfindlich, so kann man annehmen, dass die Pulpa noch nicht entzündet, sondern blos irritirt ist. Für die Prognose ist in diesem Falle ferner das Verhalten des Zahnes gegen Kälte von grosser Bedeutung. Lässt man in die Höhle einen Tropfen kalten Wassers fallen und zuckt der Patient dabei schnell zusammen, und klagt er über einen stechenden, aber schnell wieder nachlassenden Schmerz, der unter der Phenoleinwirkung bald ganz wieder verschwindet, so kann die Erhaltung der Pulpa versucht werden.

Tritt jedoch nach dem Einspritzen des kalten Wassers ein heftiger, anhaltender Schmerz ein, der selbst unter dem Einfluss des Phenolverbandes nach einer halben Stunde noch nicht verschwunden ist, so kann man mit Sicherheit auf eine particle Entzündung der Pulpa schliessen. Die Zahnbeingrenze ist in solchen Zähnen, da wo der entzündete Theil der Pulpa liegt, beim Excaviren nicht empfindlich, während in dem übrigen Theile die Dentinfibrillen den Reiz noch zur Pulpa fortpflanzen.

Fühlt endlich der Patient die Kälte im Zahne gar nicht oder erst nach wiederholten Einspritzungen nur in geringem Maasse, fehlt die Empfindlichkeit an der Zahnbeingrenze ganz, so ist es entweder in der Nähe des cariösen Defectes zu Dentinneubildungen gekommen, oder man hat es mit einer zerfallenen oder verkreideten Pulpakrone zu thun, und die Entzündung sitzt tief in den Pulpawurzeln (cfr. Tafel III, Fig. 2).

In den beiden letzteren Fällen thut man am besten, die Pulpahöhle sofort durch Wegnahme der deckenden Dentinschicht zu eröffnen und die Pulpa selbst mit der Sonde zu untersuchen.

Da, wo wir die Erhaltung einer stark irritirten Pulpa versuchen wollen, ist es nach meinen Erfahrungen wichtig, dass die Pulpa nicht direct blossgelegt, sondern durch die deckende Dentinschicht hindurch mit Phenollösung behandelt, und die Höhle auf zwei Tage mit Phenolmastix geschlossen wird.

Hat der Patient nach dieser Behandlung am folgenden Tage keine Schmerzen im Zahne mehr verspürt, so entfernen wir den Rest des erweichten Dentins vollständig, desinficiren die blossgelegte Pulpa und überkappen sie so, wie wir es bereits angegeben haben. Hat hingegen die Pulpa unter dem Verband am folgenden Tage auch nur wenig geschmerzt, so ist es zur partiellen Pulpitis gekommen, und die Pulpakrone muss cauterisirt werden.

Vor fünf Monaten hatte ich wieder einmal einen guten Erfolg mit der Ueberkappung einer irritirten, vielleicht sogar schon partiell entzündeten Pulpa zu verzeichnen:

Dem betr. Patienten behandelte ich einen schmerzhaften unteren Mahlzahn mit Phenoltannin und Phenolmastix, und legte, nachdem die Schmerzen durch dieses Verfahren ganz beseitigt waren, am zweiten Tage bei der Entfernung des erweichten Dentins ein Horn der partiell entzündeten Pulpa frei. Dasselbe erschien mir zur Ueberkappung günstig, und nachdem ich die exponirte Stelle antiseptisch behandelt hatte, betupfte ich sie mit Pulpalack und überkappte mit Phenol- und Chlorzinkcement. — Durch eine Zwischenlage von Guttaperchapapier schützte ich den Zahn gegen die physikalische Wirkung der aufgelegten Amalgamfüllung. Der Patient hatte nach dieser Operation nur wenig Unbequemlichkeiten. Der Zahn wurde bald wieder zum Kauen benutzt und ist bis heute noch vollkommen schmerzfrei.

Nach meiner Ansicht lassen sich durch dieses Verfahren vielleicht noch manche partiell entzündete Pulpen unter günstigen Verhältnissen, zu denen gewöhlich auch eine gesunde Constitution des Patienten mitgerechnet wird, heilen.

Es ist jedoch nothwendig, dass wir die Pulpa mit Phenolätzungen durch die deckende Dentinschicht hindurch vorbehandeln können, und dass die Pulpa bei ihrer Blosslegung die Höhle vollständig ausfüllt und nicht mehr als scharlachrother Punkt in dem geöffneten Cavum sichtbar ist.

Interessante Aufschlüsse gibt die Untersuchung partiell entzündeter Pulpen, wenn man dieselben gleich nach der Extraction des Zahnes mit der Zange aus ihrer harten Hülle sorgfältig auslöst und in chemisch reinem Glycerin unter dem Deckgläschen breitdrückt.

Man findet dann bei Mahlzähnen immer die dem cariösen Kegel anliegende Papille blutroth gefärbt und in der Nähe mehrere kleine Blutflecken. Diese Entzündungsröthe verliert sich gewöhnlich ohne bestimmte Abgrenzung in der Mitte der Pulpakrone, zuweilen erstreckt sie sich auch auf eine der Pulpawurzeln. Unter dem Mikroskop sieht man schon bei schwacher Vergrösserung, dass die Entzündungsröthe zum Theil von stark erweiterten Capillargefässen, welche die entzündete Papille in verschiedener Richtung durchsetzen, zum Theil aber auch von Durchtränkung des Pulpagewebes mit Blutfarbestoff herrührt.

Bei stärkerer Vergrösserung zeigt sich, dass die Odontoblasten mit ihren Ausläufern in der dem cariösen Kegel anliegenden Partie der Pulpa fehlen, und sich an ihrer Stelle ein dünnflüssiger Detritus befindet, in dem ich Reste von Dentinzellen, ab und zu Eiterkörperchen, fast regelmässig aber eine Anzahl Fäulnissbacterien sah, zuweilen auch kurze Leptothrixfäden, die ich unter dem Mikroskop mittelst Jod und verdünnter Säure als solche constatirte. In der Nähe dieses Substanzverlustes partiell entzündeter Pulpen haben die Dentinzellen gleichfalls ihre Verbindung mit den Zahnbeinröhrchen eingebüsst; das ganze angrenzende Gewebe erscheint getrübt und zellig infiltrirt und von einzelnen Fetttröpfchen durchsetzt. Von dieser Partie der Pulpa sieht man dann die Capillargefässe als kurze Schlangenlinien nach dem gesunden Theile der Pulpa auslaufen. Die Hauptgefässe treten in der Krone solcher Pulpen ebenfalls etwas deutlicher als in ganz gesunden Pulpen hervor und zeigen zuweilen sackähnliche Ausbuchtungen oder varicöse Anschwellungen. Das ist das Bild, welches uns eine partiell entzündete Pulpa gibt, und das wir auf der nebenstehenden Tafel V illustrirt finden.

Tafel V. Fig. 1. Partiell entzündete Pulpa aus einem oberen Eckzahne. Dieselbe wurde nach Entfernung des cariösen Dentins eine Viertelstunde mit Phenoltannin behandelt, aus der vorsichtig erweiterten Pulpahöhle mit dem Extractor herausgenommen und direct

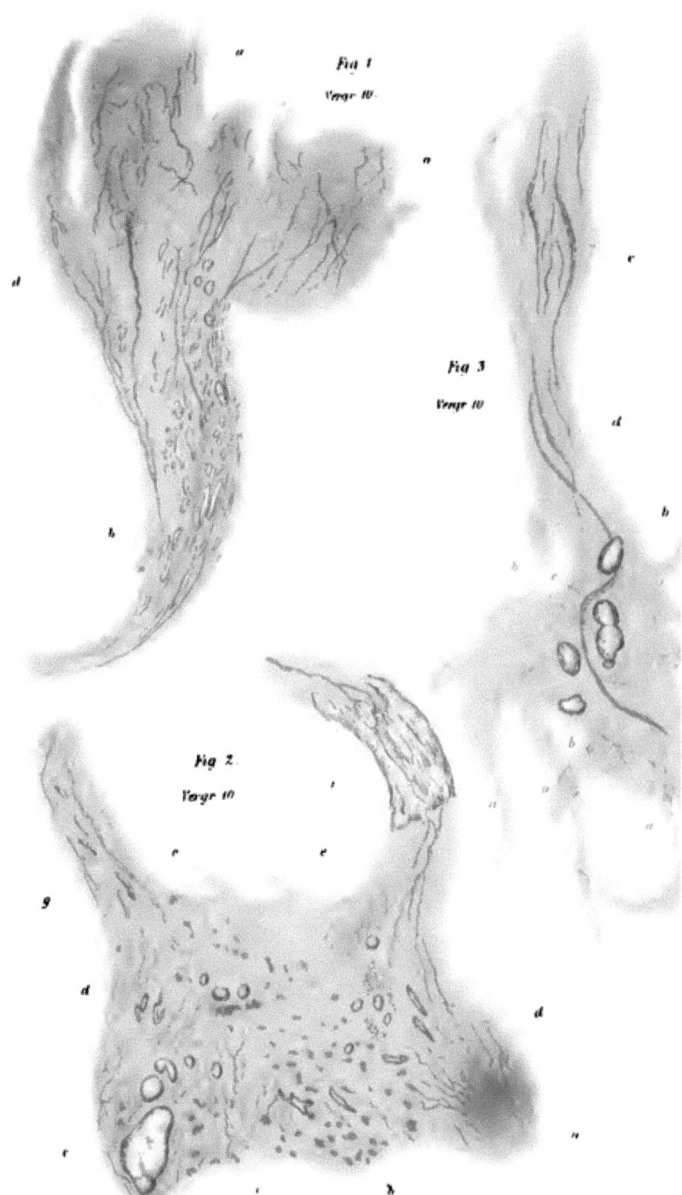

unter dem Deckgläschen in Glycerin breitgedrückt. Bei **a** sieht man in dem Entzündungsherde zahlreiche Capillarverzweigungen, die in verschiedenen Windungen verlaufen und sich verästeln. Bei **b** kommt aus der zerrissenen Pulpawurzel ein stärkerer Gefässstamm hervor, der sich in drei Aeste **c** theilt, von denen der eine bei **d** in den Entzündungsherd mit erweitertem Volumen ausläuft. **e** Dentinoide, welche zwischen den Gefässen und Nerven im Grundgewebe der Pulpa liegen.

Fig. 2. Partiell entzündete Pulpa aus einem oberen **extrahirten** Mahlzahne mit **nicht** perforirender Caries. Die dem cariösen Kegel gegenüberliegende entzündete Papille **a** ist durch Blutfarbestoff roth gefärbt, und man sieht aus diesem Entzündungsherde eine Anzahl Capillargefässe herauslaufen. In dem übrigen Theile der Pulpakrone liegen verschiedene kleinere Blutextravasate **b**, welche der Pulpa das bekannte gesprenkelte Aussehen geben. Dazwischen verlaufen mehrere kleinere mit Blut angefüllte Gefässstämme **c**. Die in der Mitte der Pulpa liegenden schwarz umränderten Bälkchen **d** und kleinen Punkte sind Luftblasen, welche bei auffallendem Lichte und stärkerer Vergrösserung betrachtet als solche erkannt werden. Dazwischen einzelne runde und ovale Dentikel **e**. Die abgerissene Gaumenwurzel ist bei **f** in ihrem ganzen Durchmesser in Verkalkung (Dentification) begriffen, während in der anderen Wurzel **g** nur einzelne zerstreute Kalkspindeln (Dentinoide) liegen.

Fig. 3. Pulpa aus einem oberen Eckzahne mit einer Dentikelgruppe in der Wurzelspitze. Die extrahirte, nicht geätzte freiliegende Pulpa war als kirschrother Punkt in der geöffneten Pulpahöhle sichtbar. Die freiliegende entzündete Partie blieb leider an dem Extractor hängen, auch die Wurzelspitze **a** ist von dem Häkchen des Extractors zerrissen worden. Man sieht hier zwischen vier Dentikeln **b** ein mit Blut angefülltes Gefäss **c** gewunden hindurchziehen, von denen bei **d** und **e** zwei Aeste parallel verlaufen.

In diesem Entzündungsstadium sind demnach die pathologischen Veränderungen in der Pulpakrone — trotzdem dieselbe gewöhnlich noch von einer erweichten Dentinschicht vollständig bedeckt ist — in Folge von chemischen und thermischen Reizen und

Infection von dem cariösen Herde aus so weit vorgeschritten, dass eine Heilung der Pulpitis mit Erhaltung der ganzen Pulpa nicht mehr zu erwarten ist.

Herrn Pastor Br. aus Ve. mussten fast sämmtliche Mahlzähne gefüllt werden; bei dreien derselben lag bereits Pulpaentzündung vor, sodass die Cauterisation und Amputation dieser Pulpakronen vorgenommen werden musste. In einem vierten Mahlzahne erschien mir die Pulpa nur gereizt, und ich versuchte durch Phenolmastixverbände die Irritation (oder partielle Pulpitis?) zu beseitigen. Die Schmerzen liessen unter dieser Behandlung bald nach, sodass ich nach einigen Tagen die Ueberkappung der Pulpa mit Phenolcement ausführen und den Patienten mit einem provisorischen Verschluss der Höhle entlassen konnte. Drei Tage später füllte ich den schmerzfreien Zahn mit Amalgam, wobei ich leider keinen schlechten Wärmeleiter als Zwischenlage benutzte. Acht Tage darauf erhielt ich vom Patienten Nachricht, dass der Zahn wieder schmerzhaft sei, und aus der Untersuchung konnte ich mit Gewissheit auf eine hochgradige Hyperämie des ganzen Organes schliessen. Hierzu kam noch, dass die Schmerzen, welche sich regelmässig einige Stunden nach der Mahlzeit einstellten, durch thermische Insulte gesteigert wurden. Acute Entzündung der Pulpa trat hier nicht ein; ich vermuthe, dass es nach und nach zur Verkreidung der überkappten partiell entzündeten Pulpakrone gekommen ist, deren Amputation sowohl den Patienten als auch mich sicher weit mehr befriedigt hätte.

In einzelnen Fällen ist es mir allerdings gelungen, auch partiell entzündete Pulpen unter der antiseptischen Kappe zur Verheilung zu bringen (cfr. Bericht Seite 11); auch andere Collegen haben mit der Behandlung partiell entzündeter Pulpen Erfolge gehabt, allein solche Ausnahmefälle dürfen nicht als Regel für die Praxis aufgestellt werden. Die Ueberkappung solcher Pulpen ist stets eine gewagte Operation, auch wenn die subjectiven Erscheinungen der Entzündung — die Schmerzen — durch Behandlung mit Phenol beseitigt wurden, denn die Ursache derselben, die Infiltration des Gewebes, blieb ja bestehen, und die führt im günstigsten Falle zur Verkreidung der Pulpakrone. Wird aber durch die antiseptische Kappe die Exsudation in der entzündeten Partie nicht ganz aufgehoben, so kommt es hier regelmässig zur entzündlichen Gangrän der ganzen Pulpa.

Um eine klare Vorstellung davon zu geben, wie Heilung mit schliesslicher Vernarbung einer entzündeten Partie der Pulpa erfolgen kann, stellen wir schematisch die anatomisch-pathologischen Verhältnisse in **Fig. 10** dar. Bei *a* haben wir die cariöse Höhle, bei *b* das der Pulpa aufliegende erweichte und inficirte Dentin, *c* oberflächlicher Substanzverlust der Pulpa, von Fäulnissdetritus bedeckt; die Dentinzellen haben, soweit als die zellige Infiltration *d* reicht, ihre Verbindung mit den Zahnfasern verloren.

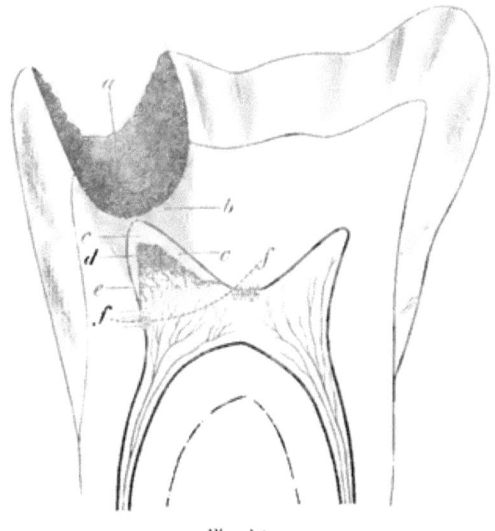

Fig. 10.

Soll die **Heilung einer partiell entzündeten Pulpa** erfolgen, so muss vor allen Dingen die Höhle eröffnet werden und das zerfallene Gewebe *c* durch einen warmen Wasserstrahl weggenommen werden; durch Antiseptica (Phenol) werden dann die in der Wunde liegenden Fäulnisserreger vernichtet und die erweiterten Gefässe in der entzündeten Partie *e* durch tonisirende Mittel (Tannin) zur Contraction gebracht. Bei diesem Verfahren muss nach den allgemeinen pathologischen Erfahrungen die Pulpa heilen; die Schwierigkeit liegt in der Abhaltung von Infectionsstoffen durch einen antiseptischen Verband. Abgesehen davon, dass wir selten Patienten finden, die eines kranken Zahnes wegen so oft zu uns kommen, genügt der gewöhnliche Phenolmastixverband durchaus nicht, um die Pulpawunde gegen die Fäulnisserreger sicher zu stellen; wir müssten bei jedesmaliger Erneuerung des Verbandes denselben mit Guttapercha oder Cement bedecken.

Gelingt es nun wirklich, die Heilung zu erreichen, so haben wir in der Mehrzahl der Fälle einen Theil der Pulpa gerettet, der in Folge der Contraction bei der Vernarbung ungefähr die Hälfte der Pulpahöhle noch ausfüllen wird; eine Regeneration der über ff liegenden und verloren gegangenen Theile findet nicht Statt. Eine solche Behandlung hat also den Zweck, den gesunden Rest der Pulpakrone zu erhalten, nicht den in Folge der Entzündung veränderten Theil derselben in integrum zu restituiren.

Wenn wir uns nun klar darüber sind, dass wir nie voraussehen können, in welcher Tiefe bei Mahlzähnen die Vernarbung erfolgen wird, dass also in vielen Fällen blos eine dünne Schicht gesunden Gewebes, der Basis der Pulpahöhle aufliegend, die Wurzelstränge verbindet, welche dann noch leicht unter der Kappe zerfällt und die Wurzeln mit in das Verderben zieht; wenn wir ferner die Erfahrung berücksichtigen, dass eine blossgelegte Pulpa um so leichter atrophirt, je grösser die exponirte Stelle ist, so muss uns der Theoretiker sicher beistimmen, wenn wir durch Abschneiden der Krone bis zu den Wurzelsträngen die Gefahren umgehen und **kleine Oberflächen** herstellen, auf die wir, wie bei exponirten verwundeten Pulpen, getrost unser Phenolcement legen können. Dem Praktiker brauche ich wol die Vorzüge einer so sichern und einfachen Operation nicht zu rühmen, er weiss, dass die Patienten wegen der fraglichen Erhaltung einer Pulpakrone nur ungern ihre Schmerzen noch 3—8 Tage, wenn auch gemildert, ertragen. Das ist ein wichtiger Factor, mit dem wir in der Praxis zu rechnen haben, deshalb empfehle ich hier wiederholt besonders bei **Mahlzähnen** die Cauterisation und Amputation partiell entzündeter Pulpakronen vorzunehmen und die von der Entzündung noch nicht ergriffenen Pulpawurzeln mit Phenolcement **direct** zu überkappen; eine Vorbehandlung der cauterisirten Pulpaoberfläche ist nach meinen Erfahrungen hier nicht nöthig.

In den ersten Jahren unserer Praxis behandelten wir in den Fällen, wo wir einen Zahn mit cauterisirter Pulpa füllen wollten, dieselbe — wie es uns in der Klinik gelehrt worden war — täglich, wochenlang mit schwach reizenden Tincturen, um durch dieses Verfahren die Pulpa zur spontanen Abstossung des Aetzschorfes und zur Bildung von Ersatzdentin anzuregen. Wir vertrauten diesen Mittheilungen, die uns von unseren Lehrern gemacht waren, und quälten uns und unsere Patienten so lange, bis wir endlich einsahen, dass uns von 100 so nachbehandelten cauterisirten Pulpen 99 durch Schrumpfung oder Gangrän schliesslich zu Grunde gingen.

Wir verliessen diese Methode und befolgten den Rath eines Freundes (College Kellner in Cöln), der nach Entfernung der Aetzpasta, unter absoluter Trockenhaltung der Höhle, die exponirte cauterisirte Pulpa direct mit einem Benzoëtinctur-Bäuschchen bedeckte resp. dasselbe in die Pulpahöhle hineinstopfte und die Höhle dann mit Guttapercha füllte. Zeigte sich nach 6 Wochen der Zahn noch schmerzfrei, so wurde die provisorische Füllung zur Hälfte wieder entfernt und die Höhle sorgfältig mit Amalgam gefüllt.

Da ich mit dieser so einfachen Behandlung verhältnissmässig viel günstigere Resultate erzielte, d. h. nur wenige Zähne wegen consecutiver Periostitis zu extrahiren hatte, so bemühte ich mich, die Ursachen der einzelnen Misserfolge kennen zu lernen. Zu diesem Zwecke extrahirte ich in geeigneten Fällen nach Monaten die schmerzfrei gebliebenen Pulpen und untersuchte dieselben mit der Loupe und mit dem Mikroskop. Hier fand ich nun, was sich voraussehen liess, in keinem Falle Bildung von Ersatzdentin. Von der uns erzählten Abgrenzungslinie zwischen dem cauterisirten und gesunden Gewebe ebenfalls keine Spur. Der mit Arsen in directe Berührung gekommene Theil der Pulpa war gänzlich structurlos, von braunrother Farbe, Veränderungen, die sich ohne bestimmte Abgrenzungen in den übrigen nicht cauterisirten Theilen verloren.

Zu meiner grossen Befriedigung fand ich jedoch, dass die mit Vorsicht ausgeführte Cauterisation einer **partiell entzündeten Pulpa — die vorher nicht mit dem Exfoliativ rücksichtslos durchwühlt wird** — nach der Aetzung mit Arsen nicht ganz zerfällt, sondern, dass das Gefäss- und Nervenleben in den nicht cauterisirten Pulpawurzeln noch vorhanden war. Dies war mir ein sicherer Beweis, dass die Application kleiner Dosen Arsenik auf oberflächlich entzündete Pulpen, welche vor der Aetzung erst freigelegt wurden — denn nur von diesen ist hier die Rede — nicht den Zerfall der ganzen Pulpa unbedingt nach sich zieht, sondern dass die Aetzung in solchen Fällen auf den entzündeten Theil der Pulpa, z. B. auf das freiliegende Horn einer Mahlzahnpulpa beschränkt bleibt, besonders dann, wenn man auf die freigelegte Pulpa 10—15 Minuten lang Phenollösung einwirken lässt, ehe man das Aetzmittel auflegt.

Tafel VI. Partiell entzündete, mit Arsenik behandelte Pulpa eines unteren Mahlzahnes, die 36 Stunden nach der Cauterisation unverletzt aus dem Zahne herausgenommen und zur mikroskopischen Untersuchung hergerichtet wurde. Das Präparat zeigt uns bei **a** die durch die Einwirkung des Aetzmittels zerstörte Papille. In der nekrotisirten Partie sieht man bei **b** stark erweiterte Gefässe. Der vom Arsenik nicht getroffene entzündete Theil der Pulpa zeigt bei **c** zahlreiche und erweiterte Capillargefässe mit dazwischenliegenden kleinen fleckigen Blutergüssen. In den durchschnittenen Wurzeln **d** stärkere, mit Blut angefüllte Gefässstämme. Die nachträglich noch extrahirte Pulpa der Distalwurzel dieses Zahnes war ganz gesund.

Diese Beobachtung (die ich nicht an einem, sondern an vielen Präparaten gemacht habe, von denen noch mehrere in diesem Werke abgebildet sind), dass eine erst freigelegte, partiell entzündete Pulpa bei vorsichtiger Anwendung der Arsenpasta nicht rettungslos verfallen muss, sondern dass der Rest gesunden Gewebes durch eine rationelle Behandlung erhalten werden kann, wird auch von mehreren anderen Collegen, so von unserem zuverlässigen Mühlreiter bestätigt[*]; aus meiner Praxis noch Folgendes:

Herrn R... wurde im September 1872 die Pulpa des zweiten unteren Mahlzahnes rechts, welcher der Sitz eines heftigen bis zum Ohre und Nacken ausstrahlenden Zahnschmerzes war, durch die deckende sehr empfindliche Dentinschicht hindurch mit Arsen behandelt. Nach zwei Tagen wurde die cauterisirte Pulpa,

---

[*] cfr. V. J. Schrift für Zahnheilkunde. 1872. Seite 111.

Taf VI.

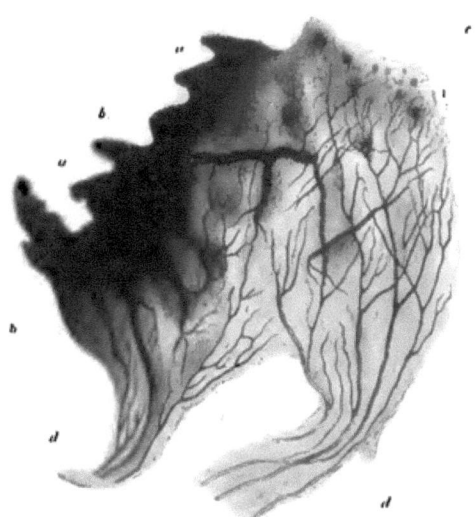

Fig. 15.

die also mit der Arsenpasta nicht in directe Berührung gekommen war, blossgelegt, und da dieselbe nicht wesentlich entzündet erschien, des Experimentes wegen mit Phenolcement überkappt, und der Patient angewiesen, sobald sich wieder Schmerz in dem mit Hill's Stopping gefüllten Zahne einstellen sollte, wieder zu kommen.

Erst Ende Juni 1873 besuchte mich der Patient, den ich inzwischen ganz vergessen hatte, und klagte wieder über heftige Schmerzen in dem Zahne, aus dem die Guttaperchafüllung ganz ausgekaut war. Unter der Cementdecke, die noch auf der Pulpa lag, fand ich eine hochgradig entzündete Pulpa, welche aus der verletzten Stelle stark blutete. Es ist dies eine der seltenen Beobachtungen, dass sogar indirect mit Arsenik cauterisirte Pulpen unter der antiseptischen Kappe wieder gesunden können.

Nachdem ich durch meine eigenen Untersuchungen einmal die sichere Ueberzeugung gewonnen hatte, dass wir auf eine spontane Abstossung des Aetzschorfes durch die secretorische Thätigkeit der Pulpa niemals rechnen können, das andere Mal aber auch sichere Beweise vor mir hatte, dass durch richtige Cauterisation einer leicht entzündeten Pulpa die Wurzeln nicht devitalisirt werden, schritt ich in geeigneten Fällen zur Amputation der Pulpakrone, um die Wurzeln durch die antiseptische Behandlung mit Phenolcement zu erhalten.

Gegen die Zweckmässigkeit dieser Operation sind von verschiedenen Seiten Einwände erhoben worden, jedoch wie es mir scheinen will, von solchen Collegen, welche dieselbe noch nicht einmal practisch versucht haben. Dergleichen Entgegnungen haben wenig Gewicht, zumal wenn ihnen Hunderte von günstigen Resultaten gegenüber gestellt werden können; und ich bin im Stande, Jedem, der sich dafür interessirt, allein in Essen mehr als hundert Personen vorzustellen, an denen ich die in Rede stehende Operation mit bestem Erfolge durchgeführt habe. Solche Thatsachen lassen sich nun einmal theoretisch nicht hinwegdisputiren.

Ich habe diese Operation seit fünf Jahren in meiner Praxis ausgeführt und so günstige Resultate damit erzielt, dass ich mich für berechtigt halte, die Aufmerksamkeit der Collegen auf diese dem practischen Bedürfnisse ausserordentlich entsprechende Operation hinzulenken.

Bereits bis zum Jahre 1874 hatte ich 183 Pulpaamputationen ausgeführt*). Seit jener Zeit sind jährlich ungefähr 80—100 neu hinzugekommen, so dass ich bis heute eine Statistik von nahezu 600 Operationen nachzuweisen habe, von denen mir nur eine verhältnissmässig kleine Zahl übler Ausgänge (über die ich in dem Capitel: „Was wird aus den amputirten Pulpen?" ausführlich berichten werde) bekannt geworden sind.

Zwei meiner ersten Versuche beobachte ich nun seit circa 7 Jahren, beide sind dritte Mahlzähne im Unterkiefer. Der eine befindet sich im Munde des Apothekers Gr., der andere wird von einem hiesigen Ingenieur Haed. getragen, und haben bis jetzt ihren Besitzern absolut keine Beschwerden mehr gemacht.

Bei einem anderen Patienten, Herrn Hü., dessen Mund ich mehrmals im Jahre zu sehen bekomme, waren im Jahre 1871 die einzigen noch vorhandenen drei Backenzähne der linken Kieferseite cariös und schmerzhaft, so dass der betreffende Herr die Extraction wünschte. Da die starken Kronen begründete Aussicht auf Erhaltung des Zahnes boten, zog ich die Behandlung der cariösen Defecte vor. Zwei Pulpen wurden mit Arsenik cauterisirt und amputirt, in dem dritten Zahne wurde die gangränöse Pulpa der Distalwurzel ganz, die der Mesialwurzel nur partiell exstirpirt und die Wurzelcanäle mit Creosotcement gefüllt; auch diese drei Zähne werden noch heute zum Kauen benutzt.

Eine dankbare Patientin traf ich an der Frau Justizrath Dr. G. Dieselbe wünschte zur Zeit, als sie noch in Berlin wohnte, ihre durch längere Krankheit arg defect gewordene Zahnreihe von ihrem dortigen Zahnarzte restaurirt zu haben. Es wurden ihr mehrere kleine Cavitäten mit Gold gefüllt, die Behandlung der schmerzenden Backenzähne, die sich nicht mehr mit Gold füllen liessen, verweigert, und die Patientin mit ihren Schmerzen wieder entlassen.

Zu der vorgeschlagenen Extraction ihrer einzigen Backenzähne konnte und wollte die Patientin sich zuerst nicht entschliessen, und so ertrug sie ihre Zahnleiden noch einige Wochen, bis sie nach Essen verzog und mich in der Absicht consultirte, ihrem qualvollen Leiden durch die Extraction der Zähne ein Ende machen zu lassen.

Ich hatte noch Hoffnung, die Zähne zu erhalten, und da die Patientin versprach, sich willig jeder Kur zu unterwerfen, cauteri-

*) cfr. V. J. Schrift für Zahnheilkunde. Seite 116.

sirte ich nach und nach fünf Mahlzahnpulpen, von denen drei amputirt und die Wurzeln überkappt wurden. Aus zwei Zähnen wurden die total entzündeten Pulpen so gut als möglich extrahirt, und die Wurzelcanäle mit Phenolcement gefüllt. Diese fünf Backenzähne, die ich theils mit Kupferamalgam, theils mit Platinaamalgam füllte, werden seit jener Zeit, also seit circa 5 Jahren, ausschliesslich zu meiner und der Patientin Freude zum Kauen benutzt.

Interessant ist noch die folgende Krankengeschichte: Frau Baronin von Sch. litt vor fünf Jahren an einer heftigen Nervenaffection in der linken Kieferhälfte. Die beiden letzten Mahlzähne des Unterkiefers waren cariös. Die Pulpa des zweiten Mahlzahnes wurde direct mit Arsenik cauterisirt, und der Zahn nach Entfernung der Pulpakrone mit Phenolcement und Amalgam gefüllt.

In dem Weisheitszahne erschien mir die Pulpa nur gereizt. Nach meinem damaligen besten Wissen und Können desinficirte ich die Höhle kräftig und bedeckte die auf dem Boden der Höhle zurückgelassene erweichte Dentinschicht mit Chlorzinkcement; den Rest der Höhle füllte ich mit Guttapercha. Bis zum Abend desselben Tages blieb die Patientin schmerzfrei, allmälig stellten sich jedoch in dem provisorisch gefüllten Zahne die alten Schmerzen wieder ein, welche sich in der Nacht zu einer Odontalgie steigerten, welche nach Aussage der sonst kräftigen Patientin kaum auszuhalten war.

Ich entfernte natürlich die provisorische Füllung sofort, legte die Pulpa frei, beseitigte die heftigen Schmerzen mit Creosottannin und cauterisirte die Pulpa mit Arsenik. Selbst nach zwei Tagen waren die Schmerzen noch nicht ganz verschwunden; bei der Entfernung der Kronenpulpa fand ich das auf Tafel VIII, Fig. 2, gezeichnete Dentikel, welches eine hochgradig entzündete Pulpawurzel deckte.

Ich bin fest überzeugt, dass die heftigen Schmerzen, welche hier dem provisorischen Ausfüllen der Höhle folgten, zum Theil mit der eingelagerten Dentinneubildung zugeschoben werden müssen. Die Pulpa war durch die Gegenwart des grossen Dentikels bereits so irritirt, dass der Reiz, welchen das Chlorzink auf das zunächstliegende infiltrirte Gewebe ausübte, genügte, die schmerzhafte Entzündung der Pulpawurzel herbeizuführen.

Die Wurzelpulpa wurde hier ganz extrahirt, und der Canal mit Phenolcement gefüllt. Beide mit Kupferamalgam gefüllten Zähne sind heute noch brauchbar und gesund.

Ich könnte, wollte ich den Leser ermüden, noch eine grosse Zahl wohlgelungener Operationen hier aufzählen; ich glaube jedoch, dass diese Beispiele genügend beweisen werden, dass ich mit meiner Behandlung keinen vorübergehenden, sondern dauernden Nutzen bringe.

Zu denen, welche diese Operation von rein theoretischem Standpunkte aus bekämpfen, gehört auch Baume. Er nimmt an, dass nach Cauterisation der Kronenpulpa mit Arsenik in der Mehrzahl der Fälle Entzündung und schliesslich Zerfall der schon durch die Aetzung in Mitleidenschaft gezogenen Wurzelpulpa folgen müsse.

Wir haben unseren Lesern schon bewiesen, dass die pathologisch-anatomischen Veränderungen in entzündeten Pulpen vor und nach der Aetzung andere sind, als sie dort angenommen werden, deshalb brauchen wir uns hier mit der Widerlegung des betreffenden Passus, auf den wir vielleicht später doch noch einmal zurückkommen müssen, nicht weiter zu beschäftigen.

Viel wichtiger ist hier die Frage, ob die von Wedl beobachtete Proliferation der Bindegewebs- und Spindelzellen, die sich zuweilen auch schon bei partieller Kronenpulpitis in der dem Entzündungsherde zunächstliegenden Wurzel nachweisen lässt, und wo dann in der Regel auch Gefässerweiterungen nicht fehlen, einen ungünstigen Ausgang herbeiführen kann. Diese Zustände kann man selbstverständlich ohne mikroskopische Untersuchung in den amputirten Wurzeln nicht constatiren. Wir können sie nur vermuthen, wenn der cariöse Defect nahe am Zahnhalse in unmittelbarer Nähe eines Wurzelcanals liegt. Wir behaupten aber mit ziemlicher Sicherheit, mit blossen Augen diagnosticiren zu können, ob eine Pulpawurzel Aussicht auf Erhaltung bietet oder nicht.

Andererseits müssen wol die Beobachtungen erst noch gemacht werden, dass hier die Proliferation der Spindel- und Bindegewebszellen zur entzündlichen Gangrän mit ihren bekannten Ausgängen führt. Nach unseren Erfahrungen kommt es bei diesen Gewebsveränderungen unter der antiseptischen Kappe gewöhnlich zur Dentinoidbildung und zur Verkreidung der Pulpawurzeln, ein Prozess, auf den wir in dem Capitel: „Was wird aus den amputirten Pulpen?" zurückkommen werden.

Die üblen Zufälle, welche unsere amputirten Pulpen treffen sollen, mögen Diejenigen lieber im Voraus bedenken, welche das provisorische Ausfüllen tief cariöser empfindlicher Höhlen mit Chlorzinkcement empfehlen — ich verweise auf Tafel III, Fig. 1 — denn Derjenige, welcher die Operation ausführt, kann nie mit Sicherheit bestimmen, in welchem Zustande die Pulpa unter der erweichten Dentinschicht sich befindet, ob sie nur irritirt, oder ob durch Infection vom cariösen Herde aus nicht schon Zerfall und Spuren von Eiterung in der Nähe des Pulpahöhlendefectes vorhanden sind, oder ob nicht vielleicht schon eine der Pulpawurzeln in das Bereich der schlummernden interstitiellen Entzündung mit hineingezogen worden ist.

Jeder, der die Erfolge seiner Operationen genau verfolgt, wird bei dieser Behandlung sicher schon die Erfahrung gemacht haben, dass er noch nach Monaten bei der Entfernung des Cements und der Zahnbeindecke anstatt einer gesunden Pulpa eine Höhle mit eingetrockneter atrophischer Pulpa vorgefunden hat.

Wem wäre es ferner nicht schon passirt, dass so behandelte Patienten am anderen Tage mit heftigen Schmerzen in dem provisorisch gefüllten Zahne zurückkehrten und nach einer qualvollen Nacht nun stürmisch die Extraction des so gefüllten Zahnes verlangt hätten? Gewiss **ein Jeder** hat diese Erfahrungen nach Anwendung dieser Methode gemacht.

In einigen Fällen glückt es allerdings, dass nach dem Ausfüllen schmerzhafter Höhlen mit Cement die bereits afficirte Pulpa unter der erweichten Dentinschicht sich wieder beruhigt und nicht atrophirt oder total verkreidet (cfr. Tafel III, Fig. 2), jedenfalls sei der junge Practiker, will er nach dieser Richtung hin experimentiren, vorsichtig; sehr empfindlichen Patienten darf man diese Operation — die wir längst verlassen haben — nicht bieten.

Fräulein G...., fünfzehn Jahre alt, etwas sensibler Natur, füllte ich in einer Sitzung mehrere Central-Cavitäten in Mahlzähnen mit Platinaamalgam. In einem der Backenzähne war die Höhle geräumiger und empfindlicher, weshalb sie nur oberflächlich gereinigt und auf zwei Tage mit Phenolmastix verbunden wurde. Die Empfindlichkeit des erweichten Dentins war durch diese Behandlung ganz verschwunden, und da die Patientin die Kur einige Tage zu unterbrechen wünschte, füllte ich den Zahn provisorisch mit Cement, der aber ein Stückchen Phenolschwamm zur Unterlage hatte. Die Patientin verliess mich ohne Schmerzen, kehrte jedoch nach 3 Stunden mit glühenden Wangen und ganz verweintem Gesichte zurück und klagte über die furchtbarsten Schmerzen in dem gefüllten Zahne, die eine halbe Stunde nach der Operation mit einem leichten Brennen angefangen und sich in kurzer Zeit so gesteigert hatten, dass Patientin den Schmerz zu ertragen kaum noch im Stande war und die Extraction des festsitzenden Zahnes wünschte. Ich extrahirte nicht; eine kräftige Jodeinpinselung linderte die heftigen localen Schmerzen und ein englisches Brausepulver mit Chinin und Morphium setzte auch die Fiebererscheinung so herab, dass ich eine halbe Stunde später die Cementfüllung herausbohren und die freiliegende Pulpa vorsichtig mit Phenolarsen cauterisiren konnte. Am anderen Tage wurde die partiell entzündete Pulpakrone amputirt, die Wurzeln überkappt; der mit Amalgam gefüllte Zahn thut jetzt, wie seine Nachbarn mit intacter Pulpa, seine volle Schuldigkeit und macht der Patientin nicht die geringsten Beschwerden.

Aus diesem Beispiele — ich könnte deren noch viele aufzählen — sehen wir, dass wir nicht vorsichtig genug sein können bei der Behandlung solcher Cavitäten, wo die Pulpa, wenn auch nur an einer kleinen Stelle, mit dem **erweichten** cariösen Dentin in Berührung gekommen ist*).

Die von mir vorgeschlagene Amputation der partiell entzündeten Pulpakrone hat eine Zukunft. Wird doch diese Operation bereits thatsächlich von denen ausgeführt, die sie theoretisch

<hr>

Ich amputire also für gewöhnlich schon die Pulpen, die Baume durch das provisorische Ausfüllen der Höhle mit Cement noch zu halten versucht, aber trotzdem hat er mit seiner Behandlung gute Erfolge erzielt — er schreibt es in seinem Lehrbuche und wir glauben das unbedingt. Aber andererseits dürfen wir hier wol den Wunsch aussprechen, dass, wenn wir sagen, wir haben mit der Amputation cauterisirter Pulpen nicht einzelne, sondern Hunderte von guten Erfolgen erzielt, d. h. dass Hunderte von solchen Zähnen mit amputirten Pulpen nun schon seit Jahren von unseren Patienten getragen und ohne Schmerzen zum Kauen benutzt werden — und ich meine, das wäre ja doch wol der Zweck der Operation — dass in Zukunft die Richtigkeit unserer Statistik auch nicht mit versteckten Worten angegriffen wird cfr. Baume Lehrbuch Seite 246 u. 247.

Unklug aber ist es jedenfalls, über eine Methode, die auf jahrelanger gründlicher Beobachtung ruht, so ohne Weiteres den Stab brechen zu wollen und denen, die bisher für dieselbe eingetreten sind, noch nebenbei mangelhafte Kenntnisse der Anatomie und Pathologie der Zahnpulpa vorzuwerfen.

verwerfen, denn was ist es anders als eine Amputation der Pulpakrone, wenn jene Autoren die buccalen Wurzelpulpen oberer und die mesialen der unteren Mahlzähne **die sie weder mit Nervextractoren noch mit der Bohrmaschine entfernen können** in den Wurzeln sitzen lassen müssen, und die Pulpahöhle nach unserer Angabe mit Cement füllen?

Wir meinen, dass das von uns vorgeschriebene Verfahren doch entschieden besser ist, als wenn wir die gesunden Pulpawurzeln erst durch zwecklose Extractionsversuche verwunden und schliesslich, wenn wir dieselben doch nicht ganz extrahiren können, den vom Extractor in Fetzen zerrissenen Pulpastumpf doch überkappen müssen.

Uebrigens hat die particlle Extraction gesunder Pulpawurzeln ihre Bedenken. Denn, wird der Pulpastumpf vom Nervextractor gefasst und nicht an der Wurzelspitze abgedreht, so tritt in dem zerrissenen Pulpastumpf sofort wieder Schmerz ein, der meist nicht spontan verschwindet, sondern erst durch Aetzmittel beseitigt werden muss. Noch schlimmer aber sieht es aus, wenn uns in einem Wurzelcanale ein Theil des Nervextractors abbricht. **Das kommt gar nicht selten vor**, denn die wenigsten Wurzelcanäle sind so günstig geformt, dass wir bequem mit dem Extractor bis zur Wurzelspitze vorgehen können. Solche in **gesunde Pulpawurzeln** eingeklemmte Fragmente von Nervextractoren bewirken in der Regel Entzündung mit heftigen Schmerzen. Dann quäle man aber den Patienten nicht mit Versuchen, den abgebrochenen festsitzenden Theil des Instrumentes aus dem Canal herauszuziehen

---

Gegen wen diese überflüssige Bemerkung hauptsächlich gerichtet ist, bleibt nicht zweifelhaft. Ich glaube die mikroskopische Anatomie und Pathologie der Pulpa aus eigenen sehr zahlreichen Untersuchungen und aus den bisher noch unübertroffenen Werken des Professor Wedl aus denen ja auch Baume sein Material reichlich geschöpft hat zu kennen, und wenn ich bisher von meinen Untersuchungen noch so wenig veröffentlicht habe, so liegt das daran, weil ich vorsichtig bin und nicht gern Beobachtungen in die Welt schicke, die ich vielleicht schon nach Monaten widerrufen müsste.

Das Wenige jedoch, das ich bisher veröffentlicht habe, sind keine theoretischen Calcüle, sondern es sind Früchte ernster Studien, es sind Beobachtungen, die ich entweder an meinen Patienten oder mit dem Mikroskop, jedenfalls aber alle selbst gemacht habe.

Ich bedaure hier etwas breit geworden zu sein, jedoch der vorurtheilsfreie Leser wird mir die Abwehr solcher Angriffe gern gestatten.

— das gelingt selten — sondern man greife hier lieber gleich zur Zange und extrahire den Zahn selbst.

Deshalb, weil wir in **keinem Falle sicher** sind, eine Pulpawurzel ganz und vollständig aus einem gekrümmten und engen Wurzelcanale herauszubekommen, bleibe man wenigstens von solchen Pulpawurzeln mit dem Nervextractor fern, die noch gegründete Aussicht auf Erhaltung bieten.

Dem erfahrenen Zahnarzte brauche ich die Schwierigkeiten, die bei der Extraction der Pulpawurzeln oft zu überwinden sind, nicht aufzuzählen, dem Studirenden aber sei hier ausdrücklich gesagt, dass die Extraction der Pulpen aus den Mesialwurzeln der unteren und aus den Buccalwurzeln der oberen Mahlzähne in hundert Fällen kaum **einmal** vollkommen gelingt. Er verschone seinen Patienten in all' den Fällen, wo der Eingang zu diesen Canälen nicht frei und bequem zu erreichen ist, mit unnützen Extractionsversuchen. Am allerwenigsten aber versuche er das, was er mit dem feinen Extractor nicht herausbekommt, mit der Bohrmaschine wegzubohren **denn das ist ganz unmöglich.**

Unsere practischen Erfahrungen haben uns ja längst dahin belehrt, dass Pulpawurzeln in cariösen Zähnen unter einer zerfallenen Pulpakrone noch fortbestehen können. Wir haben ferner erfahren, dass mit Arsen behandelte Pulpen, sich selbst überlassen, uns oft nach Jahren den Beweis ihrer lebendigen Existenz lieferten, indem sie plötzlich schmerzhaft wurden. In solchen Fällen fanden wir bei der Untersuchung der Zahnhöhle oft unter verfaulten Speise- und Dentinresten in einer der Wurzeln einen gegen die Sonde sehr empfindlichen Pulparest mit allen Zeichen einer acuten Pulpitis. Wir und andere Collegen haben ferner oft genug erlebt, das gewisse Pulpen, an denen wir mit blossem Auge keine Abnormitäten entdecken konnten, vom Arsenik kaum verletzt wurden, dass sie zwei-, drei-, ja fünfmal die Aetzpasta verlangten, ehe ihre Krone endlich als zerstört angesehen werden konnte. Wir wissen ferner, dass nach verunglückten Zahnextractionen bei glatten Bruchflächen die durchrissenen Pulpastümpfe sich durch Ersatzdentin abkapseln können.

Wenn, frage ich nun, die Pulpawurzeln unter solchen ungünstigen Bedingungen sich lebensfähig erhalten können, warum sollte es uns nicht gelingen, dasselbe günstige Resultat durch eine rationelle Behandlung zu erzielen?

Und warum sollten wir nicht der Amputation der Pulpakrone dem zweifelhaften Ausfüllen der Wurzelcanäle mit Gold oder Zinn, wenigstens in denjenigen Fällen den Vorzug geben, wo wir in den Wurzeln noch einen gesunden und lebensfähigen Pulpastumpf haben? Der Zweck meiner Operation ist in erster Linie der, an Stelle der mehr in **Gedanken** und auf dem **Papier** ausgeführten Wurzelfüllungen mit Gold oder Zinnfolie eine **practisch ausführbare** Operationsmethode zu setzen, die weit mehr Sicherheit für den Fortbestand des Zahnes bietet, als die vorher genannte. Gehören doch selbst nach geschickt ausgeführten Wurzelfüllungen Periostiten keineswegs zu den Seltenheiten.

Wer in Zukunft nach meiner Methode Amputationen ausführt, wird weit weniger Extractionen gefüllter Zähne zu verzeichnen haben, als bisher.

Das muss endlich einmal ausgesprochen werden, dass das solide Ausfüllen enger und gekrümmter Wurzelcanäle der Backenzähne zu den Unmöglichkeiten gehört.

Nur Derjenige, welcher die Wahrheit dieses Satzes anerkennt, möge die nachfolgenden Capitel studiren. Für die, welche vor wie nach des Glaubens leben, dass sie alle Wurzelcanäle vollkommen mit Metallfolie ausstopfen können, sind diese Zeilen **nicht** geschrieben.

Die Technik der Pulpaamputation.

Auf Seite 39 habe ich bereits mit wenigen Worten die Indication für die Amputation gegeben und darauf hingewiesen, dass die Prognose wesentlich mit vom Verlauf des Leidens und von der

Heftigkeit, mit welcher sich die Schmerzen einstellen, abhängig ist. Wir müssen daher, wenn der Patient die Erhaltung des Zahnes wünscht und die Zahnkrone noch eine Füllung werth ist, uns vor Allem über den Verlauf des Leidens etwas zu orientiren suchen. Nicht immer sind die Krankenberichte unserer Patienten in dieser Beziehung zuverlässig.

Auf unsere Frage: „Wie lange haben Sie schon Schmerzen an diesem Zahne?" erhalten wir oft die Antwort: „Schon seit zwei Jahren". Ein verzeihlicher Irrthum des Patienten, der, wenn viele kranke Zähne da sind, selten weiss, welcher von ihnen eigentlich die Schmerzen verursacht. Ist nur ein Zahn erkrankt, so sind die Aussagen des Patienten zuverlässiger.

Erzählt uns der Patient, dass er bereits **mehrere** Nächte wegen Zahnschmerz schlaflos verbracht habe, und auch am Tage oft stundenlang spontan eintretende heftige Schmerzen im Zahne verspüre, ist gleichzeitig der Zahn, ohne gegen Percussion gerade empfindlich zu sein, in der Alveole etwas beweglich und das Zahnfleisch in der Nähe des erkrankten Zahnes stark geröthet, so wird man **totale Entzündung** der Pulpa annehmen müssen.

Verspürt dagegen der Patient erst seit einigen Tagen nach thermischen Insulten beim Essen leicht ziehende Schmerzen in dem erkrankten Zahne, die zuweilen auch einige Stunden nach der Mahlzeit spontan, oder bei horizontaler Körperlage (im Bette) eintreten, sich aber zu keinem acuten Schmerzanfalle steigern, oder haben sich heftigere Schmerzen zum ersten Male gewöhnlich nach einer Erkältung eingestellt, die den glücklichen Besitzer des kranken Zahnes auch in der letzten Nacht einige Stunden wachend im Bette verbringen liessen, so kann man auf **partielle Entzündung** der Pulpa schliessen.

Weitere Aufschlüsse gibt die Besichtigung des Zahnes selbst. Kleine cariöse Defecte in nicht entfärbten Zahnkronen lassen auf partielle Entzündung der Pulpa schliessen, grössere Defecte in glanzlosen, matten Zahnkronen auf totale Entzündung oder auf entzündliche Gangrän der Pulpa.

Auch das Verhalten des Zahnes gegen kaltes und warmes Wasser ist maassgebend (cfr. Seite 10), doch wird man sich hier, wo wir es nun schon mit schmerzenden Zähnen empfindlicher Patienten zu thun haben, zur Untersuchung der Spritze nur selten bedienen, sondern den Patienten einen Schluck kalten oder warmen Wassers an die kranke Seite nehmen lassen und so die Empfindlichkeit des kranken Zahnes prüfen.

Aus den hier aufgeführten äusseren Symptomen, zu denen noch die Percussion des Zahnes mit dem Fingernagel und die Untersuchung der Alveole gegen leichten Fingerdruck hinzutritt, wird der beobachtende Zahnarzt, noch bevor er den Zahn mit einem Instrumente berührt hat, die Diagnose annähernd richtig stellen können.

Die Reinigung der cariösen Höhlen schmerzender Zähne muss stets mit sicherer, leichter Hand und mit möglichster Schonung des Patienten ausgeführt werden.

Noch bevor ich die cariöse Höhle mit dem Excavator reinige, lege ich ein Stückchen Schwamm, das mit Phenoltannin getränkt ist, auf einige Minuten ein. Inzwischen reinige ich das Zahnfleisch mit einer weichen Bürste oder einem Schwammstückchen von dem anhängenden Schleim, desinficire den Zahnfleischrand und schaffe mir mit dem Schmelzmesser einen bequemen Zugang zur Höhle.

Nun erst beginne ich mit der Ausschälung des erweichten Zahnbeins und benutze hierzu breite löffelförmige Excavatoren (Tafel VII, Fig. 5 u. 6) oder scharfe ovale Bohrer (Tafel VII, Fig. 7 u. 8). Bei grosser Empfindlichkeit empfiehlt es sich, in die halb gereinigte Höhle etwas Phenoltannin zu legen und sie auf eine Viertelstunde mit Mastix zu verschliessen. Darauf wird der Rest des erweichten Zahnbeines herausgehoben, und wenn wir dann die Pulpa an einer kleinen Stelle blossgelegt haben, und dieselbe als kirschrothen oder blutenden Punkt in der geöffneten Höhle liegen sehen, so war unsere Diagnose auf partielle Entzündung der Pulpakrone richtig.

Ist jedoch die ganze Decke der Pulpahöhle schon erweicht, und finden wir nach Entfernung der cariösen Masse einen grossen Theil der Pulpa exponirt und blutroth gefärbt, so liegt Totalentzündung der Pulpa vor. Ehe ich jedoch die Pulpa mit Phenolarsen behandle, lasse ich die Phenoltanninlösung so lange auf der Pulpa liegen, bis der Patient keinen Schmerz mehr im Zahne fühlt und die Pulpaoberfläche gegen leichten Druck unempfindlich geworden ist. Das erreiche ich gewöhnlich in 5—10 Minuten.

Ist die Pulpakrone nur particll entzündet, so finden wir die vorher blutrothe Stelle jetzt weiss geätzt und die Höhle von der entzündeten Pulpa ganz ausgefüllt.

Lag jedoch totale Entzündung der Pulpa vor, so haben wir schon nach der viertelstündigen Aetzung mit Phenoltannin öfter eine halb leere Pulpa vor uns, in der wir den collabirten Rest der in Schmelzung begriffenen Pulpakrone finden.

Da, wo die Pulpakrone nach der Phenolisirung die Pulpahöhle noch nahezu ausfüllt, cauterisire ich dieselbe mit Phenolarsenpasta, und verschliesse die Höhle gewöhnlich mit einem Stückchen weichen Wundschwamm, das ich mit Phenolmastixlösung befeuchtet habe. Diesen „Verband" lasse ich, wenn möglich, nicht länger als 12 Stunden liegen. Gewöhnlich kann der Patient jedoch erst am anderen Tage wieder kommen, und so werden es 24 Stunden, dass die Arsenpasta auf eine particll entzündete Pulpa einwirkt. Länger lasse ich die Pasta, will ich amputiren, nicht im Zahne, will ich hingegen exstirpiren, so bleibt die Arsenpasta 48 Stunden liegen.

Es ist nicht überflüssig, hier noch einige Worte über die Application des Arsens zu sagen. Gewöhnlich wird ein wenig Watte auf eine Sonde gewickelt und als Träger der Aetzpasta benutzt. Mir scheint folgendes Verfahren besser: Man lasse mit einer feinen gebogenen Pincette (Tafel VII, Fig. 1) ein ganz kleines Stückchen feinen Schwamm, das etwas grösser ist als die exponirte Stelle der Pulpa, nehme darauf etwas von der Aetzpasta, welche nun in die trockene Höhle des Zahnes mit Hülfe des Spiegels **genau auf die Pulpa** gelegt werden muss. Man verlasse sich hier nie auf sein Gefühl oder auf das Zusammenzucken des Patienten, sondern nur auf seine Augen, dass der Aetzpastaträger auch wirklich fest und sicher auf der exponirten Stelle aufliegt. Ebenso vorsichtig muss der Verschluss hergestellt werden. Denn würde durch Verschiebung der Pasta der Mastixverband direct auf die Pulpa zu liegen kommen, so würde diese dadurch gereizt werden und die Cauterisation unvollkommen und

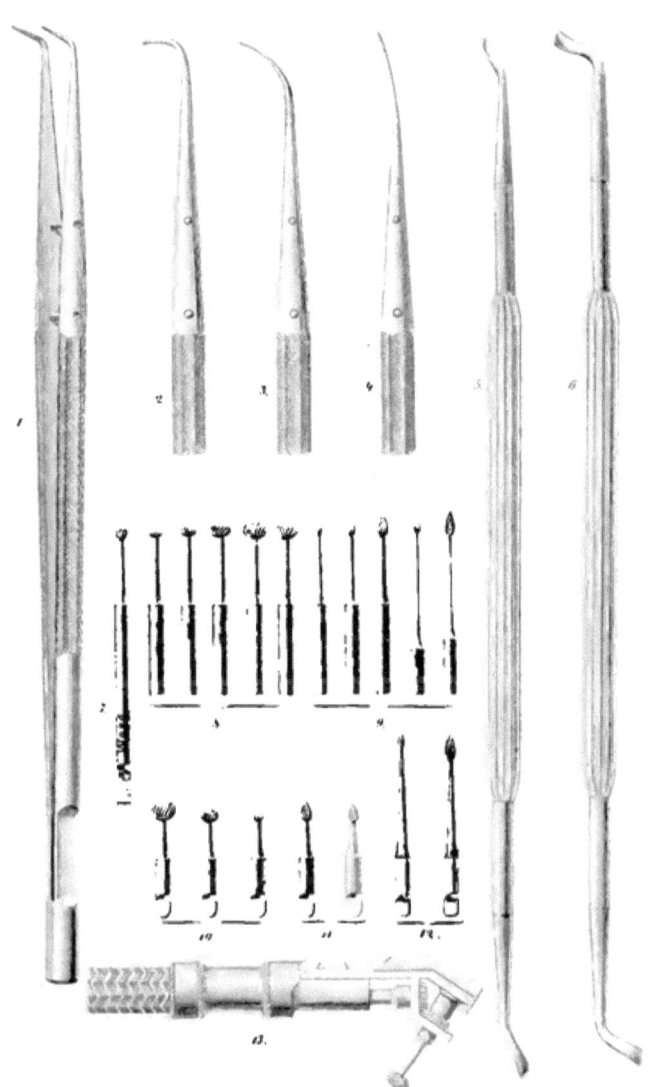

Taf VII.

schmerzhaft sein. Man kann sicher sein, dass in den meisten Fällen, wo nach der vorherigen Anwendung von Phenoltannin eine Pulpa nach dem Auflegen der Pasta doch noch heftig schmerzt, eine Verschiebung der Pasta von der Pulpa stattgefunden hat.

In einigen Fällen kann jedoch die Wirkung der Arsenpasta auch durch grössere Dentinneubildung in der Pulpakrone verhindert werden. Liegt z. B., wie in Fig. 9, eine eingeklemmte, vom Pulpagewebe noch überzogene Dentinkugel am cariösen Defecte, welche den Eingang zur Pulpahöhle fast ganz verschliesst, so kann die Pasta nur sehr wenig auf die hinter der Dentinneubildung liegende entzündete Pulpakrone einwirken, und der Reiz, welcher durch den Verband ausgeübt wird, muss die Schmerzen in den ersten Stunden bedeutend steigern.

Ich entferne daher in allen Fällen, wo die Patienten nach der Einlage der Aetzpasta über heftige Schmerzen anhaltend klagen, den Verband wieder, und lege zur Beruhigung der irritirten Pulpa auf eine halbe Stunde Phenoltannin ein.

Dann sondire ich mit Vorsicht die freigelegte Stelle der Pulpa, ob harte Einlagerungen vorhanden sind, und erweitere event. die Pulpahöhle, um der Aetzpasta eine grössere Fläche zur Einwirkung zu bieten.

Besondere Vorsicht erfordern endlich noch diejenigen Fälle, wo die cariösen Höhlen dicht am Zahnfleisch oder an den Buccalflächen der Zähne liegen. In dem ersten Falle schaffe ich mir nach Ausstopfung der Höhle mit Phenoltannin durch das Schmelzmesser so viel Raum, dass ich die Höhle bequem reinigen und die Arsenpasta sicher einführen kann. Ueberhängende Zahnfleischzäpfchen verdränge ich durch Anpressen eines Stückchens Schwamm, das mit Mastixlösung befeuchtet ist. Erst dann führe ich die Arsenpasta in die Höhle ein. Bei der Application der Pasta an den Backenflächen der Zähne schütze ich die Wange mit Fliesspapier gegen Berührung der Aetzpasta (bei Weisheitszähnen ist das unbedingt nöthig), und verschliesse sorgfältig mit geschmolzenem Wachs oder Phenolmastix.

Trotzdem werden wir nicht selten am anderen Tage die an den Zähnen anliegende Partie der Schleimhaut etwas angeätzt finden, in welchem Falle wir eine Einpinselung von Jodtinctur empfehlen. Die

Heilung eines solchen Backengeschwürs erfolgt dann gewöhnlich nach zwei Tagen, doch können, wie aus dem Folgenden hervorgeht, zuweilen auch recht ernste Erscheinungen eintreten.

Vor vier Jahren besuchte mich ein Mädchen, dem ich, ohne gerade besonders vorsichtig dabei zu verfahren, eine gute Portion Arsenpasta in den unteren rechtsseitigen Weisheitszahn, der an seiner Buccalfläche cariös war, einlegte. Die Patientin sollte zwei Tage darauf zur Herausnahme der Pasta bei mir wieder erscheinen, sie blieb jedoch aus, weil ihr die „Plombe" nach ihrer Ansicht gut erschien. Erst als sich nach circa acht Tagen wieder Schmerzen in der betreffenden Kieferhälfte einstellten, kam sie zurück, und nun fand ich nicht allein den cauterisirten Zahn wurzelkrank, sondern auch die der cariösen Höhle anliegende Backenschleimhaut geschwürig, und das Zahnfleisch, welches die Höhle umgrenzte, bis auf den Kiefer brandig zerfallen. Trotz aller Mittel konnte ich die Nekrotisirung des vom Periost entblössten Kiefertheils nicht verhindern, und nach Wochen löste sich, entsprechend der linea obliqua externa, ein kleiner nekrotischer Knochensplitter los.

Ich habe hier noch einige Worte über die **Zusammensetzung der Arsenpasta** hinzuzufügen:

Da man bisher ohne jede wissenschaftliche Untersuchung die Wirkung der Arsenpasta rein empirisch beurtheilte, mussten selbstverständlich sich die widersprechendsten Ansichten darüber bilden, und man griff zu allerhand Auskunftsmitteln, um die gefürchtete tiefe Einwirkung des Arsens zu verhindern, die, wie wir vorn in Bild und Wort nachgewiesen haben, illusorisch ist. Die Furcht vor der tiefen Einwirkung der Arsenpasta zieht sich schon seit Jahren wie ein rother Faden durch alle Capitel, die von der Anwendung dieses Mittels handeln. Man wechselte mit den Arsenpräparaten so oft, als mit der Zusammensetzung der Pasta, ohne sich eigentlich darüber Rechenschaft zu geben, welche Wirkung die einzelnen Medicamente in ihrer Verbindung mit Arsen auf das Pulpagewebe hervorzubringen vermöchten. Die zuerst von Amerika aus empfohlene Zusammensetzung von Arsenik, Morphium und Creosot zu gleichen Theilen ist in den letzten Jahren, hauptsächlich des penetranten Geruches wegen, in Misscredit gekommen. Man hat an Stelle des Creosots das Nelkenoel der Mischung zugesetzt, während wieder Andere das Morphium in der Pasta für wirkungslos und mithin überflüssig erklärt haben, ohne freilich diese Behauptung durch stichhaltige Beweise zu stützen.

Man hat dafür den Mangel an Lymphgefässen als Grund aufgeführt, dabei jedoch vergessen, dass das Morphium in directer Berührung mit den feinsten Nervenverzweigungen seine örtliche beruhigende Wirkung daselbst auch ausüben muss.

Wir schreiben sogar zum Theil die unzweifelhaft beruhigende Wirkung unserer Phenolpräparate ihrem bedeutenden Gehalte an Morphium zu.

Reines Arsen cauterisirt ja das Pulpagewebe auch, und zwar ganz gründlich, in Verbindung mit Morphium jedoch ist die Wirkung desselben eine ganz entschieden mildere, und deshalb empfehlen wir, der Aetzpasta vor wie nach das Morphium zuzusetzen.

Auf keinen Fall aber darf der Aetzpasta das Antisepticum entzogen werden. Acidum arsenicosum, das wir aus langjähriger Erfahrung allen anderen Arsenpräparaten vorziehen, wirkt schnell auf den entzündeten Theil der Pulpa. Diese Eigenschaft des Mittels wissen wir wohl zu schätzen; es wird von der alkalischen serösen Flüssigkeit des infiltrirten Gewebes (cfr. Fig. 10) leicht aufgenommen, bildet aber bald mit dem entzündeten Gewebe *d e* einen festen Aetzschorf, welcher das unter *f f* liegende Gewebe vor der weiteren Einwirkung des Aetzmittels schützt. Nur soweit als die Infiltration des Gewebes reicht, dringt das Aetzmittel in dasselbe ein.

Auf gesundes, normales Gewebe applicirt entsteht zunächst gar kein Aetzschorf (cfr. Tafel I), während bei Totalentzündung der Pulpa die ganze Krone von dem Mittel leicht durchsetzt wird (cfr. Tafel XVI, Fig. 1).

Wird eine entzündete Pulpa mit reiner arsenigen Säure behandelt, so zerfällt nach meinen Beobachtungen der Aetzschorf in der feuchten, warmen Zahnhöhle sehr bald, und deshalb müssen wir das Aetzmittel mit einem kräftigen Antisepticum verbinden, welches diese Gewebsauflösung möglichst lange hinausschiebt und die Bildung eines Fäulnissherdes verhindert, von dem aus leicht septische Stoffe in das noch gesunde Gewebe gelangen können. Die antiseptische Wirkung der arsenigen Säure unterliegt noch der Controverse, jedenfalls ist sie für unseren Zweck nicht genügend; wir setzen deshalb zur sicheren Verhütung einer Infection von der zerfallenen Partie aus der Pasta eine grosse Menge Phenol zu, welches die Oberfläche der freiliegenden Pulpa gleichzeitig anästhesirt. Dies ist ein wesentlicher Vorzug, den das Phenol vor dem bisher gebrauchten Creosot hat. Um die gewünschte Wirkung der Pasta auf eine entzündete Pulpa hervorzubringen, genügt eine ausserordentlich kleine Menge des Arsens, und darum wählen wir eine Zusammensetzung, in der sich die Menge des Phenols und Morphiums zu dem Arsen wie 3:2 verhält.

Durch die Anwendung der Phenolpasta werden die Schmerzen in der entzündeten Pulpa schnell und leicht gehoben, das Organ aber keineswegs innerhalb 24 Stunden total vernichtet. Wir finden am anderen Tage unter dem Aetzschorfe mehr eine in hohem Grade anästhetische Pulpa, so dass die nun nothwendige Amputation der Pulpakrone leicht und ohne bedeutende Beschwerden für den Patienten ausgeführt werden kann.

War unsere Diagnose auf partielle Entzündung der Pulpakrone richtig, so muss dieselbe nach Entfernung des Verbandes und des Aetzpastaträgers an der exponirten Stelle eine rothbraune, trockene Oberfläche zeigen, und darf sich nicht merklich von der Perforationsstelle zurückgezogen haben. Sie muss ferner an der cauterisirten Stelle gegen Sondendruck auch noch etwas empfindlich sein, und muss bei **stärkerer Berührung oder Verletzung** durch den Excavator **bluten**. Diese leicht herbeizuführende Blutung ist ein sehr wichtiges diagnostisches Merkmal; fehlt dieselbe, so können die Pulpawurzeln — vorausgesetzt, das nicht etwa ein grösseres Dentikel die Verletzung der Pulpa unmöglich macht — nicht überkappt werden. Der kleine Bluterguss ist anfangs durch nekrotisches Blut braunroth, aber schon nach wenigen Secunden blutroth gefärbt. Auch die Pulpastümpfe bluten zuweilen nach der Amputation, die wir natürlich **sofort** mit verdünntem Phenoltannin überschwemmen, wodurch die Blutung leicht gestillt wird.

Bei Plethorischen ist die Blutung aus den Pulpastümpfen oft ziemlich stark. Eine sofortige Tamponade empfehle ich hier nicht, denn gewöhnlich finden wir bei solchen Patienten die cauterisirten Zähne gegen Percussion empfindlich, ein Beweis, dass die secundäre Fluxion der Pulpagefässe sich auch auf die Wurzelhaut verbreitet hat.

Durch die Blutung aus den Pulpawurzeln — die wir durch kalte Ausspülungen allmälig stillen — wird die Spannung in den Gefässen der Wurzelhaut gehoben und die Empfindlichkeit des Zahnes gegen leichte Percussion mit dem Fingernagel oder einem Elfenbeingriffel*) ist gewöhnlich nach halbstündiger Phenolisirung der Pulpastümpfe verschwunden.

Finde ich hingegen die Pulpa nach der Entfernung des Aetzmittels stark zurückgezogen, oder ist die Pulpahöhle von einem schmierigen Detritus theilweise angefüllt, oder erscheint dem Patienten der Zahn nach der Cauterisation länger, und bleibt derselbe auch nach der Amputation und Phenolisirung gegen Fingerdruck empfindlich, so sind das die sichersten Merkmale, dass die Entzündung die Pulpawurzeln schon vor der Aetzung mit Arsen ergriffen hatte (cfr. Seite 13 u. 14 und Fig. 4, Tafel II), und dass die Amputation der hier total entzündeten Pulpa nicht ausgeführt werden darf.

Die Erhaltung der Pulpa ist also bei totaler Entzündung derselben nicht mehr möglich. Sie ist ferner auch bei Pulpaabscessen kaum zu erwarten. Ein geringer Grad von Eiterung lässt sich zuweilen auch bei partiell entzündeten Pulpen in der Nähe des cariösen Herdes mit dem Mikroskop nachweisen. Quillt uns jedoch der Eiter nach dem Aufschneiden der Pulpahöhle in Tröpfchen entgegen, und fliesst nach demselben noch eine Partie nekrotischen Blutes aus der Pulpawunde, so müssen wir von Erhaltung der Pulpawurzeln Abstand nehmen.

Die Conservirung der Wurzelstränge ist ferner meist unmöglich, wenn der Patient die Arsenpasta gegen unseren Willen länger als

---

*) Zur Constatirung einer Periostitis wird wol heute kaum noch ein Zahnarzt den kranken Zahn rücksichtslos mit einem Stahlinstrumente kräftig anklopfen. Durch eine solche Untersuchung, die den Patienten stets heftige Schmerzen bereiten muss, kann in einer irritirten Wurzelhaut leicht Entzündung herbeigeführt werden.

48 Stunden auf einer partiell entzündeten Pulpa getragen hat, und dadurch der Zerfall des geätzten Gewebes schon eingeleitet worden ist.

Die Pulpawurzeln sind endlich auch dann nicht mehr zu retten, wenn die geätzte Pulpa nach der längst veralteten Methode mit creosotirter oder anderen Reizmitteln durchtränkter Baumwolle zur Bildung von Ersatzdentin vergeblich angeregt wurde.

Soll die Pulpa amputirt werden, so muss der Herausnahme des Verbandes erst wieder die Reinigung und Desinfection des Zahnfleischrandes vorangehen, dann erst entferne ich den Verband aus dem Zahne und stopfe sofort ein Stückchen Schwamm, das mit Phenolmastix befeuchtet ist, in den Pulpahöhlendefect fest hinein, **Fig. 11 b**. Nun wird die Höhle mit dem Schmelzmesser, der Feile

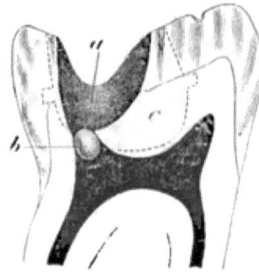

Fig. 11.

und grossen ovalen Bohrern*) (Fig. 8 u. 10, Tafel VII) so hergerichtet, dass dieselbe entweder direct oder indirect mit dem Spiegel ganz genau übersehen und mit dem Instrumente gut erreicht werden kann. Darauf wird die Cavität zur Aufnahme der Füllung fertig präparirt c, und sind die Haftstellen für das Amalgam an der Schmelzdentingrenze

---

*) Von den Bohrern, die wir in den letzten Monaten als „englische" bezogen, waren viele so schlecht gearbeitet, dass wir dieselben nicht mehr empfehlen können. Die englischen Bohrer sind nicht mehr so sorgfältig gearbeitet als sie sollten; viele schlagen und brechen sehr leicht, weil der Bohrkopf auf einem zu dünn gearbeiteten Schafte aufsitzt. Mir zerbrachen kürzlich bei dem Ansbohren eines Zahnes drei Bohrer hintereinander, während ich mit Bohrern von S. S. White oder mit den Original-Bohrern von Ward (Fig. 7, Tafel VII), die ich immer wieder nachschären lasse, nun schon zwei Jahre arbeite. Das ist ein gewaltiger Unterschied. Der Consum an Bohrern ist jetzt ein so grosser, dass wir **gut** gearbeitete Bohrer verlangen dürfen.

gut eingeschnitten, so wird die Dentindecke über der Pulpa geschwächt, und, wenn dies geschehen ist, die Höhle mit der Phenollösung überschwemmt.

Jetzt wird der Mastixpfropf *b* aus der Pulpahöhle wieder herausgenommen und die dünne Dentindecke mit einem scharfen reinen phenolisirten Bohrer durchbrochen und die cauterisirte Pulpa mit wenigen Umdrehungen an der Basis der Höhle abgeschnitten und sofort mit Phenollösung überschwemmt.

Man wähle genau nach Grösse des Zahnes, die ja immer auch auf die Grösse der Pulpahöhle schliessen lässt, seinen Bohrer. Derselbe darf nicht so gross sein, dass die Wände der Höhle mit abgebohrt werden, aber auch nicht zu klein, weil er sonst die Pulpakrone unvollkommen entfernt. Nach Mühlreiter verhält sich der Querdurchmesser des ausgewachsenen Zahnes zu dem der Pulpahöhle wie 1:3 (cfr. Tafel XVIII). Besonders hüte man sich, die Basis der Pulpahöhle durch Abbohren zu schwächen. So wie der Bohrer aus dem Zahne herausgenommen ist, überdecke man die Pulpawurzeln sofort mit dem schon bereitliegenden Stückchen Schwamm, das mit Phenoltannin durchfeuchtet ist, dann erst spritze man die Höhle aus und erneuere event. den weggeschwemmten Phenolverband sogleich.

Von der sofort ausgeführten Benetzung der amputirten Wurzeln mit dem Antisepticum ist der ganze Erfolg der Operation abhängig.

Man sei hiermit schnell und gewissenhaft, denn die Methode, die ich hier explicire, hat ja den Zweck, den Eintritt fauliger Zersetzung an den durchschnittenen Pulpawurzeln zu verhindern; und derjenige Zahnarzt, der diese Operation erst mit schmutzigen und stumpfen Bohrern ausführt und mit unsauberen Instrumenten faulige Zahnbeinmassen in die Pulpa hineindreht, oder die sonst gut abgeschnittene Pulpa nicht möglichst schnell mit Phenoltannin bedeckt, darf eine Erhaltung der Pulpawurzeln nicht erwarten.

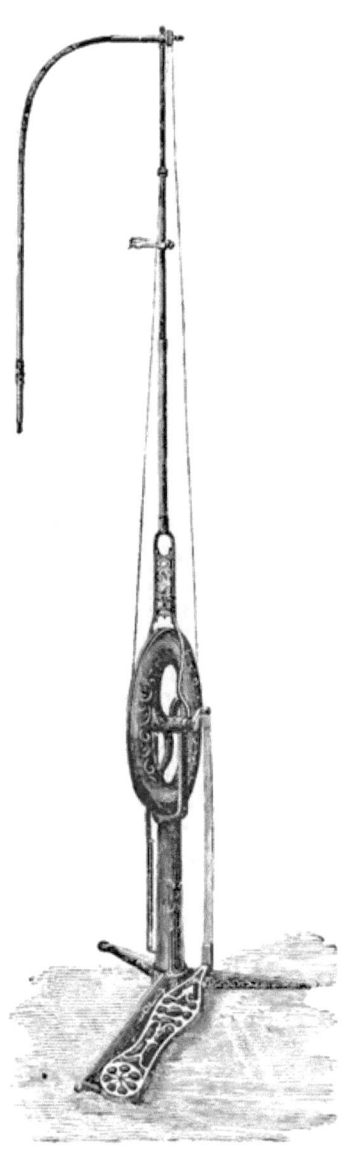

Fig. 12.

Diese Operation ist leicht und schnell mit der so vollkommenen White'schen Bohrmaschine, **Fig. 12.** auszuführen. Die Benutzung der rechtwinkligen und spitzwinkligen Ansatzstücke (Tafel VII, Fig. 13) ermöglicht uns die sichere Ausführung der Amputation in jeder beliebigen Pulpahöhle; doch nur Der unternehme dieselbe, der **reinlich, schnell** und vor allen Dingen **gewissenhaft** bei der Arbeit ist. Unsauber und nachlässig ausgeführte Operationen ziehen unfehlbar Misserfolge nach sich.

Die Amputation der Pulpakrone ist dem Patienten gewöhnlich etwas unbequem; ungefähr so viel Schmerz, als wenn wir eine Pulpa blosslegen, hat dabei jeder Patient, muss er haben, denn sonst ist die Pulpa zur Amputation nicht geeignet. Eine sichere, geübte Hand und vor Allem gute scharfe Bohrer werden dem Patienten aber auch diese Unbequemlichkeiten erträglicher machen.

Der Patient zuckt gewöhnlich, sobald der Bohrer in die Höhle eindringt, aber im nächsten Moment ist die Pulpakrone auch schon gefallen.

Habe ich es mit sehr empfindlichen Damen zu thun, so lege ich in die gereinigte Höhle, ehe ich amputire, noch Jod-Phenollösung ein und lasse die Patientin damit 15 Minuten im Wartezimmer sitzen. Durch dieses Verfahren wird auch der letzte Rest von Schmerzempfindung beseitigt.

Klagt jedoch der Patient über heftige Schmerzen beim Ausbohren der Pulpahöhle — und diese Fälle kommen zuweilen vor — so sind sicher grössere **Dentinkugeln** in der Pulpakrone eingebettet, und die Behandlung muss geändert werden. Darüber bringe ich in dem nächsten Capitel noch einige Bemerkungen.

Können die Pulpawurzeln überkappt werden, so zeigen sie gewöhnlich noch nach der Application des Phenoltannins eine weiss geätzte Oberfläche, jedenfalls aber muss ein subtiler Sondendruck auf dieselben vom Patienten ungefähr so gefühlt werden, wie ein leichter Stich mit dem Instrumente in das Zahnfleisch.

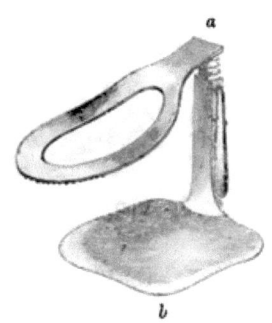

Fig. 13.

Die Ueberkappung der amputirten Wurzeln geschieht nun ganz genau in derselben Weise, wie wir sie oben bei der Behandlung blossgelegter Pulpen beschrieben haben. Ist die Höhle zur Aufnahme der Füllung geformt und die Pulpa vorschriftsmässig amputirt und mit Phenol bedeckt worden, so präparire ich mir zuerst eine linsengrosse Portion Phenolcement, und auf einem zweiten Stativ lege ich mir etwas Chlorzinkpulver zurecht; dann schütze ich den gut ausgespritzten Zahn, wenn derselbe im Unterkiefer sitzt, mit Fliesspapier und dem Zungenhalter*), **Fig. 13.** gegen Speichelzufluss,

---

* Ich benutze zum Trockenhalten des Zahnes bei dieser Operation gewöhnlich den in Fig. 13 abgebildeten Zungenhalter. Auf die Ausführungsgänge der Unterkiefer-Speicheldrüsen wird eine Rolle weiches französisches Fliesspapier gelegt, eine grössere, fest zusammengewickelte Rolle auf die Zunge selbst, welche mit dem Obertheile des geöffneten Zungenhalters fixirt wird. Beim Zusammenschieben des Instrumentes empfiehlt es sich, mit dem Obertheile *a* die Zunge erst niederzudrücken und dann den Knietheil *b* langsam anzuschieben. Wird umgekehrt verfahren, so ist die Application dieses Instrumentes für die Patienten unangenehmer.

betupfe die Pulpastümpfe wieder mit Phenol und untersuche nun schnell die Pulpahöhle, ob sich nicht etwa noch kleine Pulpareste oder eingeklemmte Dentikelfragmente in der Höhle vorfinden. Ist dies der Fall, so entferne ich dieselben mit gebogenen Excavatoren. Auf die Dentikelreste mache ich besonders aufmerksam, denn es kann vorkommen, dass sie — wie wir in Fig. 14 und in Fig. 2, Tafel II, sehen — zapfenförmig in den stärkeren Pulpacanälen, in dem entzündeten Gewebe, liegen und möglicherweise eine total entzündete Pulpawurzel decken.

Fig. 14 oberer Mahlzahn, $2^{1}/_{2}$ mal vergrössert. a eröffnete Pulpahöhle, b zapfenförmig in den Wurzelcanal hinein ragende Dentinneubildung.

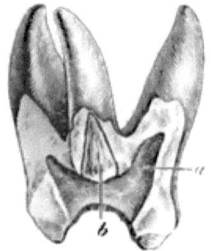

Fig. 14.

Deshalb lege ich ein so grosses Gewicht auf die Sondirung des Pulpastumpfes. Man überzeuge sich genau, ob der Eingang zu den stärkeren Wurzelcanälen freiliegt, oder ob derselbe durch Zahnneubildungen verengt oder gar geschlossen ist.

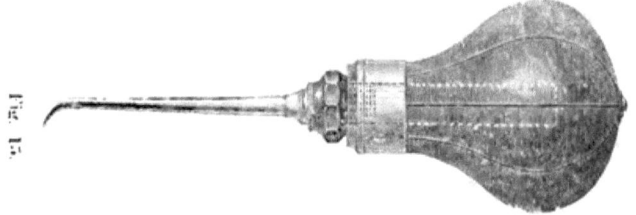

Liegt der Pulpastumpf frei, so wird er zuerst mit Phenolmastix und dann noch mit dem Phenollack gefirnisst, und der Aether aus der Höhle mit dem Luftbläser, **Fig. 15**, schnell verdunstet. Auf den lackirten Pulpastumpf lege ich nun eine ganz dünne Lage Phenolcement und drücke dieselbe mit einem Stückchen feinen Wundschwamm, das ich mit einer Pincette halte, vorsichtig an die Wände der Pulpahöhle an. Zuweilen benutze ich auch noch eine der geknöpften Sonden (Fig. 4, 5, 6 u. 7, Tafel XVII) und tupfe mit dieser den Cement noch besonders auf den Pulpastumpf auf. Ist der Grund der Höhle so mit Phenolcement ausgekleidet, so lege ich eine dünne Schicht Chlorzinkcement auf, mit dem die Pulpahöhle gewöhnlich bis zur Hälfte ausgefüllt wird, die andere Hälfte der Pulpahöhle muss — wenn es der Raum noch gestattet — mit einem weichen Guttapercha-Präparat ausgefüllt werden. Das ist sehr wichtig, denn die amputirten Pulpawurzeln können unter der Cementdecke ebenso empfindlich gegen Temperaturveränderungen werden, wie wir es bei überkappten Pulpen beobachten.

Mit den untenstehenden Skizzen wollen wir die so eben beschriebene Operation, die selten mehr als 20 Minuten in Anspruch nimmt, illustriren. Denken wir uns **Fig. 16** sei ein unterer Mahl-

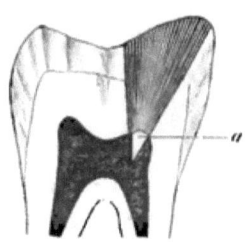
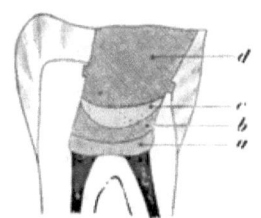

Fig. 16.   Fig. 17.

zahn, dessen schmerzhafte Pulpa wir nach Entfernung der Dentinschicht als kirschrothen Punkt *a* vorfinden. Wir wissen, dass solche Pulpakronen nicht mehr zu retten sind und desinficiren und cauterisiren die freiliegende Stelle. Am anderen Tage bohren wir die Pulpahöhle auf, reinigen und überschwemmen die Höhle mit Phenoltannin und amputiren die Pulpa, **Fig. 17**. Jetzt benetzen wir den Pulpastumpf mit Phenolmastix und mit Phenollack, verflüchtigen den Aether und bedecken denselben mit Phenolcement *a*. Auf diesen legen wir die

Schicht Chlorzinkcement b, hierauf etwas Guttapercha c, und schliessen nun die Höhle mit Amalgam d, für das wir an der Schmelzdentingrenze mit kleinen scharfen Radbohrern sichere Haftpunkte eingeschnitten haben. Seitencavitäten an Mahlzähnen füllen wir hier stets mit dem so vorzüglichen **Kupferamalgam** Cavitäten auf Kauflächen der Mahlzähne mit **Platina-Goldamalgam**, dagegen grössere Cavitäten der Schneidezähne und der oberen Praemolaren entweder mit Chlorzinkcement oder mit dem in der Neuzeit in den Handel gebrachten Zinkphosphatcement, der allerdings seine Feuerprobe als Füllungsmaterial erst noch zu bestehen hat.

Bis jetzt können wir dem Zinkphosphatcemente nur den Vorzug zuerkennen, dass derselbe, in eine empfindliche Höhle gebracht, die naheliegende Pulpa nicht reizt. Auch zum Ueberkappen gesunder, nicht verwundeter Pulpen scheint die Zinkphosphatpasta gebraucht werden zu dürfen, doch haben wir darüber noch zu wenige Erfahrungen gesammelt, um das Material jetzt schon zu diesem Zwecke empfehlen zu können.

In Höhlen, die nicht bequem mit den Instrumenten erreicht werden können, lässt sich der an dem Schwamme und den Instrumenten oft lästig anklebende Zinkphosphatbrei zur exacten Ueberkappung der Pulpen nicht gebrauchen.

Zur Ueberkappung leicht verwundeter und irritirter Pulpen scheint mir bis jetzt die combinirte Phenol-Chlorzinkkappe am zweckmässigsten zu sein, denn nur nach einer solchen Behandlung der Pulpawunde, wie wir sie für unsere antiseptische Kappe (cfr. Seite 29) vorschreiben, können wir nach unseren heutigen Erfahrungen eine Heilung der Pulpawunde per primam erwarten. Amputirte Pulpen dürfen jedoch auf keinen Fall mit Zinkphosphatcement überkappt werden.

Die verschiedenen Chlorzinkcemente habe ich im Verlaufe von 10 Jahren fast Alle versucht. Die besten Resultate habe ich mit den Worff'schen, dem Lorenz'schen und Poulson'schen Chlorzinkcementen zu verzeichnen. Mit Worff's Cement Nr. 2 füllte ich vor 7 Jahren einer Dame eine grosse Centralcavität in einem Mahlzahne, die Füllung hat sich so gut bewährt, wie die gleichzeitig gelegten Goldfüllungen. Ebenso vorzügliche Resultate habe ich mit dem

Lorenz'schen metallischen Cemente in Centralcavitäten der Mahlzähne erreicht, während diese Füllungen an Seitenflächen der Zähne nach und nach alle am Zahnfleischrande von dem Secrete angegriffen und gelöst werden, ein Fehler, welcher sich jedoch leicht durch vorsichtiges Ausstreichen dieser kleinen Defecte mit Kupferamalgam verbessern lässt.

Bei der Ueberkappung der Pulpen benutze ich zur Ueberdeckung des Phenolcements den Poulson'schen Cement Nr. 1. Derselbe gibt einen äusserst geschmeidigen, nicht körnigen Brei, der gut adhärirt, schnell erhärtet und sich durch seine Farbe sehr vortheilhaft von dem gelben Phenolcement abhebt, so dass man in der Cavität genau sehen kann, ob der weiche Phenolcement auch überall von dem weissen Chlorzinkcementbrei überdeckt worden ist. Das ist namentlich bei der antiseptischen Pulpakappe sehr wichtig!

Die Amputation der Pulpakrone ist an Mahlzähnen am leichtesten auszuführen, weil hier die Schnittfläche mit der Basis der Pulpahöhle zusammenfällt, nur hüte man sich, wie ich schon bemerkte, die Basis der Höhle dabei zu schwächen. Bleiben noch kleine Fetzen der Pulpa zurück, so müssen dieselben mit scharfen, gebogenen oder meisselförmigen Excavatoren abgeschnitten werden.

Viel schwieriger ist die Operation an den kleinen Backenzähnen. Besonders bei den oberen Praemolaren suche ich die Amputation der Pulpakrone gern zu vermeiden. Die Wurzelcanäle dieser Zähne sind, wie wir auf Tafel XVIII an den Figuren 1—8 sehen, so unregelmässig geformt, dass man nur in denjenigen Fällen, wo sich die Pulpahöhle gabelförmig (wie in Fig. 5) theilt, die Amputation ausführen kann.

Ebenso misslich ist diese Operation bei unteren Bicuspidaten. Durchschnitte solcher Zähne zeigen uns an der Zahnbasis eine Einschnürung — den Hals der Pulpa — (cfr. Fig. 8). Hier muss der Streich vollführt werden; dringt der Bohrer tiefer ein, so thut man am besten, die Pulpa ganz zu extrahiren und den Canal mit Phenolcement zu füllen.

Bei Zähnen mit einwurzeligen Pulpen, also bei den oberen Schneide- und Eckzähnen und unteren Bicuspidaten, ferner bei den oberen Praemolaren empfehle ich in geeigneten Fällen lieber die Erhaltung der ganzen Pulpakrone, als die Amputation zu versuchen. Bei der Form dieser Pulpen kann die Heilung einer partiell entzündeten Pulpa mit Erhaltung eines **kräftigen Kronenstumpfes** erfolgen, während bei Mahlzähnen die Wurzeln durch den Vernarbungsprocess, wie schon erwähnt, leicht **isolirt** werden.

Ich habe in der letzten Zeit wieder bei acht oberen Bicuspidaten partiell entzündete Pulpen nach der auf Seite 41 angegebenen Methode behandelt, und soweit ich die Resultate bis jetzt beurtheilen kann, mit gutem Erfolge. Sämmtliche Zähne waren an den Seitenflächen cariös. Nach der Entfernung des erweichten Dentins und nach dem Ausspritzen der Höhle fand ich in der Regel, dass die Spitze der Pulpahöhle durch die indirect phenolisirte Papille nicht mehr ausgefüllt wurde.

Neubildungen in der Zahnpulpa.

Interessant für den Practiker ist bei der Pulpaamputation das häufige Vorkommen von **freien, in das Pulpagewebe eingelagerten Dentinkörpern**, und es darf hier nicht unerwähnt bleiben, dass diese Neubildungen die Ausführung der in Rede stehenden Operation unter Umständen sehr erschweren. Baume nennt diese Dentinkörper **Dentikel**, eine Bezeichnung, die wir gern acceptiren, weil dadurch jede Verwechselung mit anderen Neubildungen am Zahne ausgeschlossen wird.

Durch die Arbeiten von Heider, Wedl[*], Hohl[**] und Bruck[***] wissen wir bereits, dass diese Dentikelbildung sowohl in gesunden, als in kranken Zähnen, in temporären und permanenten Zahnreihen vorkommt; mikroskopische Untersuchungen, die durch Beobachtungen in der Praxis von Tanzer, Schlenker[†], Iszlai, Klare[††] und Anderen bestätigt worden sind.

Ganz entschieden kommen diese Neubildungen in krankhaften Zähnen viel häufiger vor, als man gewöhnlich annimmt. Nach meinen Untersuchungen lassen sich die frei in das Pulpaparenchym eingelagerten Dentikel in mehr als 20 pCt. cariöser Zähne schon bei 10maliger Vergrösserung nachweisen. Dabei finden wir selten nur ein Dentikel; schon das Gefühl beim Breitdrücken der Pulpa mit dem Deckgläschen verräth uns oft die Anwesenheit einer ganzen Anzahl von Dentinkörpern, die wir dann bei schwacher

---

[*] V. J. Schrift für Zahnheilkunde. 1864. Heft I. Die Pathologie der Zähne. 1870.
[**] Ueber Neubildungen der Zahnpulpa. Halle 1868.
[***] Beiträge zur Histologie und Pathologie der Zahnpulpa. Breslau 1871.
[†] cfr. V. J. Schrift für Zahnheilkunde. 1875. Seite 110.
[††] cfr. V. J. Schrift für Zahnheilkunde. 1877. Seite 397 113.

Vergrösserung leicht zählen können. In einigen Präparaten wurden 3, 5, 8, 14 bis über 40 Stück zerstreut in der Pulpa gefunden.

Die Dentikel finden sich an jeder Stelle der Pulpa, vorzugsweise jedoch im Centrum der Pulpakrone, wo sie bald zerstreut als kleine, runde, ovale, walzen- oder spindelförmige, sich deckende Körperchen, bald als grössere, die Pulpahöhle halb oder ganz ausfüllende zusammenhängende Neubildungen mit warzenförmiger Oberfläche gefunden werden.

Die Farbe derselben ist verschieden. Die kleinsten, dem unbewaffneten Auge kaum sichtbaren Neubildungen, wie wir sie auf Tafel VIII. in Fig. 3 der Pulpa eines temporären Mahlzahnes sehen, erscheinen unter dem Mikroskop bei schwacher Vergrösserung als weissglänzende, schwach transparente Körperchen mit glatter Oberfläche, in denen man erst nach Behandlung mit verdünnter Salzsäure bei stärkerer Vergrösserung Dentinröhrchen erkennen kann. Haben die Dentikel aber eine solche Grösse erlangt, dass man sie schon mit blossen Augen gut sehen kann, so kommt ihre Farbe dem hornigen Zahnbeine nahe, sie sind dann, wie Bernstein, transparent, so dass man zuweilen die Dentinröhrchen ohne jede weitere Bearbeitung der Dentikel deutlich sehen kann (cfr. Tafel IX. Fig. 3 u. 4).

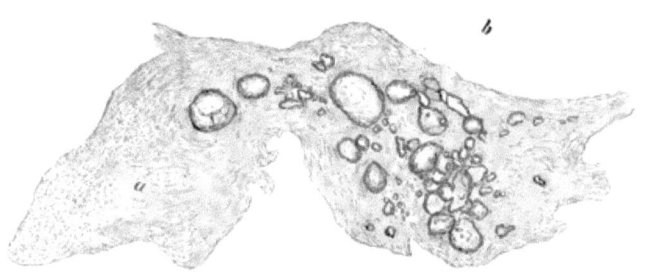

Fig. 18.

In Fig. 18 sehen wir bei 15maliger Vergrösserung eine zuerst mit Arsenik behandelte und dann mit dem Excavator amputirte Pulpakrone. Das Gewebe ist bei *a* in Folge der Aetzung getrübt, bei *b* von circa 50 Dentikeln durchsetzt, von denen die Mehrzahl eine weiss glänzende Oberfläche hat; nur einzene sind soweit transparent, dass man Dentinröhrchen sehen kann.

Man hat diese kleinsten Neubildungen, wie wir sie in dem vorstehenden Holzschnitte und in den Fig. 2 u. 4 auf Tafel VIII sehen, als Kalkeinlagerungen beschrieben (cfr. Wedl Atlas, Fig. 46); wir werden jedoch weiter unten den Nachweis führen, dass diese Körper Dentinneubildungen sind.

Die frei in dem Pulpagewebe liegenden Dentinneubildungen, wie wir sie in Fig. 2, 3 u. 4, Tafel VIII, sehen, nennen wir **freie Dentikel**. Dieselben liegen nie direct den Zahnwandungen an, sondern sie sind stets noch von Pulpagewebe eingeschlossen, das sie oft nur als ganz dünnes Häutchen umgibt, aus welchem man das Dentikel mit der Nadel leicht herausreissen kann. Dabei erfolgt die Ablösung des Häutchens meist glatt. Die kleinen und grossen Dentikel lassen sich aus dem umhüllenden Pulpagewebe wie aus einer Blase herausnehmen, und nur an einzelnen eingebuchteten Stellen des Dentikels bleiben kleine Fetzen der Pulpa fest an der Neubildung sitzen (cfr. Fig. 34).

Verschmelzen diese kleinsten Einlagerungen in ihrem Wachsthum mit einander, so haben wir **multiple Dentikel** von den verschiedensten Formen und Grössen (Fig. 3 u. 4, Tafel VIII), und wenn dieselben an irgend einer Stelle mit dem alten Zahnbeine verwachsen, so bezeichnen wir sie dann als **adhärente Dentikel** (Fig. 37).

Die adhärenten Dentikel, die oft die ganze Pulpahöhle ausfüllen, bestehen also aus einer Anzahl kleiner, mit einander verwachsener ursprünglich freier Dentinkugeln.

Nun kommt aber auch noch eine andere Art von adhärenten Neubildungen vor, die gewöhnlich mit der Basis der Pulpahöhle verwachsen sind, knopfähnlich in die Pulpa hineinragen und sie zum Theile ausfüllen. Diese Neubildung, die sowohl hinsichtlich ihrer Structur als auch ihrer Entwickelung von den adhärenten Dentikeln getrennt werden müssen, und von der wir mit Fig. 38 ein instructives Bild bringen, nennen wir **wandständige Dentinneubildung**.

K. Hohl*) nennt alle mit der Pulpahöhle verschmolzenen Dentinneubildungen wandständige Odontome; doch müssen wir hier

---

*) l. c. Seite 7.

wohl unterscheiden, ob wir es mit ursprünglich freien, später angewachsenen Dentikeln, oder mit Dentinwucherung, wie in Fig. 38, oder ob wir es mit Ersatzdentin zu thun haben, welches bei langsam fortschreitender Caries, gegenüberliegend den cariösen Defecten an der Wand der Pulpahöhle von den in ihrem peripherischen Ausläufern gereizten Odontoblasten gebildet wird.

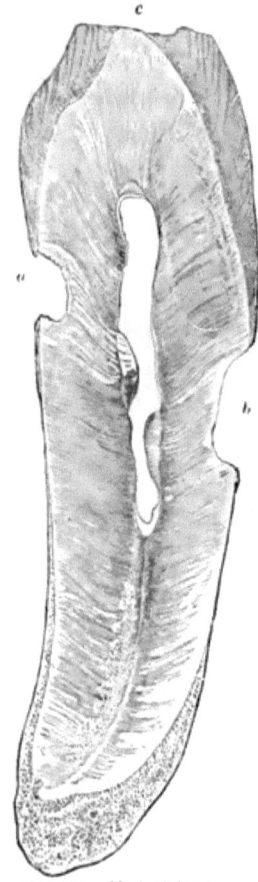

Fig. 19. Nach Salter.)

In der nebenstehenden **Fig. 19** sehen wir bei a und b zwei cariöse Defecte, und, der hellen Zahnbeinzone gegenüberliegend, in die Pulpahöhle hineingewölbte Ersatzdentinneubildung. Von der Spitze dieses Eckzahnes ist der Schmelz abgerieben und das Zahnbein an einer kleinen Stelle c freigelegt. Dem entsprechend sehen wir die Spitze der Pulpahöhle mit secundärem Dentin angefüllt.

Dieses secundäre Dentin, welches wir also in solchen Zähnen finden, deren Kronen mechanisch abgerieben worden sind, kann histologisch von dem normalen primären Zahnbeine kaum getrennt werden. Während sich bei dem sogenannten Ersatzdentin, das auf der Grenze zwischen Neubildung und normalem Dentinaufbau steht, in den meisten Fällen eine deutliche Knickung der Zahnbeinröhrchen und ein unregelmässiger Verlauf derselben nachweisen lässt, gehen die Zahnbeinröhrchen des primären Dentins mit wenig Abweichungen direct in das Secundäre über, und deshalb sollte man eigentlich den letzten Process, der doch nur einen beschleunigten Aufbau des normalen Zahnbeines durch die Odontoblasten darstellt, nicht mit zu den Neu-

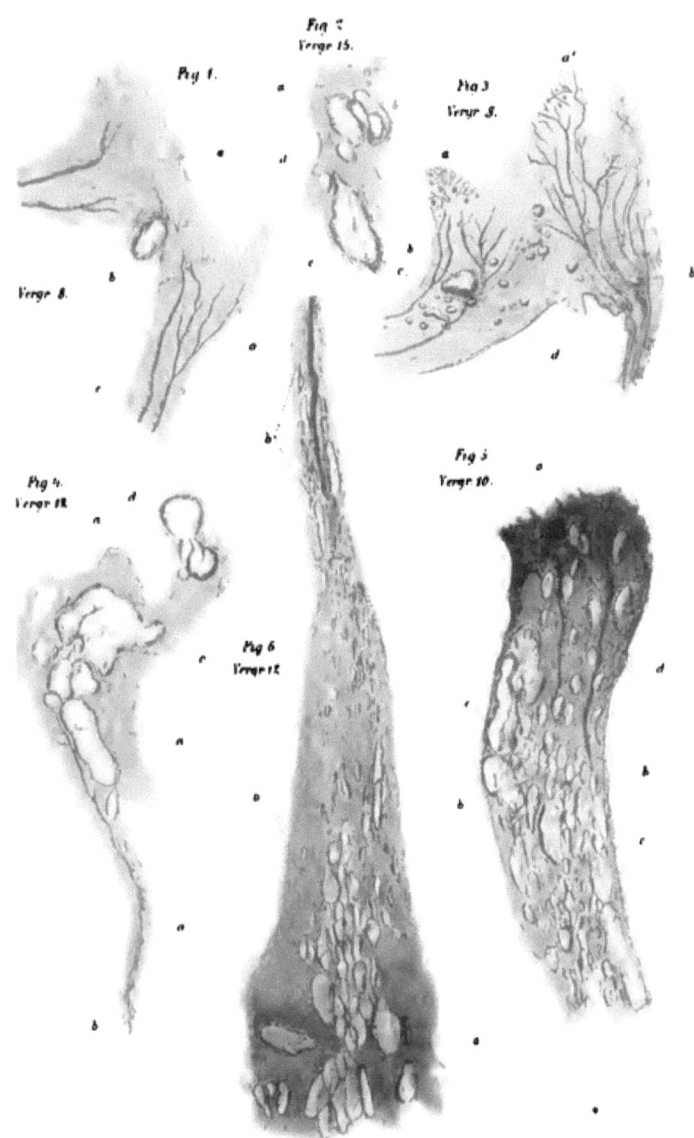

bildungen rechnen, zum Unterschiede von den pathologischen Neubildungen, den Dentikeln, die immer mitten im Pulpagewebe durch die Thätigkeit der Spindelzellen entstehen und erst später, allerdings durch Vermittelung secundären Dentins, mit der Pulpahöhlenwand verwachsen.

Ausser diesen Neubildungen sehen wir in unseren Zeichnungen in den Pulpawurzeln mitunter auch in der Krone kleine spindel- oder walzenförmige hellglänzende Körper mit netzförmiger oder drusiger Oberfläche, die wir Dentinoide nennen und von den passiven Gewebsveränderungen der interstitiellen Verkreidung oder Verkalkung des Pulpaparenchyms (cfr. Tafel XIV, g g) trennen.

Auf **Tafel VIII** bringen wir einige hierher gehörende Zeichnungen.

Fig. 1. Pulpa aus einem unteren Mahlzahne. **a** Pulpagewebe, welches ein kleines ovales Dentikel **b** am Rande der Pulpabasis einschliesst. In der Distalwurzel **c** verlaufen zwei Gefässstämme.

Fig. 2. Dentikelgruppe aus einem jugendlichen Mahlzahne. In dem Pulpagewebe **a** liegen vier verschmolzene Dentikel **b**, und daneben eine grössere ovale Dentinneubildung **c**, von welcher ein kleines, kaum sichtbares Dentikel **d** nur durch ein dünnes Fasergewebe getrennt wird.

Fig. 3. Partiell entzündete Pulpa eines temporären Mahlzahnes. Die Papillen **a a** zeigen in den infiltrirten Particeen feine Gefäss-Ramificationen. Bei **b** liegen zwischen den Gefässen mehrere kleine Dentikel **c c**, in der Mitte des Präparates eine mit blossem Auge kaum sichtbare Dentikelgruppe **d**.

Fig. 4. Pulpastück aus einem Mahlzahne mit bereits verwachsenen grösseren und kleineren Dentinkörperchen. **a** Pulpa, **b** Gefässstämme, **c** zusammengeflossenes multiples Dentikel, darüber eine bisquitförmige Neubildung mit kleinem Anhange.

Fig. 5. Distalwurzel aus einem unteren Mahlzahne, nach der Cauterisation und Amputation der Krone extrahirt. Aus dem nekrotischen Gewebe **a** sieht man zwischen mehreren einzelnen Dentinoiden zwei erweiterte Gefässe auslaufen, die sich bei **b** zwischen den schuppenförmig über einander geschobenen Dentinoidplatten verlieren. Drei grössere Dentikel liegen bei **c**. Die von diesen zusammenhängenden Neubildungen ganz durchsetzte Pulpa wird an den Rändern von einem dünnen Häutchen entzündeten Gewebes **d** umgeben.

Fig. 6. Pulpawurzel aus einem oberen Mahlzahne mit Dentinoideinlagerungen **a**. In der Pulpakrone des Zahnes fand sich ein grösseres, die Höhle nahezu ausfüllendes Dentikel, welches die entzündete Gaumenwurzel, in deren Spitze ein stark erweitertes Gefäss **b** ausläuft, deckte.

Histologisch betrachtet bestehen die Dentinneubildungen zum grössten Theile aus einer feinkörnigen oder geschichteten Grundsubstanz, in welcher die Zahnbeinröhrchen mehr oder weniger zahlreich vorkommen. Ueberall wird man jedoch finden, dass die Grundmasse den grösseren, stark überwiegenden Theil der Neubildung ausmacht.

Der Verlauf der Zahnbeincanälchen ist in den Dentikeln ein sehr verschiedener. In Schliffen von kleinen, kugeligen Neubildungen sieht man die Dentinröhrchen an einzelnen Stellen, kleine Reiserchen abgebend, radienartig die geschichtete Grundsubstanz durchsetzen, während wieder an anderen Schliffen von den kleinsten, kaum sichtbaren Dentikeln zwar die concentrische Schichtung der Grundsubstanz vorhanden ist, dagegen die radiäre Anordnung der Dentinröhrchen ganz fehlt. Man sieht dieselben in solchen Präparaten als einzelne Linien die Bildfläche quer durchsetzen, zuweilen auch büschelförmig nebeneinander verlaufend, oder mit den Ausläufern der hier häufig vorkommenden zackigen oder sternförmigen Interglobularräume zusammenfliessen. Nur selten kann man an Dentikelschliffen den Verlauf der Dentinröhrchen, wie auf Längsschliffen des normalen Zahnbeines verfolgen. Da, wo die Dentinröhrchen, wie in Fig. 2, Tafel IX, in längeren Linien nebeneinander sichtbar sind, ist ihr Verlauf nie ein so regelmässiger, als im normalen Zahnbeine.

In der Mehrzahl der Fälle geht aus der Untersuchung von Schliffen freier Dentinneubildungen unzweifelhaft hervor, dass die Dentinröhrchen in den Neubildungen, knäuelähnlich gewunden, wirr durcheinander verlaufen, und sich bald senkrecht, bald quer durchkreuzen. Denn man findet sowohl auf Schliffen neben einzelnen,

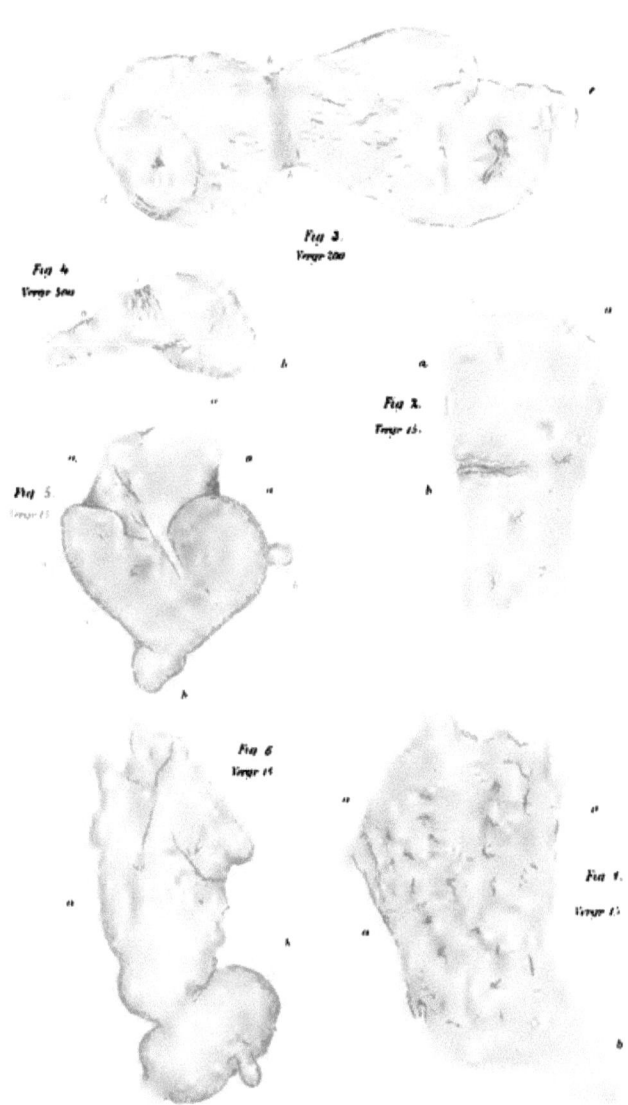

Taf. IX

oft das ganze Präparat durchsetzenden, kurze diagonal getroffene Dentinröhrchen, welche dem Auge schlangenförmig gewunden entgegen zu treten scheinen, als auch dazwischen einzelne Röhrchen, die ganz im Querschnitt getroffen sind.

An den Stellen, wo die freien Dentikel wandständig geworden sind, sieht man in den meisten Präparaten, wie in **Fig. 1 u. 2**, **Tafel X**, eine helle Grenzschicht, in welcher sich sehr häufig zackige Globularräume finden, in welche sowohl die Zahnbeinröhrchen des primären als auch des secundären Dentins einmünden.

Auf **Tafel IX**, Fig. 1. Schliff von einem grossen Dentikel, finden wir die Dentinröhrchen bei **a** büschelförmig in der Grundsubstanz verlaufen, während sie in dem Theile **b** nur vereinzelt vorkommen.

Macht man von zusammengeschmolzenen Dentikeln (cfr. 5 u. 6, Tafel IX) Schliffe, so findet man an der Verschmelzungsstelle beider Dentikel den Schliff immer reich an Dentinröhrchen.

Fig. 2. Schliff von einem zusammenhängenden Dentikel aus einem unteren Weisheitszahne. Derselbe zeigt, 15mal vergr., bei **a** concentrisch geschichtete Ringe der Grundsubstanz, die von einzelnen Dentinröhrchen quer durchsetzt werden. In der Mitte des Schliffes sehen wir an der Vereinigungsstelle der beiden Dentikel **b** eine Anzahl dicht nebeneinander verlaufender Dentinröhrchen, die bei **c** als kleine Gruppen erscheinen.

Fig. 3. Multiples Dentikel aus einem oberen Eckzahne (cfr. Tafel V, Fig. 3). Diese bisquitförmige, in 200facher Vergrösserung gezeichnete Neubildung scheint aus drei verschmolzenen, sehr kleinen Dentikeln zu bestehen, in welchen die Dentinröhrchen, wie bei **a**, das Präparat bald als Schlangenlinien quer durchsetzen, bald, wie bei **b**, an der Vereinigungsstelle bandförmig in Zügen nebeneinander verlaufen. In der Grundmasse sieht man einzelne körnig erscheinende Particen, bei **c** und **d** feine Dentinröhrchen, excentrisch von verkalkten Hohlräumen auslaufend.

Dieser Neubildung liegt ein kleines keulenförmiges Dentikel **o** an, welches wir Fig. 4 in 500facher Vergrösserung bringen.

Beide Neubildungen sind so klein, dass man sie mit blossen Augen kaum sehen kann. Sie sind von weissgelber Farbe und so transparent, dass selbst in dem kleinsten, 500fach vergrösserten Dentikel, Fig. 4, die zahlreichen Dentinröhrchen **a** in der bei **b** körnig erscheinenden Grundsubstanz ganz deutlich sichtbar sind.

Dass das Wachsthum grösserer Dentikel durch Verschmelzung kleinerer Dentinkugeln zu Stande kommt, haben wir bereits erwähnt. Ein hübsches Beispiel hierfür sehen wir in Fig. 5, welches aus vier grösseren **a** und zwei kleineren Dentikeln **b** besteht. Die Neubildung ist nicht als Schliff präparirt, sondern bei 15facher Loupenvergrösserung gezeichnet worden.

Fig. 6. Multiples Dentikel. Der grössere Theil der Neubildungen **a** ist unregelmässig und scheint aus mehreren Dentikeln zu bestehen, an welche sich dann später ein grösseres Dentikel **b** mit kleinem Appendix **c** angeschlossen hat. Die Verbindungsstelle beider ist hier so dünn, dass ich sie mit Leichtigkeit hätte durchbrechen können. Die Dentinneubildung war an der ausgezackten Spitze **c** mit den Wänden der Pulpahöhle fast verwachsen. Es ist also ein adhärentes Dentikel, welches wir in 15facher Vergrösserung gezeichnet finden.

Wo sich neben den Dentinröhrchen auch noch grössere, zum Theil verkalkte Hohlräume in der Dentinneubildung vorfinden, nennen wir die Neubildung **Vaso-Dentin**, wo sich Knochenkörperchen in der Neubildung finden, sprechen wir von **Osteo-Dentin**.

Tafel X. Fig. 1. Querschliff von einem oberen Eckzahne mit einer die ganze Pulpahöhle ausfüllenden Vaso-Dentinneubildung. In der Mitte des Bildes bei **a** ist ein grösserer, nicht verkalkter Hohlraum, welcher von dem Reste der Pulpa ausgefüllt war, **b** quer in den Schliff gefallene verkalkte Hohlräume, welche ungefähr der Lage der grösseren Gefässstämme entsprechen. Zwischen dem alten und neuen Zahnbeine liegt eine körnige Schicht, von welcher die Zahnbeinröhrchen der Neubildung centripetal nach den verkalkten Hohlräumen zu auslaufen, während der Verlauf der Dentinröhrchen im Kern der Neubildung ein sehr unregelmässiger ist.

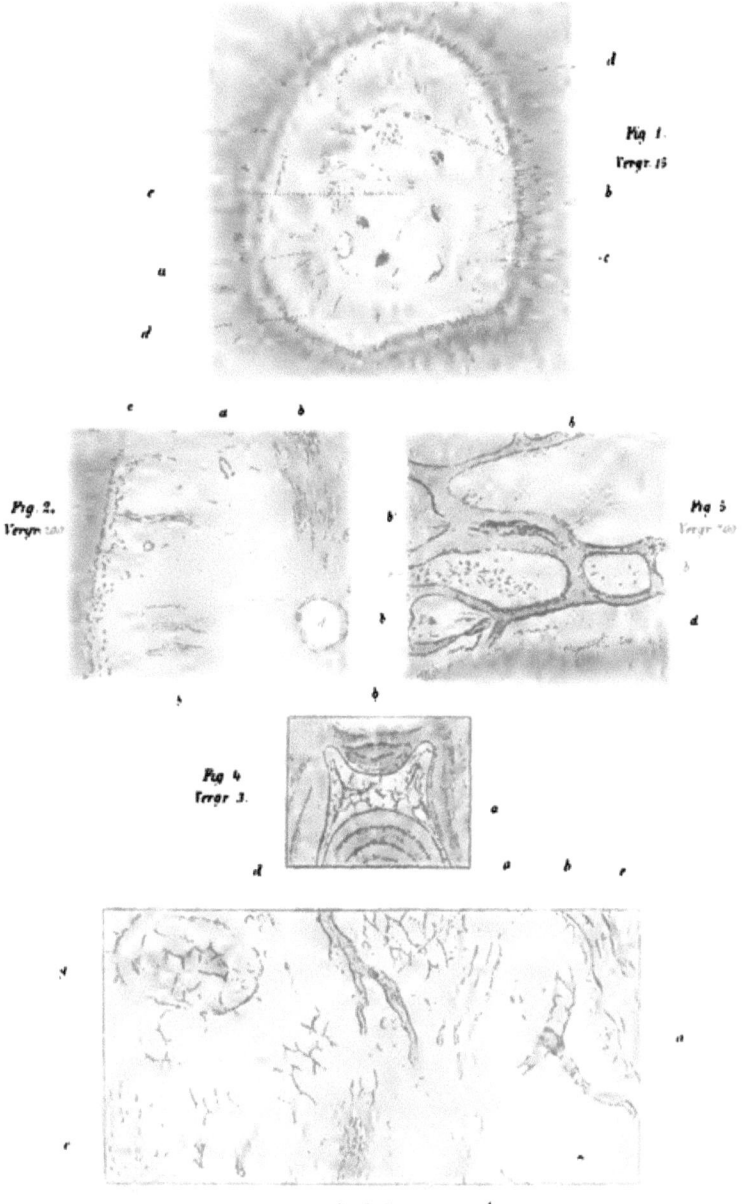

Fig. 2. Partie aus derselben Neubildung in 200 facher Vergrösserung. Die Zahnbeinröhrchen des alten Zahnbeines **a** grenzen sich durch eine feinkörnige Schicht ziemlich scharf von denen der Neubildung ab. Nur an einzelnen Stellen sieht man, dass die Dentinröhrchen des alten Zahnbeines mit den zackigen Interglobularräumen der Grenzschicht in Verbindung stehen, während die Zahnbeincanälchen der Neubildung **b**, die gewunden und in weiten Zwischenräumen nebeneinander verlaufen, zahlreiche Anastomosen mit den zackigen Hohlräumen eingehen.

An einzelnen Stellen dieses Präparates, so z. B. bei **c**, ist es nicht leicht zu unterscheiden, ob die Dentinröhrchen des alten Zahnbeines nur bis zu den Interglobularräumen der Neubildung dringen, oder ob sie nicht auch über diese hinaus direct weiter fortlaufen und die Globularräume einfach durchsetzen, so dass die alten Röhrchen quasi die Fortsätze nach der einen, die neuen die nach der anderen Seite vorstellen. In der Nähe der verkalkten Gefässwände **d** sind die Dentinröhrchen quer in den Schliff gefallen und treten als kleine Punkte oder kurze Linien in die Bildfläche ein.

Höchst instructiv ist Fig. 3, welche bei 500 facher Vergrösserung ein Bild aus der Mitte der Fig. 1 (entsprechend **c**) bringt. Aus demselben geht hervor, dass in dieser Neubildung das ganze Pulpagewebe mit seinen zahlreichen Gefässen und Nerven dentificirt ist. **a a** sind verkalkte Gefässe; in dem rechts auslaufenden Aste erkennt man noch das Lumen, mit Kalkpunkten ausgefüllt. Die bei **b** sehr scharf conturirten Fasern, von denen die eine kolbig verdickt endet, sind wahrscheinlich dentificirte Nervenzüge. **c** sind quer und schief getroffene Zahncanälchen, die man bei **d** netzartig gezeichnet findet. Es mag das damit zusammenhängen, dass die Röhrchen gewunden verlaufen und scheinbar in einander übergreifen, doch aber in kaum merklich verschiedenen Ebenen an einander vorbeiziehen und nur vereinzelte wirkliche Anastomosen eingehen. **o** ist eine interessante Stelle, sie erinnert an die Anordnung der Kalklamellen im Knochen, man sieht dazwischen mit Luft angefüllte kleine Hohlräume, ähnlich den Knochenkörperchen. In der körnigen Grundmasse dieses Schliffes bemerkt man endlich noch, in der Mitte unten, eine Gruppe durch- und nebeneinander laufender Dentinröhrchen und einige Lücken **f**, die wahrscheinlich noch mit Pulparesten angefüllt waren. Die netzförmig gestreifte, oben links in der Ecke des Bildes liegende Figur **g** halte ich für ein unvollkommen entwickeltes, interstitielles Dentikel. (Vergl. Seite 109.)

Fig. 4. Schliff von einem unteren Mahlzahne, dessen Pulpahöhle mit adhärenten Dentikeln ganz ausgefüllt ist. **a** Zahnbein, **b** Schmelz, **c** Pulpahöhle mit verschmolzenen Dentikeln, welche an verschiedenen Stellen verkalkte Hohlräume einschliessen.

In Fig. 5 bringen wir aus demselben Schliffe eine Partie, 200mal vergrössert. **a** normales Zahnbein, dessen Dentinröhrchen nur vereinzelte Uebergänge in die Neubildung zeigen. Die letztere ist von grossen ramificirenden, zum Theil ganz verkalkten Hohlräumen durchzogen, durch welche der Verlauf der Zahnbeincanälchen theils ganz unterbrochen, theils abgelenkt wird.

In der Mitte des Präparates findet man in der quergeschichteten Grundsubstanz zwar keine Dentinröhrchen, wohl aber eine grosse Anzahl deutlich sichtbarer Knochenkörperchen **c**. Mehrere Gruppen büschelförmig nebeneinander liegende kurze Dentinröhrchen, welche in den kleinen Hohlräumen, in der Grenze der Neubildung, zusammenfliessen, halten wir für unverkalkte Reste von Spindelzellen.

Den Bemühungen von Heider und Wedl verdanken wir die ersten speciellen Arbeiten über die Entwickelung der Neubildung in der Pulpa. Nach den Ansichten dieser Autoren entstehen die Dentinneubildungen durch Einstülpung der peripherisch gelagerten Odontoblastenschicht, die allein befähigt sein soll, Dentin aufzubauen.

Man hat die Wahrscheinlichkeit dieser Entwickelungstheorie von vorn herein bezweifelt.

Hohl bekämpfte die Wedl'sche Anschauung zuerst in seiner bekannten Schrift: „Ueber Neubildung der Zahnpulpa" und entschied sich für die centrale Entwickelung der freien Dentikel, ganz unabhängig von der peripherisch gelagerten Odontoblastenschicht. Da Wedl trotzdem in seinem mehrfach erwähnten Werke: „Die Pathologie der Zähne" die von Hohl bekämpfte Inversionstheorie aufrecht erhalten hat, so zwingt uns die Bedeutung, welche die Wedl'schen Werke in der Zahnheilkunde erlangt haben, diese vielfach angegriffene Theorie hier etwas genauer zu prüfen:

Die Entwickelung der freien Dentinneubildungen soll nach Heider und Wedl folgende sein: Die peripherisch gelegene Dentinzellenschicht sackt sich in Folge eines äusseren Reizes nach dem Centrum der Pulpakrone zu ein, dort dehnt sich diese Einstülpung — den beigegebenen Zeichnungen nach zu schliessen — blasenförmig aus, und die an der Innenseite der Blasen liegende, eingestülpte Dentinzellenlage treibt nach dem Centrum der verkalkenden Grundsubstanz Fortsätze, welche, strahlenförmig verlaufend, die in den Dentikeln vorkommenden Zahnbeinröhrchen bilden sollen. Ueber die Entstehung der Grundsubstanz selbst, welche doch den bei weitem grössten Theil der Dentikel ausmacht, geben die genannten Autoren keine bestimmten Aufschlüsse.

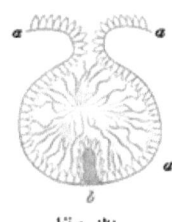

Fig. 20.

Fig. 20. Schematischer Durchschnitt einer Dentinneubildung (einfachere Form). *a* sich invertirende Dentinzellenlage mit centripetal verlaufenden Zahncanälchen in der Neubildung. *b* verkalkter Hohlgang.

Bei den zusammengesetzten, aus einigen oder mehreren miteinander verschmolzenen Körnern bestehenden Neubildungen findet wesentlich derselbe Vorgang statt, d. h. sie entwickeln sich aus einer mehrfach aus- und eingebuchteten Dentinzellenlage, welche dem Anscheine nach in manchen Fällen spiralig sich zu entwickeln vermag.

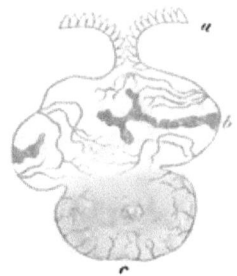

Fig. 21.

Fig. 21. Schematischer Durchschnitt einer Dentinneubildung (zusammengesetztere Form). *a* sich einstülpende Dentinzellenlage. *b* sich ramificirender, verkalkender Hohlgang. *c* Läppchen mit concentrisch verlaufenden verkalkten Schichten und ramificirten centripetal verlaufenden Zahncanälchen.

Nach meinen zahlreichen Untersuchungen kann ich dieser Theorie nicht beitreten, muss mich vielmehr ganz entschieden auf die Seite Hohl's stellen. Mit Recht hebt derselbe hervor, dass, wenn die freie Dentinneubildung durch Einstülpung der peripherischen Odontoblastenschicht zu Stande kommen solle, sich dieser Entwickelungsgang doch auch auffinden lassen müsse. Hohl konnte in seinen Präparaten kein Merkmal einer Einstülpung auffinden, und auch mir ist es, obwohl ich circa 100 Pulpapräparate mit Dentinneubildungen untersucht und in denselben nahezu an 1000 Dentikel gesehen habe, nicht gelungen, auch nur in **einem** Präparate eine Einstülpung der Dentinzellenschicht zu entdecken.

Die Inversion der Dentinzellenschicht bei der Bildung der freien Dentikel existirt demnach nicht; denn es wäre doch ein sonderbarer Zufall, wenn sich die Einsackung in meinen vielen Pulpapräparaten, die ich mit grösster Sorgfalt aus ihrer harten Umhüllung herausgenommen habe, nicht vorfinden sollte, und es lässt sich andererseits sogar theoretisch beweisen, dass die Einsackungstheorie auf einem Rechenfehler beruhen muss.

Man betrachte die nebenstehende Skizze, **Fig. 22.** Die linke Seite derselben A habe ich nach einem meiner Pulpapräparate gezeichnet, während ich rechts die von Wedl aufgestellte Inversionstheorie schematisch mit B dargestellt habe. Fig. 1 zeigt uns die Entstehung eines zusammengesetzten Dentikels nach Wedl. Wir sehen, wie sich die Dentinzellenschicht stielähnlich nach dem Centrum zu einsenkt und bei c durch eine Einschnürung in zwei Theile getrennt wird. Von den eingestülpten Dentinzellen laufen eine Anzahl Dentinröhrchen nach dem Mittelpunkt der Neubildung aus, in der sich bei b eine canalförmige Einbuchtung verfolgen lässt. Bei Fig. 2 sehen wir die Entwickelung eines einfachen Dentikels; bei Fig. 3 und 4 die der kleineren zusammengesetzten Dentikel.

Sollte dieser Vorgang wirklich so stattfinden, wie ihn uns Heider und Wedl beschreiben, so müssen wir zuerst fragen: Wo kommen denn die Dentinzellenschichten her, die in ihrem Umfang schon hier der Ausdehnung der ganzen Pulpaoberfläche, von der sie sich doch einsenken sollen, fast gleich kommen? Dann müssen wir

— 87 —

ferner fragen, wie eine Ablösung der Dentinzellen, die ja durch ihre Fortsätze mit dem Zahnbeinröhrchen auf das innigste verbunden

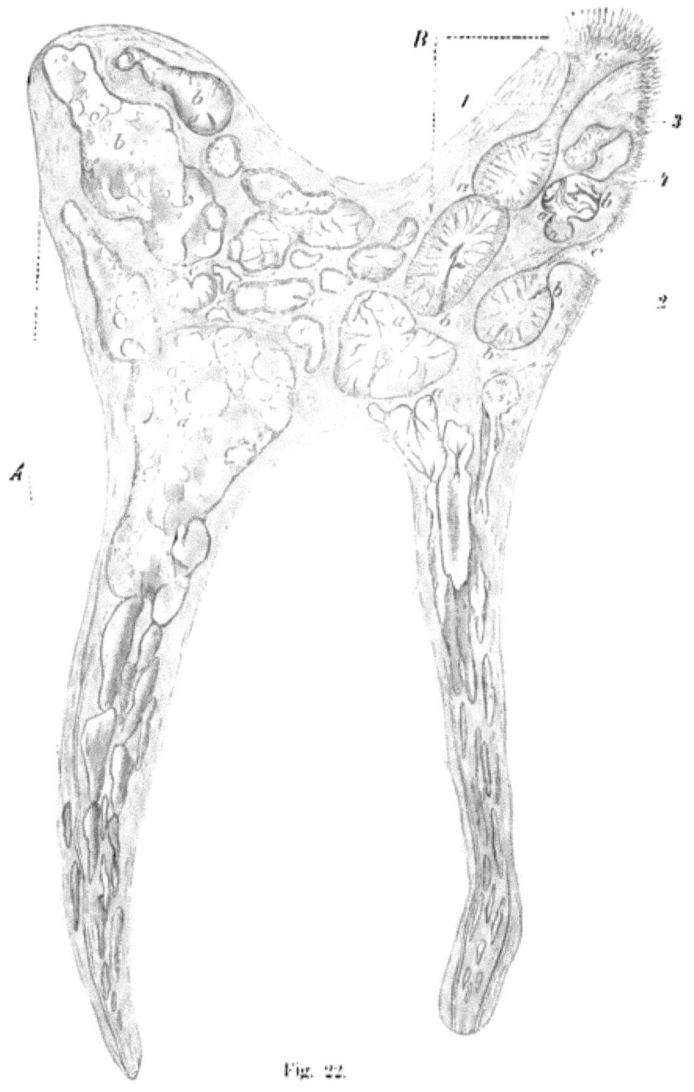

Fig. 22.

sind, stattfinden soll. Uns erscheint eine Trennung derselben vom Zahnbein nicht möglich. Gesetzt nun, nicht die oberflächliche, sondern die darunter liegende Ersatzdentin-, die Spindelzellenschicht (cfr. Seite 23, Fig. 2) soll sich einstülpen, so muss bei c während des Einstülpungsprocesses doch ein leerer Raum entstehen, oder es müsste direct eine Wucherung der Zellenschicht nach dem Centrum zu stattfinden, durch welche die hier erwähnte Lücke sofort ausgefüllt würde.

Das sind Fragen, die wir stellen müssen, und deren Beantwortung wol schwerlich erfolgen wird. Doch selbst dann, wenn hierfür eine genügende Erklärung gegeben werden könnte, so spricht doch die Lage der kleinen Dentikel, welche wir im Centrum unserer Skizze sehen, gegen dieselbe. Denn, wie soll z. B. die Inversion der Dentikel c stattfinden, da die grösseren und älteren Dentinkörper a b und c den Weg nach dem Centrum zu schon vollständig verlegt haben, und auf welche Weise soll die Einstülpung nach dem Centrum zu sich ihren Weg zwischen den starken und zahlreichen Gefässstämmen der Pulpa bahnen? Diese können doch nicht einfach bei Seite geschoben werden.

Wie gesagt, dieser Bildungsmodus ist selbst theoretisch nicht gut mehr aufrecht zu erhalten. Die Entwickelung der freien Pulpaneubildungen findet in der That ganz anders statt, und wenn wir uns jetzt mit der Untersuchung der kleinsten Dentikel beschäftigen, so werden wir gleich sehen, dass dieselbe nicht von den Odontoblasten, sondern von den **Spindelzellen** ausgeht, die man in frischen, mit Carmin gefärbten Präparaten in der Pulpakrone bald zerstreut, bald sternförmig gruppirt, spiralförmig oder bogenförmig gewunden nebeneinander liegen sieht, in den Wurzeln dagegen sich hauptsächlich in der Nähe der Gefässe vorfinden, welche sie in ihrem Verlaufe bis zur Wurzelspitze als Faserzüge begleiten.

Die Bildung der freien Dentikel geht nach meinen Untersuchungen in der Weise vor sich, dass zuerst die im Innern der Pulpa liegenden Spindelzellen — die von den meisten Histologen als Ersatzzahnbeinzellen betrachtet werden — feine Ausläufer treiben, oder sie proliferiren und gehen Anastomosen ein. Das zwischen diesen in Wucherung begriffenen

Spindelzellen liegende Grundgewebe der Pulpa — das Bindegewebe mit seinen runden und zackigen Zellen — beginnt nun zuerst zu verkalken, und in dem Maasse, als die Verkalkung (Dentification) fortschreitet, wird die Spindelzelle selbst durch Kalkaufnahme verengt und allmälig zum Dentinröhrchen transformirt.

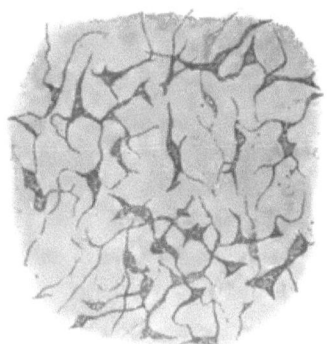

Fig. 23.

Den Beweis für meine Behauptung bringe ich mit Fig. 23. Dieselbe repräsentirt eine Partie aus dem Schliffe eines kleinen ovalen Dentikels bei 500facher Vergrösserung. Wir sehen in der Zeichnung zwischen den zahlreichen spindelförmigen Hohlräumen eine Anzahl gewunden verlaufender Dentinröhrchen, die theils unter einander zusammenfliessen, theils gabelförmig sich theilen. Die Mehrzahl derselben steht jedoch in directem Zusammenhange mit den zackigen Hohlräumen.

Bei schwacher Vergrösserung können diese mit Kalk angefüllten Hohlräume mit ihren zahlreichen Ausläufern leicht für Knochenkörperchen gehalten werden, mit denen sie jedoch nicht zu verwechseln sind. Wir haben es hier vielmehr mit unvollkommen verkalkten Spindelzellen zu thun, deren Ausläufer nur an einzelnen Stellen vollständig zu Dentinröhrchen umgebildet worden sind. Das Grundgewebe ist in dieser Neubildung nicht wie im normalen Zahnbeine homogen, sondern feinkörnig.

Nach Prof. Wedl's Ansicht können die Zahncanälchen nur aus Dentinzellen hervorgebildet werden (cfr. V. J. Schr.

für Zahnheilkunde. 1864. Seite 101) und diese Annahme führte ihn bei der Erklärung der Dentikelbildung zu der etwas weit angelegten Inversionstheorie der Odontoblasten. Dass jedoch die Spindelzellen und nicht die Odontoblasten die Aufbauer der Dentikel sind, und dass die Bildung von Dentinröhrchen die Gegenwart von Odontoblasten **nicht** erfordert, glaube ich durch vorstehende Zeichnung endgültig bewiesen zu haben.

Wir müssen hier eine sehr heikle Frage berühren, welche die Anatomen und Histologen noch immer beschäftigt.

Ueber die Entstehung der Grundsubstanz des Zahnbeines herrschen bekanntlich zwei verschiedene Ansichten. Nach Hertz*) soll die Grundsubstanz der Zahnpulpa zur Grundsubstanz des Zahnbeines sich umbilden, während die Zahnfasern aus den Zahnbeinzellen hervorgehen sollen.

Kölliker, Mühlreiter und Wenzel*) hingegen lassen die Zahnbeingrundsubstanz durch die Dentinzellen ausscheiden und betrachten die Zahnfasern als Reste der Dentinzellen.

Bei der Entwickelung der Dentinneubildungen muss ich mich für die erste Hypothese entscheiden und betrachte die Grundsubstanz (Zwischensubstanz) der Dentikel als verkalktes interstitielles Gewebe der Pulpa und die spärlich vorhandenen Zahnbeinröhrchen als Reste der Spindelzellen.

Wenn man eine grosse Anzahl von Neubildungen der Pulpa untersucht, so muss bei allen eine gewisse Armuth an Dentinröhrchen auffallen. Sie finden sich oft so vereinzelt in der überwiegenden Zwischensubstanz vor, dass man sie ganz bequem zählen kann (cfr. Tafel IX, Fig. 2 u. 3), und es ist nun ganz unmöglich, dass von diesen wenigen Zahnbeinzellen diese grossen Massen der Zwischensubstanz ausgeschieden werden können; dieselbe entsteht vielmehr durch **directe** Verkalkung des zwischen den Pulpazellen liegenden interstitiellen Gewebes, dessen mikroskopische Structur besonders auf Querschnitten mit dem netzförmigen und körnigen Charakter der Zwischensubstanz der Dentinneubildungen ganz übereinstimmt.

* Vergl. Wenzel: Untersuchungen über die Entwickelung der Zahnsubstanzen, Seite 5 u. 6.

Betrachten wir nun die ersten Anlagen der Dentikelbildungen, wie wir dieselben in einer Mahlzahnpulpa fanden, deren Kronentheil von mikroskopisch kleinen und grösseren Dentinkugeln zahlreich durchsetzt war. Die untenstehende Skizze, **Fig. 24**, entspricht

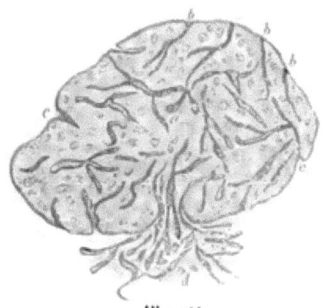

Fig. 24.

ungefähr einer 500maligen Vergrösserung. Das hier abgebildete Dentinplättchen erschien in dem Pulpagewebe als flache, etwas convexe Scheibe, in der wir bei a eine Anzahl Spindelzellen, bald kolbenförmig, bald spitz auslaufend, sehen. Die gabelförmige Theilung dieser Zellen entspricht genau der Verästelung der Dentinröhrchen, wie wir sie in einigen der Neubildungen vorfinden. Bei b tritt der Charakter der Dentinröhrchen schon ziemlich deutlich hervor, während die Zwischensubstanz mehr oder weniger netzförmig, mit zahlreichen kleinen runden und ovalen Zellen durchsetzt erscheint. Die Ausbuchtungen c werden von Spindelzellen gebildet, welche zum Theil noch frei in der Pulpa liegen und die wir bei d als feine Ausläufer herausragen sehen. Sowol zwischen den in Kalk eingelagerten, als auch zwischen den noch frei in die Pulpa ragenden Aesten der Spindelzellen finden sich zellige Elemente. Eine Aehnlichkeit dieser Spindelzellen mit den Odontoblasten konnten wir bis jetzt noch nicht entdecken; auch die Kernbildung der Zellen war durch die Aufbewahrungsflüssigkeit (Glycerin) verwischt.

Aehnliche Bilder, wie das hier skizzirte, fanden wir noch in mehreren Präparaten. Da, wo der Entwickelungsprocess weiter vorgeschritten ist, erscheint die Oberfläche der kleinsten Dentikel gewöhnlich etwas zerklüftet und von vielen den Dentinröhrchen ähnlichen — Spalten durchzogen, so dass man dann nur noch an den Rändern der Neubildungen die hier beschriebenen ersten Anlagen der Dentikel studiren kann. Stellt man das Objectiv auf den Rand eines solchen Dentikels mit der Mikrometerschraube bald höher, bald tiefer ein, so bemerkt man, dass die Neubildung von einem concentrisch geschichteten Gewebe umgeben ist, in dem sich an einzelnen Stellen deutlich die Spindelzellen erkennen lassen.

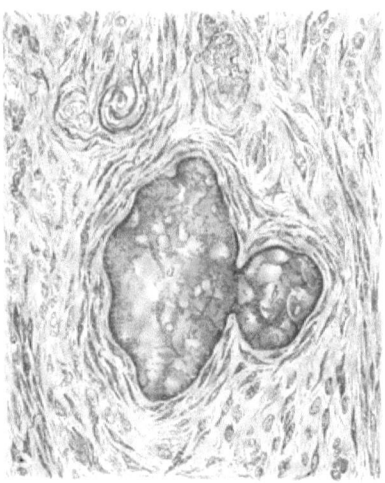

Fig. 25.

Wir bringen in **Fig. 25** zwei kleine Dentikel bei 500maliger Vergrösserung, an denen die oben besprochenen Merkmale sichtbar sind. *a* ovales Dentikel mit netzförmig zerklüfteter Oberfläche. Rechts schiebt sich ein kleines, rundes Dentikel *b* auf dasselbe auf. Das Pulpaparenchym, welches die Dentikel einschliesst, ist von zahlreichen spindelförmigen, runden und sternförmigen Zellen durchsetzt. Links oben bei *d* sieht man mehrere zu einem Knäuel zusammengewundene, in Wucherung begriffene Spindelzellen, von denen sich in dem angrenzenden Pulpagewebe noch eine grosse Anzahl langgestreckter und gewundener Formen *e* auffinden lassen. Eine Gruppe runder, in Dentification begriffener Bindegewebszellen, die durch ihre kurzen

Ausläuferchen mit den in der Nähe liegenden Spindelzellen zusammenfliessen, liegen oben bei *e*.

Die Bildungsstätte für die kleinsten Dentinkörperchen ist demnach in dem interstitiellen Gewebe der Pulpa zu suchen, das unter gewissen Verhältnissen in Folge der Zellenwucherung verkalkt, und zwar erfolgt die Ablagerung der Kalksalze entweder, wie wir es in Fig. 24 sehen, gleichzeitig in ein von wuchernden Spindelzellen gleichsam abgeschlossenes Territorium und es entsteht ein Dentikel, das möglicherweise sich nur nach *d* hin — wo wir noch freie Zellen in der Einbuchtung liegen sehen — vergrössern kann, oder die Dentification beginnt um einen von knäulähnlich gewundenen, von Spindelzellen gebildeten Kern (Fig. 25*d*) oder die Verkalkung hat als Kernpunkt eine Anzahl Rund- und Sternzellen (Fig. 25 *c*), und bei der weiter fortschreitenden Dentification werden die in der Nähe liegenden Spindelzellen zu Dentinröhrchen der Neubildung.

Diese Ansicht hat auch Hohl vertreten, nur lässt derselbe der Dentification des Grundgewebes erst eine Umwandlung der Pulpazellen in Odontoblasten vorangehen. Ich kann die Dentinneubildung in der Pulpa von dieser Transformation der Spindelzellen, die Hohl mit seinen Zeichnungen nicht bewiesen und die ich in keinem meiner Präparate gefunden habe, nicht abhängig machen; ich bin vielmehr der Ueberzeugung, dass die interstitielle Dentification im Parenchym, ganz unabhängig von den Odontoblasten, **durch Wucherung der Spindelzellen** eingeleitet wird, und dass dann in dem Maasse wie sich die Spindelzellen verlängern — ganz wie beim Aufbau des physiologischen Dentins — das interstitielle Gewebe zuerst zu verkalken beginnt. So kann es vorkommen, dass das eine Ende der Spindelzellen bereits von dem dentificirten Grundgewebe eingeschlossen ist, während das andere noch frei in dem Pulpagewebe liegt und Fortsätze treibt, die sich wieder mit den Ausläufern der nächstliegenden verbinden, nach Art der Bindegewebskörperchen, aus denen wol überhaupt die Spindelzellen durch Transformation hervorgehen dürften.

Auf keinen Fall aber wachsen, wie Wedl annimmt, die Dentinröhrchen in die Neubildungen hinein, sondern die Spindelzellen treiben nach der Pulpa zu Ausläufer, um welche das interstitielle Gewebe dann weiter zu verkalken beginnt. Tritt ein Stillstand in der Dentification ein, so bleiben die Reste der Spindelzellen frei, und dadurch entstehen die kleinen und grösseren Ausbuchtungen und Spalten, die wir an den Rändern der Dentikel wahrnehmen.

Die Dentinplättchen, die bald in geringerer, bald in grösserer Entfernung von einander liegen, findet man in vielen Präparaten, in welchen sich die Zellenreste durch Carmin färben lassen, übereinandergeschoben, so dass auf einem bereits verkalkten, ovalen Dentikel eine dünne, in Verkalkung begriffene Scheibe aufliegt, welche später mit der ersteren verschmilzt. So entstehen die grösseren Dentinneubildungen, in denen man ganz deutlich an den Rissen und Spalten, die sich an ihrer Umgrenzung vorfinden, die Vereinigungsstellen der verschiedenen Auflagerungen sehen kann. Diese Spalten liegen auf Querschliffen der Dentikel oft so eng nebeneinander, dass sie von Dentinröhrchen kaum zu unterscheiden sind.

Fig. 26.

Zuweilen hat es den Anschein, als ob die Dentification der einfachen Neubildung von einem Kernpunkte ausgegangen wäre, um den sich concentrisch Lamellen angelagert haben. In dem obenstehenden Schliffe, **Fig. 26,** von einem stecknadelkopfgrossen Dentikel erscheint die Grundmasse um einen Kern kreisförmig geschichtet, von dem die Zahnbeincanälchen radiär verlaufen. Wir dürfen aber diesen Entstehungsmodus nicht als Regel annehmen, denn das untenstehende Bild, **Fig. 27**, von einem Dentikel aus demselben Zahne, überzeugt uns, dass die Anordnung der Dentinröhrchen eine ganz willkürliche ist, und dass auch die concentrische Schichtung der Grundmasse nicht überall aufzufinden ist. In der Mitte des Präparates sieht man eine grosse Menge zackiger Hohlräume, deren Ausläufer mit den Dentinröhrchen anastomosiren und sich zu den Zahnbeincanälchen, wie die Lakunen an der Zahnbeincementgrenze verhalten. Die grösseren schwarzen Flecken sind verkalkte Hohlräume, die, wie die zackenförmigen, ebenfalls mit den Dentinröhrchen in Verbindung stehen.

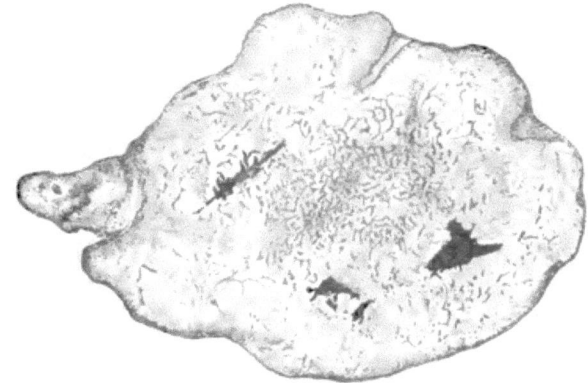

Fig. 27.

Das weitere Wachsthum dieser Dentinkugeln erfolgt in der vorher beschriebenen Weise durch Apposition. Sobald sich zwei nebeneinander liegende Dentinkugeln berühren, findet eine Verlöthung der Berührungsflächen statt. An diesen Verlöthungsstellen findet sich dann immer, wie wir in verschiedenen Abbildungen sehen, Büschel nebeneinander liegender Dentinröhrchen (vergl. Fig. 2, Tafel IX). Es müssen also zwischen zwei verschmelzenden Dentikeln eine grössere Anzahl Spindelzellen vorhanden sein, oder sie müssen sich durch Wucherung bilden. Dass sich in der nächsten Umgebung der Dentikel die Spindelzellen immer in grösserer Anzahl nachweisen lassen, haben wir bereits oben erwähnt, so ist es auch erklärlich, dass die Vereinigungsstelle zweier Dentikel immer reich an Dentinröhrchen ist.

Durch Verschmelzung der bald grösser, bald kleiner angelegten Dentinkugeln entstehen die mannigfachsten Dentikelformen, wie sie aus unseren Abbildungen ersichtlich sind. Grössere Dentikel vereinigen sich, wie z. B. in **Fig. 28,** zu einer Masse *b*, welche das Lumen der Pulpahöhle fast ganz einnimmt, so dass nur ein geringer Raum *a* für den Pulparest frei bleibt. An der Basis der Höhle sind diese Dentikel gewöhnlich mit dem anliegenden Theile der Pulpawand fest verwachsen, an den Seitenwänden und der Kronenfläche findet sich meist noch zwischen dem alten Dentin und dem neugebildeten ein Häutchen von Pulpagewebe.

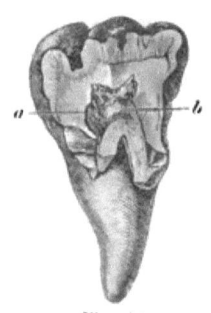
Fig. 28.

Trifft die Pulpa während ihrer Dentification keine Störung von aussen, so wird das **gesammte** Parenchym mit seinen zahlreichen Nerven und Gefässen zum Aufbau des Dentikels verbraucht, und sobald die Odontoblastenschicht von der heranwachsenden Neubildung berührt wird, tritt eine vollständige Verwachsung des Dentikels mit dem normalen Zahnbeine ein (cfr. Fig. 1, 2 u. 3, Tafel X).

Für die Entwickelungstheorie der Dentikel ist die Untersuchung des sie umgebenden Pulpagewebes von grosser Wichtigkeit. Löst man von einem grösseren Dentikel die anhängenden Pulpareste ab und bringt dieselben, mit Carmin gefärbt, unter das Mikroskop, so zeigt sich das Präparat gewöhnlich mit grösseren oder mikroskopisch kleinen weiss glänzenden Körperchen übersäet. Dieselben liegen zuweilen zwischen wohlerhaltenen Nerven und Gefässsträngen — ohne bestimmte Anordnung im Pulpagewebe, wo sie sich nach Art der grösseren Dentikel einander decken, oder auch mit einander verschmolzen erscheinen.

Fig. 29. *a* Pulpagewebe, *b* kleine weiss glänzende Dentikel mit drusiger Oberfläche, welche an einigen Stellen von Dentinröhrchen ähnlichen Spalten durchzogen wird. Vergr. 300 mal.

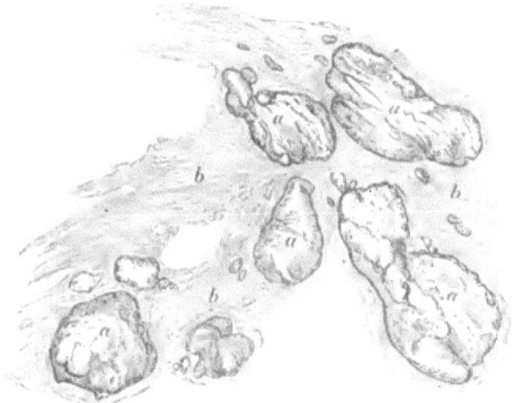

Fig. 29.

Wedl beschreibt diese Formen der Neubildungen, die auch Mühlreiter beobachtete, als Verkalkungen des interstitiellen Bindegewebes, die nie eine Verbindung mit dem alten primären Zahnbeine eingehen sollen.

Ich kann diesen Anschauungen der genannten Autoren nicht beitreten und nenne diese kleinsten Neubildungen, welche sich in allen Pulparesten, die ich von grösseren Dentikeln abgehoben habe, vorfanden, und die nachweislich beim weiteren Wachsthum des Dentikels sich auf das innigste mit dem letzteren verbinden müssen, nicht Kalkeinlagerungen, sondern muss sie für Dentinneubildungen erklären.

Auch Hohl zählte zuerst diese kleinen Körperchen zu den Kalkeinlagerungen. Als jedoch Bruck*), namentlich in den von Wedl in Fig. 46 des Atlas zur Pathologie der Zähne als reine Kalkconcremente beschriebenen Körpern Dentinneubildungen vermuthete, berichtete Hohl über die Entwickelung dieser kleinsten Dentinneu-

---

*) Ueber die von Bruck l. c. abgebildeten kleinsten Dentinneubildungen vergl. Hohl: Deutsche V. J. Schrift für Zahnheilkunde 1872. Seite 15, und Baume Lehrbuch, Seite 285.

bildungen in der V. J. Schrift für Zahnheilkunde, 1872, Seite 17, Folgendes:

Neuere Untersuchungen meinerseits haben mich zu der Ueberzeugung geführt, dass Odontome auf zweierlei Weise ihren Anfang nehmen können. Entweder es verkalkt als Kern die Intercellularsubstanz ohne irgend welche Zellenbetheiligung, oder eine Zelle bildet durch Verkalkung des ihr zugehörigen Territoriums der Intercellularsubstanz den Kern, wodurch sich also Wedl's Vermuthung bestätigt. Das weitere Wachsthum geht im ersten Falle wiederum auf zweierlei Art vor sich, indem sich einmal neue Schichten verkalkenden Protoplasma's an den Kern anlegen, oder indem in der Nachbarschaft mehrere, oft 10—30, solcher Ossificationspunkte entstehen und durch ihr Zusammenfliessen ein Ganzes bilden. So kann diese Verkalkung (denn vorläufig repräsentirt das Gewebe nichts anderes) eine Zeit lang an Umfang zunehmen, ohne dass irgend eine Zelle in den Process hineingezogen zu werden braucht. Sobald sich aber Zellen auf die alsbald zu demonstrirende Weise an der Neubildung betheiligen, mithin dem Gewebe ein bestimmter Charakter aufgeprägt wird, hört auch die Substanz auf, eine reine Kalkablagerung zu sein, und wird, jenachdem sich Dentincanälchen, Knochenkörperchen oder beide vermischt entwickeln, zu einem Odontom, Osteom oder Osteo-Odontom. Nun ist man berechtigt, das Gewebe als Dentin, Cement oder Osteo-Dentin zu bezeichnen.

Es lässt sich also bei beginnender Entwickelung eines Concrements nichts Definitives über sein späteres Schicksal sagen. Es kann freie Kalkablagerung bleiben oder zu jeder Zeit zu differenzirtem Gewebe werden.

Nimmt man aus solchen Pulpen, — cfr. Tafel XV, Fig. 1 welche nach der Wedl'schen Ansicht gleichfalls Kalkkugeln enthalten sollen, die Einlagerungen heraus und betrachtet dieselben unter dem Mikroskop, so erscheinen sie, wie die in Fig. 29, als weiss glänzende Körper mit höckriger Oberfläche, die gewöhnlich an verschiedenen Stellen tiefe Spalten zeigen. Behandelt man dieselben mit verdünnten Säuren, so zeigt sich, dass dieselben nicht, wie es gewöhnlich bei Kalkconcrementen der Fall ist, schnell gelöst werden, sondern dass sie sich gegen schwache Säuren ziemlich indifferent verhalten und erst von stärkeren Säuren unter Gasentwickelung oberflächlich gelöst werden, und zwar steigen dann aus den oben erwähnten Vertiefungen und Spalten zuerst Gasbläschen auf. Erst nach 12stündiger Einwirkung der 15 pCt. Säure war es mir möglich, die kleinen Einlagerungen mit einem starken Deckglase zu zerdrücken, während die grösseren, von feinen Gypscrystallen umgebenen, noch so fest waren, dass ich sie nur durch einen stärkeren Druck mit dem Messerrücken zerkleinern konnte.

Aus mehreren Pulpen isolirte ich solche grössere, schuppenförmige Einlagerungen und präparirte sie auf einem Arcansasssteine zu Schliffen, die, nachdem sie circa 10 Minuten in Aether gelegen hatten, in Canadabalsam auf den Objectträger gebracht wurden.

Wenn überhaupt noch ein Zweifel über den Charakter dieser Einlagerungen auftauchen könnte, so muss er durch das Präparat, welches wir mit **Fig. 30** bei 200facher Vergrösserung bringen, voll-

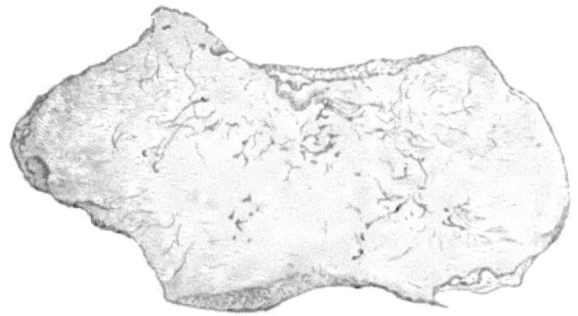

Fig. 30.

ständig beseitigt werden. Denn die in demselben sichtbaren, vielfach verschlungenen und spiralförmig gewundenen Dentinröhrchen, die, wie in den Dentinkugeln, an manchen Stellen in zackenförmige Hohlräume auslaufen und ohne bestimmte Anordnung das ganze Präparat durchsetzen, geben uns den bestimmten Beweis, dass wir es hier mit Dentinneubildungen und nicht mit Kalkconcrementen zu thun haben.

Um den vergleichenden Beweis zu führen, nahm ich ein kleines, dem blossen Auge kaum sichtbares, gelblich durchscheinendes Körperchen, wie solche auch bereits von Wedl als Dentinneubildungen anerkannt worden sind, aus dem Pulpagewebe zwischen zwei

7*

grösseren Dentikeln heraus, trocknete dasselbe und legte es ebenfalls in Canadabalsam.

Fig. 31.

Aus der vorstehenden Abbildung, **Fig. 31.** ersehen wir, dass der Charakter dieser kleinsten Einlagerungen mit dem Schliffe Fig. 30 ganz übereinstimmt. Die von dem Xylographen*) mit grosser Sorgfalt geschnittene Zeichnung zeigt uns bei a Dentinröhrchen, die im Präparat zum Theil vom Canadabalsam durchsetzt sind, b unvollkommen verkalkte Spindelzellen, c Globularmassen, im Präparat vom Carmin gefärbt, d anhängendes, den Spalt ausfüllendes Pulpagewebe. Vergr. 300 mal.

Wenn wir nun berücksichtigen, dass die grösseren Dentikel in der Pulpakrone durch Verschmelzung dieser kleinsten Einlagerungen gebildet werden, und dass sowol die mikroskopische Structur als auch ihr Verhalten gegen Licht und Säuren ganz genau mit kleineren, von grösseren Dentikeln abgesprengten Fragmenten übereinstimmt, so ist es ganz gerechtfertigt, wenn wir in Zukunft diese weiss glänzenden Einlagerungen als Dentinneubildungen bezeichnen; denn genau wie man Verkalkung und Verknöcherung streng von einander hält und alle diejenigen Neubildungen, in denen sich Knochenkörperchen vorfinden, Knochenneubildungen nennt, ebenso müssen wir alle diejenigen Einlagerungen in dem Pulpagewebe, in denen sich Dentinröhrchen — wenn auch nur vereinzelt — vorfinden, Dentinneubildungen nennen.

---

* Sämmtliche Holzschnitte in diesem Werke sind in dem xylographischen Institute des Herrn **Ferdinand Froning** in Wien gearbeitet.

Ich habe hier nur noch kurz der in den Pulpawurzeln so oft vorkommenden spindel- und walzenförmigen Einlagerungen zu erwähnen. Ein charakteristisches Bild hierfür gibt die Pulpawurzel eines oberen Mahlzahnes, **Fig. 32.** Wir sehen in derselben die kleinen ovalen Einlagerungen, schuppenförmig an- und übereinander gereiht, das ganze Präparat bei *a* und *c* durchziehen, hier und da von einer grösseren Platte *b* quer bedeckt.

Die Abbildung einer solchen Schuppe *b* bringe ich umstehend in **Fig. 33.** Dieses mit blossem Auge kaum sichtbare Kalkpartikelchen (Dentinoid) wurde einer mit schuppen- und spindelförmiger Einlagerung ganz durchsetzten Pulpawurzel entnommen und nach der Behandlung mit verdünnter Salzsäure (s. o.) und Aether auf einer warmen Glasplatte getrocknet und in Balsam eingelegt. In der Mitte des Präparates sehen wir bei *a* einige kurz verlaufende Dentinröhrchen. Unvollkommen verkalkte Zellen liegen bei *b*. Am Rande der eingebuchteten zackigen Neubildung bemerkt man viele bogenförmige Linien *c*, welche als Globularmassen erscheinen. Die Grundmasse, in welcher viele Spalten (hier schwarze Linien) sichtbar sind, erscheint amorph; nur bei *d* kann man deutlich einige Kernbilder sehen, vergr. 150.

Die spindelförmigen Einlagerungen in den Pulpawurzeln folgen immer den Zügen der Nerven und Gefässe, und sind bisher als interstitielle Verkalkungen des Bindegewebes beschrieben worden.

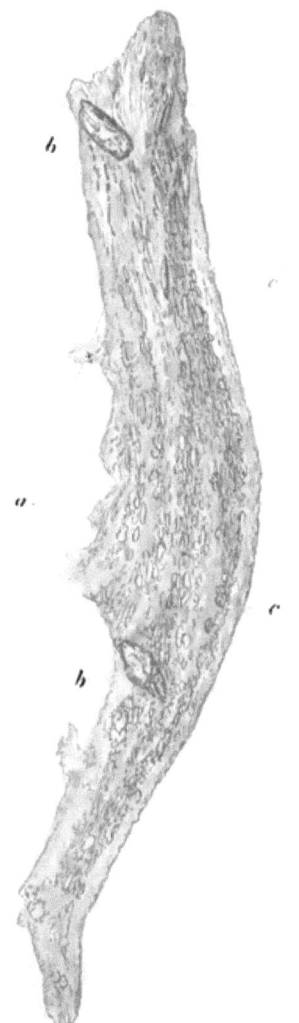

Fig. 32. Vergr. 15.

Wir können dieser Anschauung nicht beitreten, denn die in Rede stehenden Einlagerungen stimmen sowol mikroskopisch, als auch in ihrem Verhalten gegen Säuren, fast vollständig mit den kleinsten Dentinneubildungen überein, die wir in der Umgebung grösserer Dentikel fanden und beschrieben haben. Sie erscheinen bei durchgehendem Lichte nicht, wie es gewöhnlich bei Kalkeinlagerungen der Fall ist, schwarz, sondern sie sind, wie Schliffe von jungem Zahnbein, weiss und lassen wie diese das Licht durchgehen. Bei schräger Beleuchtung treten die Conturen derselben klar hervor, und man sieht dann ganz deutlich, dass sie zwischen den Spindelzellen der Wurzelpulpa liegen, welche, selbst durch Kalkaufnahme getrübt, die matt glänzenden Einlagerungen als dunkle Streifen (Fig. 32 c) bei durchgehendem Lichte decken.

Fig. 33.

Zuerst glaubte ich, dass diese dunklen Streifen durch Verfettung der Zellen bedingt würden, und versuchte, dieselben mit Aether zu beseitigen, was mir jedoch nicht gelang, während sie durch verdünnte Säure unter Gasentwickelung nach und nach verschwanden, so, dass die kleinsten Dentinoide, welche, wie die Dentinneubildungen der Pulpakrone, durch schwache Säuren nicht gelöst werden, mehr und mehr zu Tage traten.

Das Wachsthum dieser Dentinoide, die sich — wie auch Salter ganz richtig beobachtet hat — immer in solchen Pulpen finden, in denen leichte Entzündungsprocesse verlaufen sind, erfolgt, wie das der Dentikel, durch Apposition und Verschmelzung der einzelnen

Körperchen untereinander. Zerreisst man solche Pulpen mit der Nadel, so bemerkt man, dass die Verbindung der einzelnen Inselchen unter einander eine nur geringe ist; sie lösen sich mit dem angrenzenden Pulpagewebe leicht von einander ab.

Vergleicht man nun die ersten Anfänge dieser Kalkeinlagerungen mit denen der Dentikel, so zeigt sich, dass dieselben ebenfalls aus Verkalkung der Spindelzellen hervorgehen, nur dass sie nicht, wie jene, ovale oder abgerundete Bilder geben, sondern dass sie, langgestreckt und enger nebeneinander liegend, auch in ihren kleinsten Anfängen stets spindelförmig erscheinen. Diese Anordnung entspricht **genau** der Lage der Spindelzellen in den Pulpawurzeln.

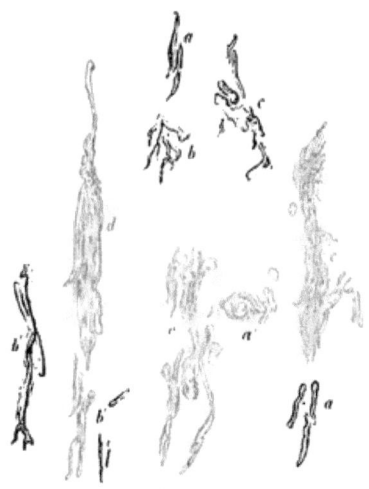

Fig. 34.

In vorstehender **Fig. 34** bringen wir bei 500 maliger Vergrösserung die ersten Anlagen der in Rede stehenden Neubildungen. Wir haben hier bei *a* mehrere einfache nebeneinander liegende, langgestreckte Spindelzellen mit kolbenförmiger Anschwellung, die bei *a'* gewunden nebeneinander verlaufen, bei *b* verästelt erscheinen, und bei *b'* gabelförmig ineinander verschmelzen; *c* eine Gruppe von aneinander gelagerten Zellen, die bei *d* und *e* bereits zu grösseren

— 104 —

spindelförmigen Gruppen zusammengetreten sind. Durch Verschmelzung dieser kleinsten Gruppen entstehen dann die grösseren, schon dem unbewaffneten Auge sichtbaren Spindeln, **Fig. 35.** welche oft die ganze Pulpa durchsetzen, und deren Längendurchmesser mit demjenigen der Pulpa parallel verläuft.

Wie bereits erwähnt, beschreiben Wedl und Salter diese Einlagerungen, die sich vorzugsweise in atrophischen Pulpen vorfinden sollen, als interstitielle Verkalkung des Bindegewebes. Da ich jedoch den Nachweis geliefert habe, dass die Bildung der in Rede stehenden Körperchen ebenfalls mit einer Wucherung der Spindelzellen einhergeht, und dieselben auch in ihrem chemischen und physikalischen Verhalten den kleinsten Zahnbeinbildungen sehr nahe kommen, so möchten wir diesen Process eher unvollkommene Dentification, als Verkalkung, und die bisher mit Kalkspindeln oder Drusen bezeichneten Einlagerungen **Dentinoide** nennen.

Fig. 35.
Nach Salter verg. 200.

Eigentlich ist ja der ganze Zahnaufbau ein Verkalkungsprocess; doch, um Irrthümer zu vermeiden, schlagen wir für die seltener vorkommende wirkliche Verkreidung des Bindegewebes der Pulpa, wie wir sie auf Taf. XII. g g¹ bringen, und die wie Kalkinseln in anderen Geweben, bei durchgehendem Lichte schwarz und bei auffallendem Lichte kreideweiss erscheinen, den Namen **Verkreidung** vor.

Die Verkreidung des Pulpagewebes ist als passiver Vorgang anzusehen, es ist ein regressiver Process, welcher bei mangelhafter Nutrition des Gewebes eintritt, bedingt durch Druck auf die zuführenden Gefässe, während die Denticel und Dentinoide durch active Processe, durch Zellenwucherung entstehen, welche durch Irritation des Nerven- und Gefässsystems eingeleitet wird.

Beide Processe, die Dentinnenbildung und Dentinoidbildung, kommen häufig zusammen an einem Hartgebilde der Pulpa vor, und zwar findet sich diese Combination stets in solchen Fällen, wo es erst unter dem Einflusse einer reinen Irritationshyperaemie zur

Dentinbildung gekommen und die Pulpa durch Caries später gereizt worden ist. Durch die dadurch alterirte Zellensecretion dentificirt das Gewebe unvollständig; es kommt zur Dentinoidbildung, welche das Dentikel panzerähnlich umgibt. So entstehen die Körper, welche wir auf Seite 98 beschrieben haben.

Auch die Dentinoidbildung und Verkreidung kommt namentlich in den Pulpawurzeln zusammen vor. Man findet häufig, dass die Mitte der Wurzeln von zusammenhängenden Dentinoidbildungen durchsetzt und das anliegende Gewebe mit seinen zahlreichen Nerven und Gefässen total verkreidet ist.

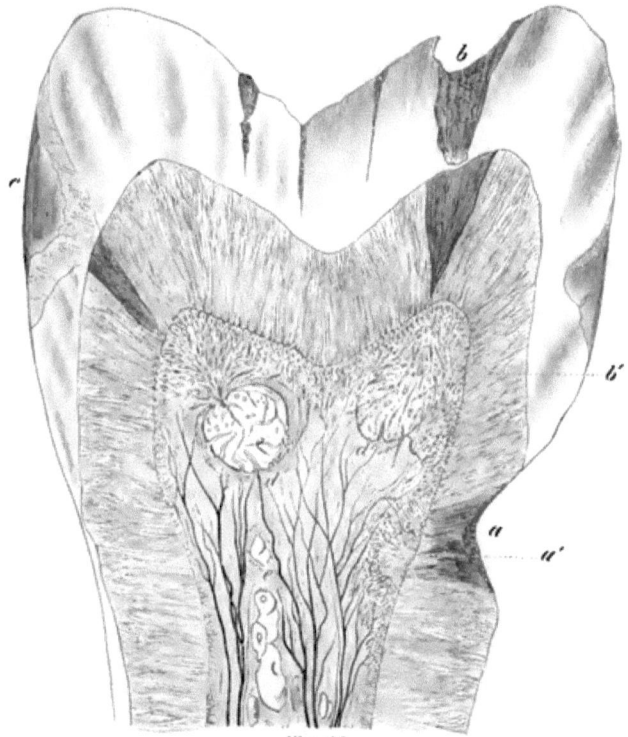

Fig. 36.
Schematische Darstellung der Dentinneubildungen in der Pulpa.

Es ist hier nur noch kurz die Frage zu stellen: **Sind die Odontoblasten niemals an den Dentinneubildungen der Pulpa be-**

theiligt? Wir wissen, dass unter gewissen Verhältnissen die Pulpa in der Nähe des cariösen Defectes neue Dentinmassen (Ersatzdentin) an der Grenze des alten Zahnbeines ansetzt.

Dasselbe steht, wie wir oben erwähnten, auf der Grenze zwischen Neubildung und normalem Dentin. Es findet hier in Folge des Reizes, welcher die peripherisch gelegenen Dentinzellen trifft, eine centrale Wucherung derselben statt, so dass diese Neubildung von Zahnbein gewöhnlich halb kugelförmig in die Pulpa hineinragt, **Fig. 36** a a' (cfr. Fig. 19 a u. b).

Die Möglichkeit, dass dieselbe von der gewöhnlichen Kugelform abweicht und ein mehr zapfenähnliches Anhängsel bildet — Fig. 36 b b' ist nicht von der Hand zu weisen.

Es ist ferner nicht unwahrscheinlich, dass in einzelnen Fällen die peripher gelegenen Dentinzellen den von den Spindelzellen ausgebauten freien Dentikeln entgegenwuchern und dann durch Verkalkung des umliegenden Gewebes eine Neubildung entsteht, die durch einen Stiel der Pulpawand anhängt, an deren Zustandekommen sowol Dentin- als Spindelzellen betheiligt sind (Fig. 36 c c, d d' in den Verkalkungsprocess eingeschlossene Gefässenden, e Dentinoide).

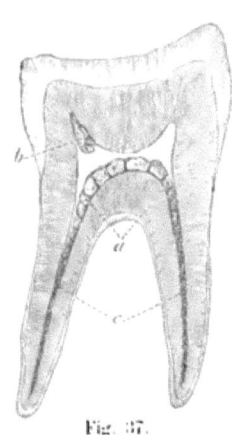

Fig. 37.

Von diesem Gesichtspunkte aus betrachtet sind Bildungen, wie wir sie in **Fig. 37** finden, am leichtesten zu erklären. Wir sehen im Längsschnitt des 3mal vergrösserten Mahlzahnes rosenkranzförmig angeordnete Dentikel a, bei deren Entstehung die Spindelzellen den Hauptantheil tragen, deren Verlöthung mit dem alten Dentin durch verkalkte Odontoblasten vermittelt ist. In dem einen Pulpahorn, bei b, findet sich ein zusammengesetztes Dentikel, welches durch einen Stiel mit der gegenüber liegenden Wand verbunden ist und knopfähnlich in die Pulpa hineinragt.

Auf Seite 77 machten wir bereits auf nebenstehende **Fig. 38** aufmerksam und bezeichneten die Neubildung, wie wir sie hier in der

Pulpahöhle eines Mahlzahnes sehen, als „wandständige Dentinneubildung". Ueber das Zustandekommen dieser Formen sind bis jetzt noch keine Untersuchungen veröffentlicht worden. Der Schliff stammt von einem Mahlzahne mit ganz oberflächlicher Caries. Beim Sprengen des Zahnes fiel mir die glatte abgerundete Oberfläche der Neubildung, welche fast die ganze Pulpahöhle ausfüllte, sofort

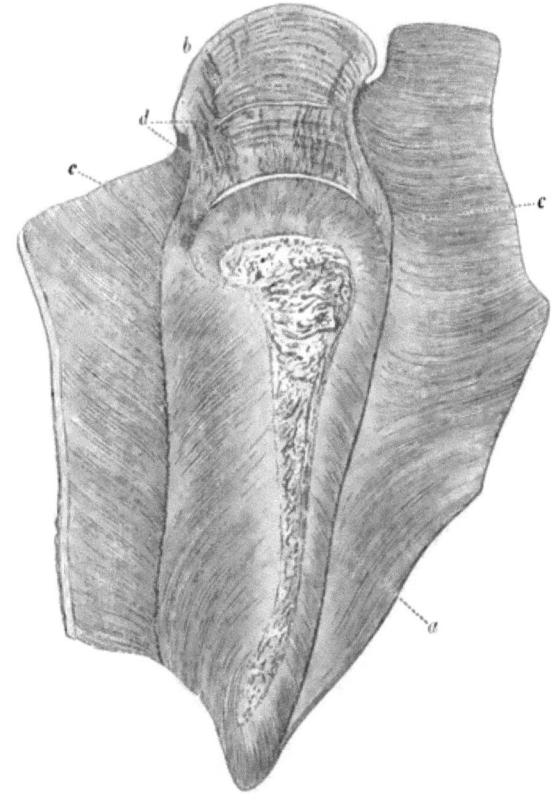

Fig. 38.

in die Augen, denn gewöhnlich haben die grösseren, aus verschmolzenen Dentikeln bestehenden Neubildungen eine zerklüftete, warzenähnliche Oberfläche (cfr. Fig. 28). Die mikroskopische Untersuchung dieses Schliffes ergibt interessante Einzelheiten. Der etwas schräg in den Schliff gefallene Wurzelcanal ist mit Osteo- und

Vaso-Dentin ganz ausgefüllt, welches sich an die Basis der Pulpahöhle c dicht anlegt. Die Pulpahöhle selbst ist von einem mächtigen neugebildeten Dentinknopf b angefüllt, in dem die Zahnbeincanälchen von der Basis der Höhle in wellenförmigen Gruppen bis zur Oberfläche der Neubildung b auslaufen. Die Grundsubstanz zeigt eine regelmässige, bogenförmige Schichtung, welche von den Canälchen, die bald näher, bald weiter von einander liegen, in ziemlich gleichmässigem Winkel durchzogen wird. Leider entstanden beim Trocknen dieses äusserst dünnen Schliffes die beiden Risse d, so dass man nur an den Endpunkten $c\,c$ die directe Verbindung der primären Zahnbeinröhrchen mit denen der Neubildung noch sehen kann. (Vergr. 25).

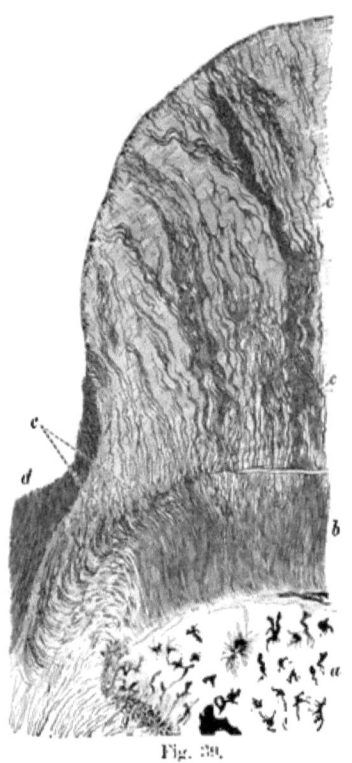

Fig. 39.

In der nebenstehenden **Fig. 39** bringen wir von dieser Neubildung den Verlauf der Dentinröhrchen und die Verbindung derselben mit dem alten Zahnbeine, bei 100maliger Vergrösserung. a Neubildung im Wurzelcanal mit kolben- und sternförmigen Interglobularräumen. b Basis der Pulpahöhle mit dicht in Reihen geordneten Zahnbeincanälchen und directem Uebergange in die Zahnbeincanälchen der Neubildung $c\,c$, welche in Strähnen, Zöpfen, geordnet, gruppenweise bis an die Peripherie verlaufen, wo sie wieder in kleinen lufthaltigen Hohlräumchen enden. d alte Zahnbeincanälchen der Pulpahöhlenwand, wieder dicht reihenweise geordnet. Einzelne lassen sich in die bogenförmig gekrümmten Canälchen, in der Richtung von b zu —f

hin verfolgen; auch bei c sieht man an der Grenze des neuen und alten Dentins, dass die Zahnbeincanälchen des primären Dentins etwas gewunden, aber direct in die Neubildung übergehen. Die Grundsubstanz ist auch in dieser Neubildung, wie in Fig. 26, bogenförmig geschichtet *c c*, während sie in dem Theile *b* der Zahnbasis ganz homogen erscheint. Bemerkenswerth ist endlich der directe Uebergang der alten Zahnbeincanälchen der Wurzel in die eng nebeneinander liegenden kleinen, punktförmigen Globularräume der Neubildung, welche wieder durch ihre feinen Ausläuferchen mit den grösseren, kolbenförmigen Hohlräumen anastomosiren.

Aus der Betrachtung dieses Präparates habe ich die Ueberzeugung gewonnen, dass wir es hier nicht mit einer ursprünglich freien, später mit der Pulpahöhle verwachsenen Neubildung zu thun haben, sondern dass hier eine **Zahnbeinwucherung** vorliegt, welche durch rapide Entwickelung der Odontoblasten Schicht für Schicht auf die Basis der Pulpahöhle aufgebaut worden ist. Der regelmässige Verlauf der Zahnbeinröhrchen beweist dies, denn dieselben lassen sich hier, wie auf Schliffen von normalem Zahnbein, durch das ganze Präparat verfolgen, sie zeigen überall die directe Verbindung mit denen des alten Zahnbeines.

Hier haben wir also eine Neubildung durch Odontoblasten, wir müssen jedoch ausdrücklich wiederholen, dass bei dem Aufbau der freien Dentikel die Odontoblasten nicht betheiligt sind.

Die interstitiellen Dentinneubildungen, wie sie mitten im Zahnbeine beobachtet werden, können auf zweierlei Weise zu Stande kommen. Entweder entstehen sie dadurch, dass das bereits fertig gebildete Zahnbein — in allerdings sehr seltenen Fällen*) — durch die andrängende Pulpa erst resorpirt wird, und dass die in den Defect hineingewucherte Pulpa später dentificirt, so dass wir es dann, wie Wedl sich ausdrückt, mit einem interstitiellen Zahnbeinwachsthum zu thun haben (l. c. Seite 234) oder die interstitiellen Dentikel entwickeln sich sehr früh in der jungen Zahnpapille und werden

---

* Ich habe diesen Vorgang bis jetzt noch an keinem Menschenzahne beobachtet.

später beim Wachsthum des Zahnbeins von dem letzteren eingeschlossen.

Bekanntlich kommen die freien Dentinneubildungen in jedem Lebensalter vor, und es ist gar nicht unwahrscheinlich, dass dieselben auch in der Pulpa eines im Kiefer noch eingebetteten Zahnes unter denselben Einflüssen, wie in dem ausgewachsenen Zahne, entstehen. Darüber müssen allerdings noch weitere Untersuchungen gemacht werden. Jedenfalls aber finden sich die Dentinneubildungen, wie wir an dem Durchschnitt, **Fig. 40.** des untenstehenden jugendlichen Zahnes sehen, — den ich wegen Caries der Krone einem siebenjährigen Knaben extrahiren musste — in Zähnen, die das Zahnfleisch kaum durchbrochen haben, schon in beträchtlicher Grösse

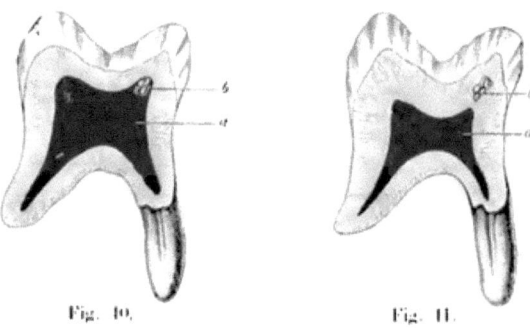

Fig. 40.   Fig. 41.

vor. Die Neubildung, die aus mehreren verschmolzenen Dentinkugeln besteht, ist hier bereits so ausgedehnt, dass sie zur Zeit des Zahndurchbruches schon bestanden haben muss. Nehmen wir an, dass dieser Zahn gesund, kräftig gebildet, bis zum 25. oder 30. Jahre im Kiefer verblieben und dann extrahirt worden wäre, so würde das Dentikel, durch das nachwachsende Zahnbein eingeschlossen, ungefähr 1,5 m.m. von der Pulpa entfernt, mitten im Zahnbeine, **Fig. 41.** gelegen haben.

Baume*) hat über die Entstehung der interstitiellen Dentikel genaue Untersuchungen gemacht, doch leider dieses interessante Capitel nur unvollkommen illustrirt. Er betont, dass bei der Ent-

---

* l. c. Seite 148 und 286.

scheidung, ob interstitielle Dentinneubildung oder in das Zahnbein eingeschlossene Dentikel vorliegen, die Abweichung der Zahnbeincanälchen entscheidend ist. Liegen Resorptionsprocesse und nachträgliche Ausfüllung der Defecte durch Zahnneubildung vor, so muss der Verlauf der Canälchen des alten Zahnbeines durch die Neubildung direct unterbrochen sein, während in dem anderen Falle in allen Präparaten eine deutliche Ablenkung der Zahnbeincanälchen um das präformirte Dentikel sichtbar ist.

Ueber das Vorkommen interstitieller Dentikelbildung in den Zähnen grösserer Säugethiere (Elephant, Nilpferd, Walross), die den Zahnärzten, welche früher noch künstliche Gebisse aus den Stosszähnen dieser Thiere geschnitten haben, aus eigener Anschauung bekannt sind, bringen Wedl und Baume in ihren mehrfach citirten Werken Näheres.

Ursachen und Folgen der Dentinneubildungen.

Die Ursache der Entstehung von Dentikeln ist noch nicht genügend erforscht. Es stehen derartigen Untersuchungen eben dieselben Schwierigkeiten entgegen, wie allen entwickelungsgeschichtlichen Forschungen; es ist nämlich nicht möglich, den Process Schritt für Schritt unter dem Mikroskop zu verfolgen. Ein jeder Forscher trägt daher seinen Theil zur Klärung der Verhältnisse bei, wenn er die verschiedenen Stadien der Entwickelung, die er durch einen glücklichen Zufall sah, in objectiver Weise mittheilt. Die daraus zu ziehenden Schlüsse werden freilich einen mehr oder minder bloss subjectiven Werth haben. Und so bin auch ich mir wol bewusst, indem ich jetzt einen Entstehungsmodus darlegen will, wie er sich auf Grund meiner Untersuchungen meinem Geiste als der wahrscheinlichste, um nicht zu sagen allein richtige, darstellt, das schlüpfrige Gebiet der Hypothese zu betreten.

Das Zustandekommen einer Neubildung setzt bekanntlich eine örtliche Veranlassung und eine Prädisposition des Gewebes zur Neubildung voraus. In der Pulpa sind es bloss die bindegewebigen Elemente, d. h. Bindegewebszellen, Spindelzellen und Zahnbeinzellen, welche zum Aufbau einer Neubildung dienen können, und es scheint mir zweifellos, dass jeder länger dauernde Reiz, der eine gesunde Pulpa bei geschlossener Höhle trifft, dieselbe zur Bildung von Dentikeln in den Fällen anregt, wo überhaupt eine gewisse Disposition zur Neubildung in den Zellen vorhanden ist.

Ein jeder Reiz, welcher einen Zahn trifft, gelangt auf dem Wege der Zahnbeinfasern in das Innere. In dem einen Falle wird die Irritation nun gleichsam in den entsprechenden Odontoblasten localisirt; es bildet sich **Ersatzdentin** durch Verkalkung der Zahnbeinzellen; dieser Vorgang steht vollkommen mit den jetzt herrschenden pathologisch-anatomischen Anschauungen im Einklang und bedarf wol keiner eingehenden Erklärung.

In dem zweiten Falle kommt es, ohne dass wir im Stande sind, den genauen Weg anzugeben, zu einer „**Irritationshyperaemie**", die, mehr oder weniger allgemein, doch immer den Angriffsstellen des Reizes gegenüber am ausgesprochensten ist.

Denken wir uns nun die Pulpa, den letzten Endigungen der trophischen Nerven*) entsprechend, in Territorien eingetheilt, so dass ein jedes kleinste Gebiet von einer feinsten Nervenendigung, benachbarte Gebiete von solchen Nervenfasern versorgt werden, die dann zu einem Stämmchen zusammentreten, so wird dieses Bild den wirklichen Verhältnissen sehr nahe kommen. Vergegenwärtigen wir uns nun noch die Anschwellung der Gefässe bei einer Hyperaemie, in Folge constitutioneller oder localer Störungen (cfr. Tafel IV), so erklärt sich die Entstehung der Dentikel auf folgende Weise:

Entsteht in einer nicht exponirten Pulpa, bei vorhandener Disposition zur Dentinneubildung, aus einem beliebigen Grunde eine Hyperaemie, so üben die geschwellten Gefässe einen Druck auf die benachbarten Nerven. Trifft dieser Druck nun eine letzte trophische Nervenendigung, so ruft er im Leben der Zellen des zugehörigen Territoriums eine Störung hervor, deren Ergebniss die Bildung eines kleinsten Dentikels ist (cfr. Fig. 25 c). Erfolgt der Druck auf mehrere Fasern nach ihrer Vereinigung zu einem Stamme, so dentificiren die zugehörigen Gebiete zu gleicher Zeit, es entsteht ein grösseres Dentikel (cfr. Fig. 24).

Betrachten wir den Process in seinen Einzelheiten weiter und beschränken uns dabei auf ein Nervengebiet, so wissen wir, dass die Reizung eines Nerven Veränderung im Leben jeder einzelnen, ihm untergebenen Zelle veranlasst, es erfolgt die Wucherung und

---

* Die **Pulpanerven** sind gemischte Nerven mit vorwiegend sensiblen Fasern; jedoch müssen auch trophische und vasomotorische Fasern darin enthalten sein, deren Vorhandensein ad oculos zu demonstriren wol schwer gelingen wird, auf deren Vorhandensein wir indessen aus vielen Erscheinungen schliessen müssen.

Theilung, auf die wir schon mehrfach die Aufmerksamkeit lenkten; hier interessirt uns aber besonders die Veränderung in der Nutrition, die darin besteht, dass mehr gelöste Kalksalze von den Zellen aufgenommen, darin verarbeitet und in unlöslicher Modification in das zu jeder Zelle gehörige Territorium der Zwischensubstanz ausgeschieden werden. So erfolgt die Umwandlung des interstitiellen Gewebes der Pulpa zur Grundmasse des Dentikels, in welcher die Spindelzellen als Dentinröhrchen eingeschlossen liegen.

Die Dentinoide der Wurzelstränge entstehen zunächst auf demselben Wege, wie die kleinsten Dentikel der Pulpakrone, also in Folge des Druckes der Gefässe einer hyperaemischen Pulpa auf die Wurzelzweige der Pulpanerven. Berücksichtigt man aber die **auffallende Häufigkeit** dieser Bildungen in Wurzeln von Pulpen, deren Krone mit Nerven und Gefässen theilweise oder ganz in Folge chronischer Pulpitis zerstört ist, so muss man wol zu dem Schlusse kommen, dass der dauernde Reizzustand der zur Krone gehörigen Nervenstämme sich den Nervenzweigen für die Wurzel mittheilt (irradirt) und in den Wurzelsträngen zur Bildung zahlreicher Dentinoide Veranlassung gibt, während die Kronennerven in ihrer Function so gestört sind, so die Herrschaft über ihre Zellengebiete verloren haben, dass sie in denselben nicht mehr zur Dentification anregen können und sie ihrem Schicksale, dem gänzlichen Zerfalle, anheimgeben müssen. Ein leichter, dauernder Reizzustand der die Krone innervirenden Stämme wird ferner häufig durch die **Einlagerung grösserer Dentikel** in die Pulpakrone herbeigeführt. Hieraus erklärt sich dann leicht das gleichzeitige Vorkommen von zahlreichen Dentinoiden in den Wurzelsträngen solcher Pulpen.

Zu diesen Anschauungen wird man durch die practischen Beobachtungen geführt. Dass Pulpahyperaemien in Folge constitutioneller Störungen Dentinneubildungen veranlassen, kann man aus dem häufigen Vorkommen der Dentikel in den Zähnen **plethorischer Individuen** ersehen, die zu starken und häufigen Congestionen zum Kopf disponirt sind.

Die gewöhnlichsten localen Reize von längerer Dauer sind die chemischen Reize der langsam fortschreitenden Caries und der thermische von Metallfüllungen, die nicht einen schlechten

Wärmeleiter als Unterlage haben. Die beiden letzten Momente sind für unsere Betrachtungen wol die wichtigsten, beide wirken schwach, aber andauernd reizend und veranlassen eine Irritationshyperaemie, welche auf die angegebene Weise zur Dentikelbildung führt. Die Folge eines intensiven, aber nur kurze Zeit wirkenden Reizes wird nie die Entstehung von Dentinkörpern, sondern acute Pulpitis mit eitrigem Zerfall der Pulpa sein.

Erinnern wir uns nun dessen, was uns die allgemeine Pathologie als Folgeerscheinungen der Neubildungen überhaupt lehrt, so kann es nicht schwer fallen, hier vom rein theoretischen Standpunkte aus vorauszusagen, was aus Pulpen werden wird, die in ihrem Innern Dentinneubildungen beherbergen. Doch ziehen wir lieber erst aus hierher gehörenden Krankengeschichten unsere Schlüsse, bevor wir zur Betrachtung der Folgeerscheinungen von Dentinneubildungen im Allgemeinen übergehen.

Der Frau H. füllte ich vor 2¾ Jahren mehrere Zähne mit Gold und Amalgam, einen oberen Mahlzahn, dessen Höhle beim Ausbohren sehr empfindlich war, mit Cement und Guttaperchaunterlage in der Absicht, diese Füllung nach einem Vierteljahre durch eine Amalgamfüllung zu ersetzen. Da die Patientin jedoch inzwischen ab und zu leichte, ziehende Schmerzen in dem provisorisch gefüllten Zahne empfunden hatte, liess ich die Cementfüllung noch sitzen und bat die Dame, nach drei Monaten wieder zu kommen.

Die Patientin blieb, wie das ja so häufig vorkommt, aus, und sah ich sie erst nach zwei Jahren mit verbundenem Kopfe in meinem Wartezimmer sitzen und musste nun die uns bekannten Klagen über Kopfrheumatismus und Gesichtsreissen anhören, die angeblich von einem der gefüllten Zähne ausgehen sollten. Bei der Untersuchung des Mundes zeigte sich nun, dass die Cementfüllung in dem Zahne aufgelöst und die Cavität wieder von Caries ergriffen war. Ich exponirte nunmehr die Pulpa und cauterisirte dieselbe mit Arsenik. Einige Stunden nach der Cauterisation stellte sich in der „entgegengesetzten Seite", im linken Wangenbeine, Schmerz ein, der sich so steigerte, dass die Patientin unter Fiebererscheinung die ganze Nacht schlaflos verbrachte.

Am andern Tage konnte ich die beabsichtigte Amputation der geätzten Pulpakrone nicht vornehmen und schloss daher die Höhle provisorisch mit Cement. Einige Tage nach dieser Behandlung stellten sich bei der Patientin, die schon vor 8 Jahren einmal an partieller Gesichtsneuralgie gelitten hatte, wieder die furchtbarsten Schmerzen in der linken Kieferseite ein, welche nach dem Auge, den Schläfen und dem Nasenflügel zu ausstrahlten und erst dann nachliessen, als ich die provisorische Cementfüllung entfernte und die entzündete Pulpa, welche ein grosses Dentikel einschloss, durch ein neben dem Dentikel angelegtes Bohrloch wiederholt cauterisirte. Nach 2 Tagen extrahirte ich dann die entzündete Gaumenwurzel (Fig. 6, Tafel VIII), wobei die Patientin wieder in der entgegengesetzten Gesichtshälfte einen Schmerz verspürte, der sie laut aufschreien machte. Die Pulpahöhle wurde darauf sofort mit Phenolcement gefüllt und die Höhle provisorisch mit Guttapercha geschlossen. Den Rest der Schmerzen beseitigte eine Einreibung von Veratrin und Jodkali.

Wie die Bildung dieses Dentikels zu Stande gekommen war, lässt sich hier nicht mit Gewissheit feststellen, vielleicht war die erste Anlage schon vor der Behandlung vorhanden; bei dem später erfolgenden Wachsthume durch Apposition mögen die leichten, ziehenden Schmerzen entstanden sein, vielleicht entstanden sie auch bei vorübergehenden leichten Hyperaemien, bei denen dann die erweiterten Gefässe die sensiblen Nerven gegen die Neubildung pressten. Auf jeden Fall befand sich die Pulpa durch Gegenwart des Dentikels in einem Zustande der Reizbarkeit, so dass ein neuer Insult, die wieder beginnende Caries, genügte, um hier die Entzündung zu veranlassen.

Charakteristisch ist die folgende Geschichte:

Ein Musikus consultirte mich vor etwa drei Jahren wegen eines Schmerzes, den er jedesmal beim Blasen seiner Instrumente im linken Kieferwinkel empfand. Ich entdeckte einen muldenförmigen Defect am Zahnfleischrande des oberen linken Weisheitszahnes und legte in denselben, nach Vorbehandlung der empfindlichen Höhle mit Phenolchlorzink, eine Amalgamfüllung.

Einen schlechten Wärmeleiter konnte ich in der flachen Cavität nicht unterlegen. Mehrere Monate lang blieb der Zahn gegen Kälte und Wärme empfindlich, aber erst nach einem Jahre stellte sich, in Folge einer Erkältung, plötzlich beim Blasen wieder

Schmerz ein, der sich beim Vortragen einer Solopartie so steigerte, dass der arme Künstler nur mit der grössten Selbstüberwindung sein Stück zu Ende führen konnte. Die Sektion des extrahirten Zahnes ergab das Vorhandensein von Dentinneubildungen.

Dieselben existirten schon im Zahne, bevor der Patient, ein plethorisches Individuum, zu mir kam. Bei dem Blasen des Hornes trat immer eine Congestion nach dem Kopfe ein, welche die Schmerzen veranlasste. Der Reiz der Caries wurde gehoben, dagegen aber durch Einlegung einer Amalgamfüllung ohne Unterlage eines schlechten Wärmeleiters das Wachsthum der Dentinneubildungen sehr befördert und gleichzeitig des umgebende Pulpagewebe irritirt.

Der Erkältung folgte schliesslich aber eine solche Ueberfüllung der Pulpagefässe, dass die Krone sich entzündete; durch die bedeutende Wallung nach dem Kopfe beim letzten angestrengten Blasen musste die Heftigkeit der Schmerzen natürlich den Höhepunkt erreichen.

Tafel XI. Fig. 1. Pulpa aus dem oben erwähnten Zahne. **a a** entzündete, von zahlreichen Capillaren durchzogene Partie der Pulpakrone, welche als infiltrirtes Gewebe bei **b** den oberen Theil des grossen Dentikels deckt, während **b'**, sowie auch der Zapfen der Neubildung **c** scheinbar freiliegt, in Wirklichkeit aber noch von einem ganz dünnen Häutchen Pulpagewebes eingeschlossen ist, in welchem ein stärkeres, sich gabelförmig theilendes Gefäss nach dem entzündeten Theile zu ausläuft, das von dem Hauptstamme durch das wachsende Dentikel abgehoben worden ist.

Die zellige Infiltration des Gewebes erstreckt sich von dem entzündeten Theile bei **i** auch noch in die links gelegene Wurzel, in welcher zwischen kleinen walzenförmigen Dentikeln **f** die mit Blut angefüllten Gefässe **d** der abgerissenen Wurzel verlaufen. In der breiten Pulpawurzel rechts liegt ein grosser Gefässstamm **d'**, von in Verkreidung begriffenen Gewebspartieen zum Theil überdeckt, zum Theil umgeben; **f'** schliesst eine Gruppe kleiner Dentikel und ein Geflecht netzförmig verschlungener Gefässstämmchen ein, wie man sie regelmässig in solchen Pulpawurzeln findet, in deren Kronen die Blutcirculation (hier durch das grosse Dentikel) gestört wurde. An einzelnen Stellen des Präparates, so bei **e**, zeigen sich in der

Nähe der Gefässe kleine Blutextravasate; in der langen Pulpawurzel **g** kettenförmig aneinander hängende Dentinoide*).

Wieder beginnende Caries und eine noch obendrein hinzutretende Erkältung verursachten in dem zu Fig. 3, Tafel XIII. gehörenden Zahne eine Pulpitis, die mich zur Extraction desselben zwang. Der Fall hat noch sonstiges Interesse und sei deshalb hier ausführlich mitgetheilt:

Frau Kl., der ich vor längerer Zeit den Mund mit künstlichen Zähnen und Füllungen reichlich versehen hatte, consultirte mich vor zwei Monaten wegen Schmerzen in einem bereits vor vier Jahren mit Amalgam gefüllten Zahne, welcher der Piece als Stützpunkt diente. Die Untersuchung des Zahnes ergab, dass über der Füllung, die an der Mesialfläche lag, wieder Caries entstanden war, welche die Pulpahöhle nahezu perforirt hatte. Ich entfernte die alte Füllung, bohrte mit breiten ovalen Bohrern die erweichte Dentinschicht aus und fand in einer kleinen Oeffnung der Pulpahöhle ein mit Blut injicirtes Pulpahorn vor.

Die exponirte Pulpa wurde mit Phenoltannin behandelt, und, da sich dieselbe am anderen Tage schmerzfrei zeigte, so wurde sie überkappt und 2 Tage darauf die Höhle mit Amalgam gefüllt.

Ungefähr fünf Wochen nach der Operation sah ich die Patientin wieder. Dieselbe erzählte mir, dass der Zahn ungefähr 14 Tage nach dem Ausfüllen gegen Kälte empfindlich geworden wäre; die Schmerzen hatten, bald stärker, bald schwächer auftretend, mehrere Wochen lang angehalten, bis sie dann plötzlich durch eine Erkältung auf der Reise so heftig wurden, dass Patientin meine Hülfe wieder aufsuchen musste. Ich extrahirte nun den auch gegen Percussion äusserst empfindlichen Zahn und fand bei der Sektion desselben ein die Pulpahöhle nahezu ausfüllendes Dentikel. Dasselbe war an der Oberfläche von einem feinen Pulpahäutchen umgeben, welches an der überkappten Stelle ganz zerfallen war.

Hätte ich wissen können, dass sich in dem in der Oeffnung liegenden Pulpahorn ein Dentikel befand, welches nur noch von einem dünnen Pulpahäutchen überzogen war, so hätte ich natürlich einen andern Weg zur Abhülfe eingeschlagen. Diese Diagnose war aber nicht zu stellen. Unter dem grossen Dentinkörper fand sich

---

*) Die Beschreibung der Fig. 2 dieser Tafel erfolgt in einem späteren Capitel.

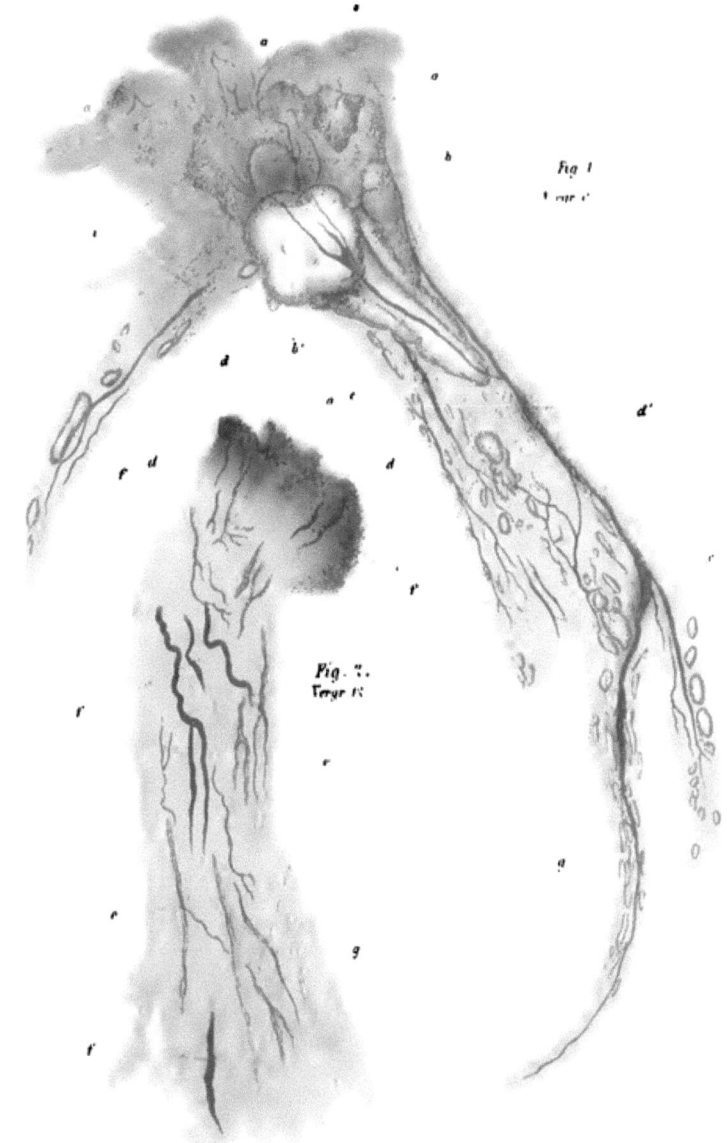

ein bereits in Eiterung übergegangener Pulparest, in welchem eine Anzahl kleinerer Dentikel zerstreut lagen. Die Gaumenwurzel (siehe Tafel XIII, Fig. 3) zeigt, von der Wurzelspitze ausgehend, zwischen zwei mit Blut gefüllten Gefässen a einen mit breiter Basis b aufsitzenden Dentinoidcylinder, von zahlreichen kleineren Spindelchen umgeben. In der Mitte der Pulpawurzel nimmt die Einlagerung an Breite zu, und man sieht deutlich, wie dadurch die Gefässe bei c mehr an den Rand der Pulpawurzel geschoben worden sind. An dieser Stelle löst sich die Einlagerung in mehrere kleine kolben- oder eiförmig gestaltete Körper d auf. Darüber sieht man eine Anzahl kleinerer Dentinkörperchen, sowie zahlreiche Gefässanastomosen, die unter dem Eiterherde mit knopfförmigen Anschwellungen e schlangenförmig gewunden hervortreten. Bei f eine Gruppe kleiner Dentinkörperchen, welche direct unter dem grossen Dentikel lagen.

Ueber einen ähnlichen Ausgang schrieb mir ein befreundeter College, welcher einer Dame in einem unteren Mahlzahne eine kleine, empfindliche Höhle mit Amalgam gefüllt hatte.

Vier Wochen nach der Operation kam die Dame zu ihrem Arzte zurück und klagte über rasende Schmerzen in dem gefüllten Zahne, der extrahirt und mir in Glycerin zur Untersuchung zugeschickt wurde. Ich fand eine ganz entzündete Pulpa und in derselben ein vierhöckeriges Dentikel (Fig. 5, Tafel IX), sowie noch mehrere kleine, ebenfalls frei in der Pulpa liegende Dentinkörper. Die stärkere Distalpulpawurzel war von Dentinoidspindeln reichlich durchsetzt, während die Mesialpulpawurzel keine besonderen Veränderungen zeigte.

Den Zahn hatte, wie mir mein Freund ausdrücklich bemerkte, vor dem Füllen kein Aetzmittel berührt; die Patientin hatte bald nach der Operation ein unangenehmes Gefühl beim Genusse heisser und kalter Getränke, das sich continuirlich steigerte, bis schliesslich die Symptome der Entzündung auftraten. Das grosse Dentikel kann sich nicht in so kurzer Zeit gebildet haben. Es war schon vor dem Füllen vorhanden; durch die Operation wurde ein Reizzustand in der Pulpa geschaffen. Dazu trat nach einigen Tagen die physikalische Wirkung der Metallfüllung, welche die Entzündung der ganzen Pulpa herbeiführte.

Wäre in diesem Falle die Höhle des Zahnes mit einem schlechten Wärmeleiter ausgekleidet worden, so hätte die physikalische Wirkung der Füllung die gereizte Pulpa nicht treffen können, und die Entzündung wäre vielleicht nicht eingetreten.

Bis jetzt sahen wir bloss Entzündung in mit Dentikeln versehenen Pulpen nach verschiedenen Anlässen auftreten. Gangrän des nicht dentificirten Pulpagewebes sah ich in einem Falle, den ich hier noch erwähnen will.

Derselbe betraf einen 18jährigen Mann, dem vor 3 Jahren ein Zahn von einem Zahntechniker mit Amalgam gefüllt worden war; als die Füllung sich löste, wurde sie von demselben Künstler durch eine zweite ersetzt. Bald darauf stellte sich in dem gefüllten Zahne ein höchst unangenehmes Gefühl beim Genuss heisser und kalter Getränke ein, was der Patient aber geduldig ertrug, bis die Irritation in eine äusserst schmerzhafte Pulpitis überging, die ihn nöthigte, meine Hülfe zu suchen. Da der Zahn kleine Antagonisten hatte, vollzog ich die Extraction.

Beim Sprengen des Zahnes fand ich unter der Füllung eine erweichte cariöse Dentindecke vor, die der Techniker vielleicht in der Absicht hatte sitzen lassen, die irritirte Pulpa damit zu schützen. In der Nähe der cariösen Stelle war die Pulpa zu einer schmierigen, stinkenden Masse zerfallen, und bei der Herausnahme der Pulpa aus ihrer Höhle fand ich, dass die Pulpakrone und auch die Wurzel mit Dentinkörpern durchsetzt waren. (cfr. Tafel XII.)

Tafel XII. Man sieht bei **a** in dem eitrig zerfallenen und in Auflösung begriffenen Pulpagewebe zwei kleine Dentinkörperchen **b** und ein aus dem Präparat halb heraus gefallenes Dentikel **c**. Rechts oben liegt ein grosser, aus vielen kleinen Kugeln zusammengesetzter, warzenförmiger Dentinkörper **d**, welcher aus der Einbuchtung **e** hier herausgenommen und nach rechts verlegt wurde. Unter diesem Dentinkörper, welcher die Pulpahöhle beinahe ausfüllte, liegen in der hochgradig entzündeten, theilweise bei **o** schon brandig gewordenen Pulpa eine grosse Anzahl ovaler Dentinoide **f**, welche schuppenförmig übereinander liegend, bei **g** von dem verkreideten Pulpagewebe aufgenommen werden. In und zwischen den grossen Kreideinseln **g¹**, welche bei auffallendem Lichte gezeichnet sind und deshalb weiss erscheinen, sieht man mehrere noch mit

Taf. XII

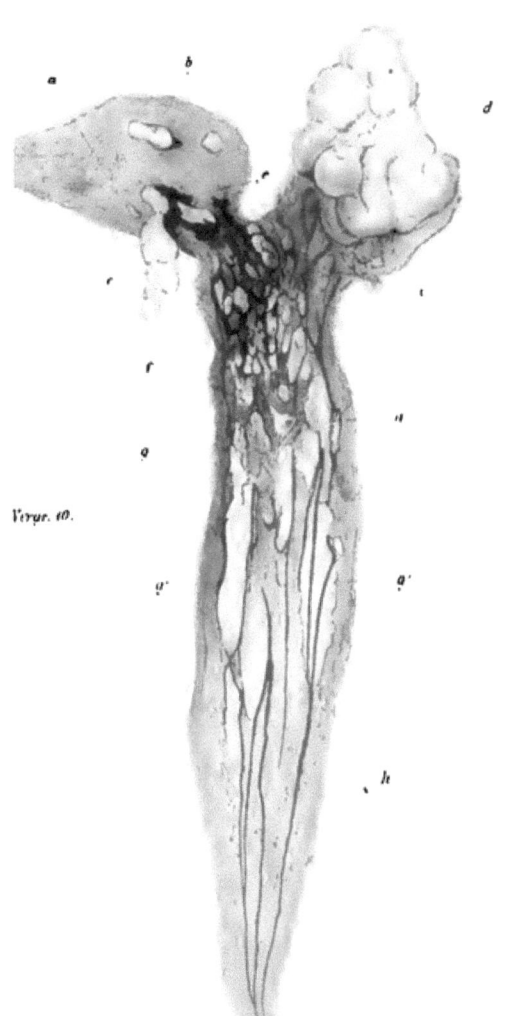

Virgr. 10.

Blut angefüllte Gefässe, welche bei **h** zwischen den zahlreichen kleinen Dentinoidspindelchen auslaufen. Endlich haben wir noch auf die knotenförmigen Endigungen der Gefässe bei **i** in dem entzündeten Gewebe unter dem grossen Dentikel aufmerksam zu machen.

Der muthmassliche Verlauf des Krankheitsprocesses ist der, dass in Folge der thermischen, durch die erste Füllung der Pulpa übermittelten Reize die Dentinneubildung eingeleitet wurde. Die fortschreitende Caries und die physikalischen Insulte nach dem Einlegen der zweiten Füllung veranlassten die Pulpaentzündung, die mit Zerfall der nicht dentificirten Pulpatheile ihren Abschluss fand.

Kehren wir nun zu unseren allgemeinen Betrachtungen zurück, und sehen zunächst, welche Veränderungen in dem Pulpagewebe durch die Gegenwart freier Dentikel herbeigeführt werden.

Die Dentikelbildung ist ein pathologischer Process, die Dentikel selbst betrachten wir als fremde Körper in der Pulpa, die als solche ohne Zweifel einen gewissen Reizzustand in dem zunächst liegenden Gewebstheile herbeiführen, der, solange keine Ernährungsstörungen durch das Dentikel selbst in die Pulpa gesetzt werden, zur immer weiteren Dentification des Gewebes führt, ein Vorgang, durch den also das Dentikel beständig vergrössert wird. So wächst das freie Dentikel Schicht um Schicht, bis durch Verschmelzung naheliegender Dentinkugeln multiple Dentikel entstehen, welche zuletzt mit den Wandungen der Pulpahöhle vollständig verwachsen können.

Es hat jedoch den Anschein, als ob diese totale Verschmelzung ursprünglich freier Dentinneubildungen selten vorkäme, denn gewöhnlich findet man die Dentikel entweder frei in der Pulpahöhle, oder doch nur an einer Seite mit derselben verwachsen und den übrigen Raum von atrophischem Pulpagewebe ausgefüllt.

In einzelnen Fällen beobachtet man, dass das Gewebe, welches freie Dentinkugeln einschliesst, von Kalksalzen durchsetzt ist (cfr. Tafel XIII, Fig. 2 g), so dass man hier gewissermassen von einer Einkapselung der Dentikel sprechen könnte.

Da, wo diese Einkapselung fehlt, wird man jedoch immer finden, dass die Umhüllung des Dentikels beim Zerreissen mit der Zupfnadel eine grössere Zähigkeit als der übrige Theil des Pulpagewebes besitzt.

Solange die Dentikel noch klein sind, lassen sich in ihrer Umgebung keine weiteren Gewebsveränderungen nachweisen, sie liegen, wie wir in der untenstehenden Abbildung (Fig. 42) sehen, zwischen den Nerven und Gefässen, von Spindelzellen kranzförmig umgeben, im Parenchym der Pulpa. Nur das Gefäss, welches von dem grösseren Dentinkörper bedeckt wird, zeigt eine deutliche Volumen-Zunahme.

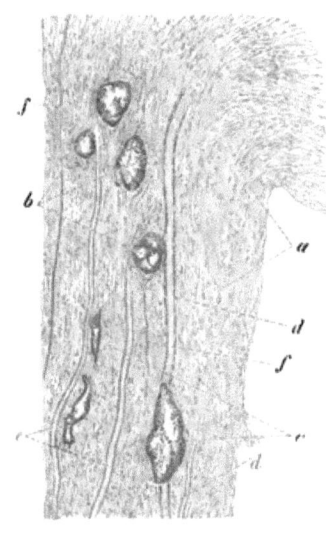

Fig. 42.

Fig. 42. Pulpapartie mit Dentikelgruppen aus einem oberen Eckzahne bei 350facher Vergrösserung. a Pulpagewebe mit seinen zahlreichen Rund- und Spindelzellen. Oben links, zwischen den Gefässen d e und Nerven f, vier kleine Dentikel b, welche von Spindelzellenzügen umgeben sind. In der Mitte der Zeichnung liegt ein starker Gefässstrang $d\,d$, an einer Stelle von einem grösseren Dentinkörper c bedeckt.

Zwischen den wellenförmig verlaufenden Gefässen e und dem erweiterten Gefässe d befindet sich ein Nervenstämmchen f, dessen oberes Ende scheinbar durch das Dentikel nach links verschoben worden ist.

In dem vorstehenden Präparate findet sich also ausser dem erweiterten Gefässe d keine Abweichung vom normalen Zustande des Gewebes; aus der Besichtigung meiner Präparate will es mir überhaupt scheinen, als ob diese Gefässerweiterung, wie wir sie hier bei d sehen, die erste Störung ist, welche durch den Druck des wachsenden Dentikels veranlasst wird, sie ist jedoch nicht derart, dass der Patient irgend welche Schmerzempfindung dadurch hätte. Erst wenn beim weiteren Wachsthum der Dentikel eine Verschiebung der Gefässe und Nerven stattfindet, werden sich auch in sonst gesunden Zähnen ab und zu vorübergehende ziehende Schmerzen einstellen.

Auf jeden Fall ergiebt sich aus der Betrachtung der Abbildungen, dass die Gefässe und Nerven zwischen mehreren Dentikeln beim weiteren Wachsthum derselben in eine bedenkliche Situation gerathen müssen.

Zur Erklärung einer Odontologie bei vorhandenen freien Dentinneubildungen in den Pulpen sonst gesunder Zähne brauchen wir nur auf das stetige Wachsthum der Dentikel mit der dadurch bedingten Verschiebung, Zerrung und Compression der Nerven und Gefässe hinzuweisen. Die letztere findet entweder dadurch statt, dass zwei entgegenwachsende Dentikel ein Nervenstämmchen zwischen sich fassen, oder dass ein Nervenstamm durch ein grösseres Dentikel gegen die Wand der Pulpahöhle gedrückt wird. Passirt dies Unglück dagegen einem Gefässe, so kommt es unterhalb und oberhalb der Druckstelle zu Erweiterungen desselben.

Die Folge dieser Circulationsstörungen durch grosse Dentikel, wie wir sie auf Tafel XI, Fig. 1, und Tafel XII finden, muss stets ein veränderter Stoffwechsel in dem Theile der Pulpakrone sein, der von den gedrückten Gefässen versorgt wird, und so finden wir denn auch in der Regel, wie schon erwähnt, die Reste der Pulpakronen atrophisch und von bedeutend erweiterten Gefässen, welche an verschiedenen Stellen Blutsäulen (Colloidmassen?) führen, durchzogen, während in den Pulpawurzeln die Circulation durch Anastomosen und durch erweiterte kleine Gefässe unterhalten wird.

In den Wurzelpulpen, welche von grösseren Dentikeln bedeckt sind, finden sich ferner fast ausnahmslos kettenförmig aneinander gereihte Dentinoidplatten, die gewöhnlich von verkreidetem Bindegewebe eingeschlossen sind. Dass in diesem Falle auch die Gefässe und Nerven zuletzt tief in die Kreide gerathen müssen, brauchen wir kaum zu erwähnen, wir wollen jedoch noch daran erinnern, dass diese Verkreidung der Gefässe und Nerven nicht mit der Dentification derselben, wie wir sie auf Tafel X, Fig. 3, sehen, verwechselt werden darf.

Das ist der gewöhnliche Vorgang, wie er sich in solchen Pulpen abspielt, in deren Kronen grössere Dentikel liegen und den wir in der Pulpa auf Tafel XII in allen seinen Einzelheiten finden.

Aehnlich sind die Gewebsveränderungen, wenn sich die Dentikel, wie wir es öfter an unseren Zeichnungen sahen, nicht mitten in der Krone, sondern im Hals der Pulpa, am Eingange eines Wurzelcanales entwickeln. In solchen Fällen werden die Circulationsstörungen viel früher eintreten, deren Folge auch hier Atrophie oder Verkreidung der Pulpakrone sein wird, und wir werden dann im Wesentlichen, wenn keine Entzündung der Pulpa eintritt, die Zustände finden, wie wir sie auf **Tafel XIII**, Fig. 1, sehen.

In dieser Pulpa, die einem nicht cariösen unteren Mahlzahne entnommen ist, bemerken wir zunächst, dass die ganze Pulpakrone von Kalkkörnern **a** durchsetzt ist. In den atrophischen Zipfeln der Pulpa **b** zeigen sich bis zur Peripherie auslaufende, feine mit Blut überfüllte Gefässchen. In dem Halstheile der Pulpa liegt ein grösserer Dentinkörper **c**, umgeben von erweiterten, seitwärts geschobenen Gefässstämmen **d**, welche in die verkreideten Partieen auslaufen. Die Anastomosen der auch mit Blut überfüllten Gefässe der Wurzel treten hier recht deutlich hervor*). Links bei **e** ein kleines nach der Wurzelspitze zurücklaufendes Aestchen, in der Mitte zwischen den Gefässstämmen eine zusammenhängende Reihe von Dentinkörpern **f** und eine Gruppe zusammenhängender Dentinoide **g**.

Bis jetzt haben wir hauptsächlich die Veränderungen besprochen, welche in Pulpen sonst gesunder Zähne durch die Gegenwart der Dentikel, ganz unabhängig von äusseren Insulten, herbeigeführt werden. Ganz anders liegen die Verhältnisse, wenn eine Dentikel einschliessende Pulpa noch von äusseren Reizen getroffen wird.

Aus unseren Krankengeschichten wissen wir bereits, dass die Pulpen, in denen sich grössere Dentinneubildungen vorfinden, stets

---

* Es ist dies eins von denjenigen Pulpapräparaten, in denen man schon mit unbewaffnetem Auge die Wurzelgefässe als blutrothe Fädchen deutlich sehen kann.

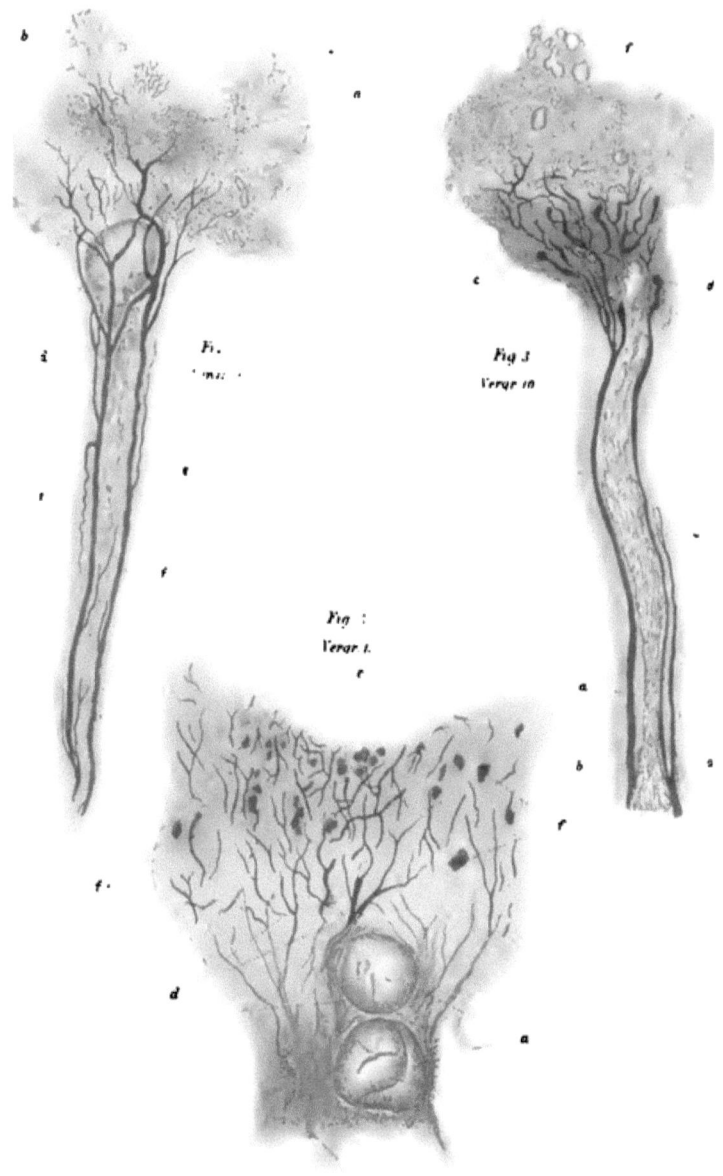

in hohem Grade irritabel sind. Die ziehenden Schmerzen, die von dem Patienten als Summen und Brummen beschrieben werden, resultiren entweder aus dem leichten Drucke, den wachsende Dentikel auf die Pulpanerven ausüben, oder sie sind die Folgen vorübergehender geringer Hyperaemien. Eigentlich entzündliche Vorgänge sind noch nicht vorhanden. Entsteht aber z. B. in Folge einer Erkältung oder eines stärkeren Reizes, der das irritable Organ trifft, eine plötzliche Fluxion des Blutes nach demselben, oder wird die Pulpa durch tief eingreifende Aetzmittel, wie z. B. durch Chlorzink, indirect durch das deckende Zahnbein hindurch getroffen, oder wird der Zahn beim Ausbohren erhitzt*), oder durch das Einhämmern einer Goldfüllung stark erschüttert**), wird schliesslich die Pulpa durch thermische Reize einer Metallfüllung oder durch wiederbeginnende Caries andauernd getroffen, so werden von den geschwellten Gefässen wahrscheinlich die Nerven so gegen die Dentikel gedrückt, dass mit der eintretenden Gewebsinfiltration und Exsudation die heftigsten Schmerzen entstehen: die Pulpaentzündung, die hier gewöhnlich zur Gangrän des Kronentheiles führt, ist fertig. (Vergl. die Berichte zu den Figuren der Tafeln XI, XII und XIII.

Im Vorstehenden haben wir versucht, eine mechanische Erklärung für die Entstehung der Odontalgie und Pulpaentzündung in solchen Zähnen zu geben, in denen sich Dentikel vorfinden. Dass Dentinneubildungen solche Folgen haben können, ist schon seit längerer Zeit den Practikern bekannt; mir war es vor Allem darum zu thun, einerseits die Wechselwirkung zwischen Gefässen und Nerven im Irritationsstadium, andererseits die consecutiven Veränderungen des Pulpagewebes, welche als Folge der Dentineinlagerungen zu betrachten sind, für die Zukunft klar darzulegen.

* Die starke Erhitzung des Zahnes bei dem Ausbohren mit der Bohrmaschine muss stets einen nachtheiligen Einfluss auf die Pulpa ausüben. Wenn man bedenkt, dass der Zahn beim unvernünftigen Gebrauch der Bohrmaschine oft so heiss wird, dass sich der Patient quasi seine Zunge daran verbrennen kann und dass diese Wärme mehr oder weniger auch stets auf die Pulpa ausstrahlen wird, so ist es ganz erklärlich, dass hierdurch namentlich bedenkliche Störungen in der Blutcirculation herbeigeführt werden müssen. Eine Anhäufung von Blutgrinsel in den feinsten Gefässen wird stets die Folge sein.

** Vergl. den Bericht auf Seite 32, 3. Fall.

Für die Diagnose der Dentikelbildung hat die Praxis bis jetzt noch wenig bestimmte Anhaltspunkte gegeben, und wenn wir aus unseren Krankenberichten und aus dem, was wir bisher hierauf Bezügliches in der Literatur gefunden haben, gewisse Schlüsse ziehen dürfen, so können wir Dentinneubildungen in schmerzenden Pulpen vermuthen.

Erstens wenn sich in Zähnen mit trockener, oberflächlicher Caries bei nicht eröffneter Pulpahöhle nach und nach zunehmende Schmerzen entwickeln, die nur zuweilen exacerbiren, ohne dass es jedoch schliesslich zur entzündlichen Gangrän, dem gewöhnlichen Ausgange der Pulpitis, kommt (cfr. den Bericht auf Seite 127).

Zweitens dürfen wir fast mit Sicherheit das Vorhandensein von Dentikeln diagnosticiren, wenn ein Zahn mit Metallfüllung ohne Unterlage eines schlechten Wärmeleiters zuerst längere Zeit gegen Wärme und Kälte empfindlich gewesen ist, und sich erst nach Monaten in dem gefüllten Zahne allmälig drückende und bohrende Schmerzen einstellen, die bei sonst gut schliessender Füllung auch hier gewöhnlich nicht zur Pulpitis führen*).

Drittens kann auch die Reizung der Pulpa bei empfindlichen blossliegenden Zahnhälsen die Ursache zur Neubildung abgeben, und es scheint fast, als ob gerade die Irritation der Pulpa von dieser Stelle aus gewöhnlich Dentinneubildung in der Krone zur Folge hätte.

Unsere grösste Aufmerksamkeit erfordern jedoch die Fälle, wo sich in Pulpen sonst ganz gesunder Zähne Dentikel entwickeln und hier zuweilen zu recht bedenklichen Störungen Veranlassung geben können, die nur zu leicht auf andere Ursachen zurückgeführt werden. Die Diagnose ist hier sehr schwer zu stellen, zumal die Neuralgien der Dentalnerven durch eine mehr centrale Reizung des Nervenstammes in einem der vielen engen Canäle der Gesichts- und Schädelknochen, sowie auch durch Krankheiten entfernter Organe bedingt werden können.

---

*) Ist der Verschluss ein mangelhafter, oder liegen faulige Dentinreste auf der irritirten Pulpa cfr. den Bericht auf Seite 120, so wird natürlich die Totalentzündung der Pulpa unter der Füllung schnell eintreten.

Ich werde seit acht Jahren ab und zu von einer Patientin consultirt, die zuweilen wochenlang von den furchtbarsten Gesichts- und Zahnschmerzen geplagt wird, die nach Ansicht des Hausarztes mit Menstruations-Anomalien, möglichenfalls auch mit Narbenbildungen im Uterus zusammenhängen können. Hier habe ich weder mit der Extraction der kranken, noch mit der Trempanation der gesunden Zähne irgend welchen Nutzen schaffen können. Ja, es hatte den Anschein, als ob das Leiden durch jede Extraction gesteigert würde, denn gewöhnlich traten mit der Vernarbung der Alveole neue heftige Schmerzen ein. Dentinneubildung habe ich in den extrahirten Zähnen nicht gefunden, und da auch eine vor Kurzem bei dieser Patientin ausgeführte Resection des Infraorbital-Nerven das Leiden nicht zu heben vermochte, glaube ich umsomehr, dass diese Neuralgie nicht im Bereiche der peripherischen Verzweigung des Trigeminus liegt.

In einem Falle gelang es mir, eine drei Jahre alte, durch Dentikel veranlasste Neuralgie der rechten Gesichtshälfte durch Anbohrung des fast gesunden Zahnes, Cauterisation und particlle Extraction der Pulpa zu heilen.

Fräulein L. aus H., von zarter Constitution, litt vor circa 5 Jahren an einer heftigen Neuralgie der rechten Gesichtshälfte, die weder durch Badekuren, noch durch die zahlreich in Anwendung gebrachten Nervina geheilt werden konnte. Dem behandelnden Arzte schien anfangs die Zahnreihe mit der Neuralgie nicht im Zusammenhange zu stehen, als jedoch die Patientin plötzlich in einem oberen Mahlzahne beim Genuss kalter oder heisser Speisen Zunahme ihrer Gesichtsschmerzen verspürte, schickte mir der Arzt die Patientin sofort zur Untersuchung zu. Ich fand die Zahnreihe bis auf den rechtsseitigen oberen Mahlzahn, der an seiner mesialen Fläche einen oberflächlichen Defect hatte, gesund. Da der Zahn gegen den kalten Wasserstrahl der Spritze sehr empfindlich war, so bohrte ich die cariöse Höhle des nahezu gesunden Zahnes bis zur Pulpa auf und cauterisirte dieselbe mit Arsenik. Am anderen Tage kam die Patientin mit rasenden Schmerzen zu mir zurück, und bei der nachfolgenden Erweiterung der Pulpahöhle fand ich in der cauterisirten Pulpakrone das auf Tafel IX, Fig. 1, abgebildete Dentikel, welches die Höhle nahezu ausfüllte, vor, und unter demselben einen entzündeten

Pulpastumpf, nach dessen Extraction die Schmerzen sofort nachliessen. Ich füllte den Canal der Gaumenwurzel, aus dem ich die Pulpa entfernt hatte, mit Phenolcement, und der Zahn blieb schmerzfrei.

Die Neuralgie, die hier ohne Zweifel durch Quetschungen der Pulpanerven entstanden war, ist seitdem nicht wieder aufgetreten.

Wie merkwürdige sympathische Zustände in entfernten Gebieten durch die Reizung eines Pulpanerven in Folge von Dentikelbildung hervorgerufen werden können, lehrt folgendes Beispiel:

Einem jungen Eisenbahn-Techniker, Herrn U., wurde vor einiger Zeit die Pulpa eines linksseitigen oberen Mahlzahnes mit Arsenik cauterisirt. Die Schmerzen liessen nach der Cauterisation der Pulpa zwar nach, verschwanden aber nicht ganz. Einige Monate nach dieser Behandlung wurde der Zahn beim Extractionsversuche in der Höhe der Pulpahöhle gebrochen. Zu gleicher Zeit passirte es dem Herrn beim Ueberschreiten des Eisenbahnkörpers auf das Knie zu fallen, und sobald sich seit jenem Tage Zahnschmerzen einstellten, fühlte der Patient auch regelmässig Schmerzen im Knie. Das Leiden wurde als rheumatisches noch einige Wochen ertragen, als sich jedoch nach einer Erkältung der Zahnschmerz plötzlich steigerte, suchte mich der Patient behufs Extraction des Zahnes auf.

Die Percussion des kräftigen, feststehenden Zahnstumpfes schmerzte nur wenig, dagegen fand ich, dass ein grosses, etwas bewegliches Dentikel die Pulpahöhle ganz ausfüllte. Bei dem Versuche, die Neubildung mit einem Excavator aus der Pulpahöhle herauszunehmen, kam die Dentinnenbildung quer in die Pulpa zu liegen und durch den Druck, welcher dabei auf die unterliegenden Pulpareste ausgeübt wurde, entstand ein heftiger Schmerz, und mit den Worten: „O weh, mein Knie!" springt mein Patient vom Sitze auf, greift nicht nach seiner Backe, sondern nach seinem Knie und hinkt einige Minuten in der Stube umher. Als sich der Schmerz verloren hatte, nahm ich das Dentikel aus der Pulpahöhle heraus, cauterisirte und extrahirte die Pulpareste und Knie- und Zahnschmerz war gehoben.

Durch die Extraction eines nicht cariösen oberen Mahlzahnes beseitigte ich vor kurzer Zeit bei einem plethorischen 50jährigen Herrn aus Oberh..... eine Neuralgie, die ihren Sitz im linken Jochbeine hatte und, wie ich nachträglich constatirte, durch Dentinnenbildungen in der Pulpa herbeigeführt worden war.

Die Schmerzen bestanden seit drei Monaten, der Zahn war vom Zahnfleisch entblösst und nur bei der Untersuchung gegen Temperaturveränderung empfindlich. In der Pulpa lag ein grosses multiples Dentikel, welches von einem dünnen Häutchen Pulpagewebes umgeben war, in dem ich deutlich zwischen zahlreichen kleinen Dentinoiden wohlerhaltene Nervenfasern sah. In der Pulpawurzel lagen zwischen den erweiterten Gefässen zahlreiche Dentinoide.

Ohne Zweifel haben wir in unserer Literatur viele Belege dafür, dass Neuralgien im Gebiete des Trigeminus oft genug auf Dentinneubildungen in der Pulpa zurückgeführt werden können, und wir halten es für dringend geboten, einen jeden anscheinend gesunden Zahn, der wegen Neuralgie extrahirt wird, genau mikroskopisch zu untersuchen. Denn es kann vorkommen, dass sich in der Pulpakrone keine Dentikel befinden, sondern dass die Pulpanerven in den Wurzelspitzen«, wie in der Pulpa auf Tafel I und Fig. 2, Tafel V, durch wachsende Dentikel irritirt werden.

Auch Dentinoidbildungen, wie wir sie Fig. 1, Tafel V in der Pulpawurzel sehen, können die Veranlassung von Neuralgien werden.

Wir wollen damit nicht sagen, dass die Mehrzahl der Neuralgien in gesunden Zähnen durch Dentikelbildung veranlasst werden, jedenfalls aber verdient die Dentikelbildung in den Wurzelspitzen der Pulpen unsere grösste Aufmerksamkeit.

Zur Beseitigung der Neuralgien bei Dentikelbildung stehen dem Zahnarzte zwei Wege offen, entweder den Zahn, in welchem er Dentinneubildung vermuthet, zu extrahiren, oder zur Perforation der Pulpahöhle zu schreiten.

Wir werden die Perforation der Pulpahöhle dann ausführen, wenn in gesunden und kräftig entwickelten Zähnen, oder in solchen, die einen kleinen oberflächlichen Substanzverlust erlitten haben, ferner in solchen Zähnen, die mit Metall, ohne Unterlage eines schlechten Wärmeleiters, gefüllt sind, allmälich sich steigernde Schmerzen einstellen, die zuweilen ganz verschwinden, bei jedesmaligem Wiederkehren aber heftiger auftreten und schliesslich durch

Ausstrahlung auf die benachbarten Zweige der Nerven unerträglich werden.

Zu beachten ist dabei der Verlauf des Leidens. Unter gewöhnlichen Verhältnissen folgen auf die heftigen Schmerzen in cariösen Zähnen schnell Entzündung und Gangrän der Pulpa. Wird dagegen der Schmerz bei nicht perforirender Caries durch Dentinneubildungen (also einerseits durch Druck auf die Nervenstämme, andererseits durch die dadurch gesetzte Hyperästhesie des Pulpagewebes) bedingt, so fehlen die characteristischen Erscheinungen der Entzündung gewöhnlich ganz. Der Schmerz kann mit grossen Intervallen Monate, ja Jahre lang bestehen, ohne dass die Pulpa gangränös wird.

Tafel XIII, Fig. 2. Pulpa aus einem oberflächlich cariösen Weisheitszahne, der wegen heftiger Schmerzen einer Frau extrahirt werden musste. Die Schmerzen, die anfangs ganz gelinde in dem Zahne auftraten, steigerten sich während der Schwangerschaft von Monat zu Monat, so dass ich mich zur Extraction des Zahnes, in dem ich Dentikelbildung vermuthete, entschloss. Bei der Section des Zahnes ergab sich, dass in dem Halstheile der Pulpa zwei grosse Dentikel a lagen, rechts und links neben denselben mehrere Gefässstämme b, von denen einige Ausläufer die beiden Dentikel kranzähnlich umgeben. Ueber dem kleineren Dentikel in der Mitte der Pulpakrone bei d finden wir die Gefässe von unregelmässigem Verlaufe beträchtlich erweitert und mit Blut überfüllt. Die Ueberfüllung und Erweiterung der Gefässe zeigt sich in dem Kronentheile c bis in die feinsten Ausläufer derselben, welche hier in dem etwas gerötheten Grundgewebe der Pulpa, in dem auch eine Anzahl scharf umgrenzter Blutextravasate sichtbar sind, ein straffes, mit Blut angefülltes Netz von Gefässen bilden. Infiltration des Gewebes liegt nicht vor; wir haben es also hier nur mit einer hochgradigen Hyperaemie zu thun. Bemerkenswerth sind noch die dunklen Linien e, welche das obere Dentikel umgeben, und die kleinen schwarzen Punkte in der Umgegend des unteren Dentikels: Es ist beginnende Verkreidung des Grundgewebes.

Haben wir es mit eingelagerten freien Neubildungen zu thun, wie wir sie in dem oben erwähnten Präparate oder in Fig. 1,

Tafel XI, oder in Fig. 2, Tafel II, finden, so kann nach erfolgter Cauterisation die Ausbohrung der Pulpahöhle durch Quetschung der unter dem Dentikel liegenden Pulpapartie sehr schmerzhaft sein.

In solchen Fällen untersuche man daher stets die Pulpahöhle mit einem feinen Excavator, gewöhnlich sind die freien Dentikel etwas beweglich, oder wir sind doch wenigstens im Stande, die Ausdehnung des incarcerirten Dentikels festzustellen, um danach unsere Behandlung einzurichten.

Findet sich eine eingeklemmte Dentinkugel in der Pulpa vor, so erweitern wir zunächst mit breiten ovalen Bohrern die Pulpahöhle. Klagt dabei der Patient wiederholt über heftige Schmerzen, so appliciren wir auf die freigelegte Stelle der Pulpa das Phenoltannin, event. eine stärkere Phenol- oder Chlorzinklösung.

Gewöhnlich wird durch dieses Verfahren der Pulparest soweit anästhesirt, dass die Pulpa vollständig freigelegt und mit dem eingelagerten Dentikel am Boden der Höhle ausgeschnitten werden kann.

Zuweilen empfiehlt es sich, eingeklemmte grössere Dentinneubildungen nicht mit dem ovalen Bohrer herauszubohren, sondern die Pulpahöhle mit dem nebenstehenden Cylinderbohrer d e zu erweitern resp. das Dentikel mit demselben zu umschneiden und dann mit gebogenen langschenklichen Excavatoren a b, oder mit den kleinen Pulpaexstirpatoren*) Fig. 44, die Entfernung der Neubildung vorzunehmen. Hierbei führe man den Bohrer jedoch immer mehr an den Pulpahöhlen-

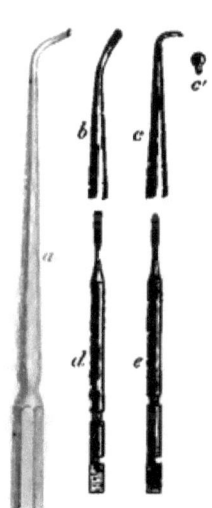

Fig. 43.

---

*) Diese Instrumente, die ich, rechts- und linksseitig gebogen, in drei verschiedenen Grössen führe, eignen sich auch vortrefflich zur Abtragung kleiner, in den Ecken der Höhle zurückgebliebener Pulpareste; ebenso um die Pulpa aus engen, spaltförmigen Höhlen cfr. Fig. 11c, Tafel XVIII, welche eine starke Erweiterung nicht gestattet, direct nach Entfernung der Decke herauszuschneiden. Diese Art der Amputation hat vor der mit dem Bohrer den Vorzug, dass eine reinere und glattere Schnittfläche erzielt wird. Dass auch hierbei das Instrument und die Pulpakrone phenolisirt wird, brauche ich kaum zu erwähnen.

wänden als im Dentikel selbst, und denke immer daran, dass unter der Neubildung ein entzündeter Pulpastumpf liegt, dessen Berührung dem Patienten die heftigsten Schmerzen verursacht. (cfr. den Bericht auf Seite 115.)

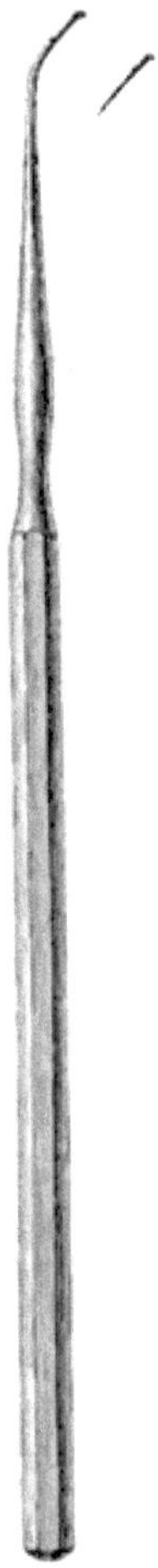

Die weitere Untersuchung des Pulpastumpfes nach der Entfernung der Neubildung wird dann zeigen ob der Eingang zu den Wurzelcanälen freiliegt oder durch Dentikelfragmente noch geschlossen ist. Liegt der Pulpastumpf frei und zeigen sich nach der Aetzung die oben in dem Capitel „Pulpa-Ueberkappung" besprochenen günstigen Symptome, so kann man ohne Sorge für einen üblen Ausgang auch in solchen Zähnen die Pulpawurzel zurücklassen und mit Phenolcement überkappen. Viel ungünstiger ist die Prognose, wenn die Neubildung, wie in Fig. 45, mit der Basis und einem Theile der Seitenwände verschmolzen ist, und der Rest der entzündeten Pulpa unter der Neubildung in den Wurzelcanälen liegt. Gewöhnlich sind auch dann die Eingänge zu den Wurzelcanälen noch durch zapfenförmige Verlängerungen verengt, und die Pulpa liegt als dünnes Häutchen neben denselben.

Nehmen wir z. B. an, der cariöse Defect eines Zahnes, wie in Fig. 45, würde gefüllt, die Pulpa bald nachher schmerzhaft, so würde eine Perforation von der Kaufläche ganz nutzlos sein, ebenso die Anbohrung der Pulpahöhle vom Zahnhalse aus, weil man in beiden Fällen zwar die wandständige Dentinneubildung durchbrechen, die Wurzelcanäle aber selbst nicht freilegen würde. Nur die specielle Eröffnung des Canals der Mesial- und Distalwurzel dicht am Rande der Alveole, oder noch durch dieselbe hindurch, würde uns einen Zugang zu den entzündeten Pulpawurzeln schaffen. Wie schwierig es aber ist, namentlich den spaltförmigen Canal der Mesialwurzel*) mit

Fig. 44.

*cfr. Tafel XVIII, Fig. 20 b, 25 b und 30 b.

dem Bohrer so zu treffen, dass die entzündete Pulpa vom Bohrloche aus cauterisirt werden kann, wird Jeder wissen, der nicht auf gut Glück hin den Bohrer an den Hals eines solchen Zahnes ansetzt. Selbst bei der grössten Vorsicht wird bei dieser Operation, von der man sich überhaupt keinen allzu grossen Erfolg versprechen darf, die Mesialwurzel gewöhnlich schwer getroffen und die Wurzel selbst durchbohrt.

Man hat früher und auch in der Neuzeit zur Beseitigung der Neuralgien, die durch Dentikel veranlasst werden konnten, die Anbohrung anscheinend gesunder Zähne und die Cauterisation der Zahnpulpa vom Bohrloche aus empfohlen. Da, wo es sich um die

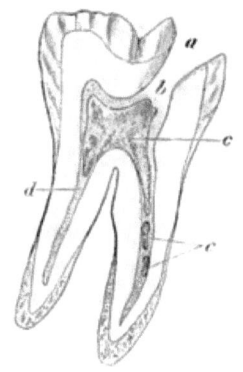

Fig. 15.
a cariöser Defect, *b* eröffnete Pulpahöhle, *c* wandständige Dentinneubildung darunter, ⊁*c* freie Dentikel, *d* Pulpawurzel.

Behandlung eines schmerzhaften Zahnes mit gesunder Krone handelt, mag diese Operation versucht werden. Jedenfalls erinnere ich daran, dass der Erfolg stets ein fraglicher sein muss, weil wir einmal die Lage und Form der Dentinneubildung — ob dieselbe in der Pulpawurzel oder in der Pulpakrone liegt — nicht diagnosticiren können, und zweitens, weil wir die Ausdehnung des Dentikels auch nie bestimmen können. Man bedenke, welche Schwierigkeiten unter Umständen schon die Cauterisation einer Pulpa mit grösseren Dentikeln von einer geräumigen cariösen Höhle aus machen kann, und nun denke man sich, diese Operation von einem Bohrloche aus durchführen zu müssen.

Eine Erweiterung des Bohrcanals in der Grösse der Pulpahöhle ist demnach unbedingt nothwendig, nicht allein um die Arsenpasta zur vollen Wirkung zu bringen, sondern auch um die Pulpa mit der Einlagerung hinterher zu extrahiren und den Canal füllen zu können; denn ohne Wurzelfüllung und Verschluss des Bohrloches hat die Anbohrung und Cauterisation eines solchen Zahnes doch gar keinen Zweck*).

*) cfr. Seite 5.

Gelingt es nicht, den Eingang zum Wurzelcanal frei zu legen und die entzündeten Wurzelstränge der Pulpa zu extrahiren, so ist die Erhaltung des Zahnes fraglich. In den Fällen aber, wo die Schmerzen nicht von einem, sondern von mehreren gesunden Zähnen ausgehen, und wir bestimmt wissen, dass die Neuralgie durch Dentikelbildung hervorgerufen wird, da empfehle ich, mit Tanzer und Schlenker, unbedingt die Extraction der Zähne vorzunehmen.

Die Frage: „**Was wird aus den amputirten und überkappten Pulpawurzeln?**" schliessen wir hier an. Zu einer erschöpfenden Beantwortung derselben fehlt es mir bis heute immer noch an zahlreichen mikroskopischen Präparaten. Es ist mir namentlich bisher noch nicht geglückt, Patienten zu finden, die sich einen nach meinen Angaben behandelten, zum Kauen wieder vollständig brauchbar gewordenen Zahn lediglich im Interesse der Wissenschaft extrahiren lassen wollten. Auch müssen sich diese Beobachtungen, um bestimmte Schlüsse daraus zu ziehen, auf eine ganze Reihe vergleichender mikroskopischer Untersuchungen von gesunden und erkrankten amputirten Pulpawurzeln stützen, und dazu hat mir meine Praxis, obgleich ich die Behandlung nun schon länger als fünf Jahre wöchentlich mehrmals ausführe, nur wenig Material geliefert; gewiss der sicherste Beweis, dass ich mit meiner Behandlung zufriedenstellende Resultate erzielt habe.

Um nun wenigstens einigen Aufschluss über die weiteren Schicksale der überkappten Pulpastümpfe zu gewinnen, habe ich, da wo es mir möglich war, die Cementkappe von verschiedenen amputirten Pulpen einige Wochen später wieder entfernt und dabei folgende Beobachtungen gemacht:

> Einer jungen Dame, Fräulein W., amputirte und überkappte ich die Pulpa eines unteren Mahlzahnes und füllte provisorisch mit Guttapercha. Die definitive Füllung wurde versäumt und nach fünf Monaten trat in den bis dahin schmerzfreien Pulpawurzeln, mit der Auflösung der Füllung durch den Reiz der cariösen Höhle, eine Entzündung ein, welche die Anwendung der Phenolarsenpasta erforderte. Bei der Entfernung der Cementkappe und oberflächlicher Verletzung der Pulpastümpfe

bluteten dieselben, ein Beweis, dass bis dahin die Circulation des Blutes in den Pulpawurzeln fortbestanden hatte.

Eine Anzahl amputirter und überkappter Pulpawurzeln habe ich zum Zwecke mikroskopischer Untersuchungen nach Verlauf von Wochen und Monaten extrahirt und fünf davon auf Tafel XI, Fig. 2, und Tafel XIV abgebildet.

Tafel XIV. Fig. 1. Wurzelstrang einer mit Arsenik behandelten, stark entzündeten Pulpa, den ich 14 Tage nach der Amputation einer 23jährigen Dame, Frl. B., extrahirte. Bei der Amputation der Pulpakrone liess ich absichtlich, des Experimentes wegen, einen Theil derselben auf der Wurzel noch sitzen, um den Vernarbungsprocess an der Schnittfläche möglichst verfolgen zu können. Die Extraction der Pulpawurzeln war empfindlich, und es folgte ihr eine ziemlich starke Blutung.

Die sofort in Glycerin gelegte, vom Extractor zerrissene Pulpawurzel zeigt an der Wurzelspitze ein mit Blut angefülltes Gefäss, welches sich in der Nähe von **a** gabelförmig theilt. In der Mitte des Präparates, da wo sich das eine Gefäss wieder verzweigt, bemerkt man eine deutliche Zunahme des Volumens beider Hauptgefässstränge, in denen sich, in der Nähe von **b** wandständiges Blutgerinsel — beginnende Thrombose — zeigt. Der Theil des Präparates **c** und **d** ist theils von ausgetretenem Blutfarbestoffe, theils durch die Behandlung mit Phenoltannin braunroth gefärbt; das herausragende Gefäss **c** ist von einer stagnirenden Blutsäule gefüllt. Bemerkenswerth ist hier jedenfalls die geringe Ausdehnung der Reactiventzündung an der Grenze des cauterisirten und infiltrirten Gewebes **c** und **d**, die möglicherweise die Abstossung der geätzten Partie zur Folge gehabt hätte.

Soweit das dicke Präparat mikroskopisch untersucht werden konnte, liessen sich ausser der bei **b** sichtbaren Gefässerweiterung keine pathologischen Veränderungen nachweisen; nur an einzelnen Stellen, hauptsächlich in der Nähe der Dentikel **e** erscheint das Präparat bei stärkerer Vergrösserung von kleinen Körperchen durchsetzt, die vielleicht eine beginnende Verkalkung markiren; ob diese im Zusammenhang mit den übrigen Veränderungen steht, ist fraglich.

Tafel XI. Fig. 2. Pulpawurzel aus dem Mahlzahne eines jungen Mannes, die sechs Wochen nach der Amputation der nicht mit Arsenik, sondern mit Phenoltannin canterisirten entzündeten Pulpakrone herausgenommen wurde. Der obere Theil des Präparates, die Schnittfläche a, ist entzündlich infiltrirt, so dass derselbe durch den auf das Deckgläschen ausgeübten Druck nicht so breit gedrückt wurde, wie dies am Wurzelende b durch denselben Druck geschehen ist. Diese Verdichtung des Gewebes an der Schnittfläche ist als die beginnende Vernarbung aufzufassen. Ob die deutlichen Entzündungserscheinungen (an dieser durchaus schmerzfrei gebliebenen Wurzel), die wir bei c und d in der Infiltration und Röthung des Gewebes und bei f in den erweiterten, gewundenen, an einzelnen Stellen thrombosirten Gefässen erkennen, als eine nach sechs Wochen noch bestehende Reaction auf die Amputation anzusehen, oder ob sie auf die in der Krone abgelaufene Entzündung zurückzuführen sind, lässt sich natürlich hier nicht feststellen. Möglich, dass die Gefässerweiterungen vor der Amputation schon da waren, und dass die leichte Entzündung an der Schnittfläche durch den Reiz der Kappe unterhalten wurde. g eine Gruppe von jungen Dentinoiden, die höchst wahrscheinlich erst nach der Amputation entstanden ist. Die zahlreichen, kurz verlaufenden Gefässe e e sind anscheinend neugebildete oder erweiterte kleine Gefässe, welche den durch die Verstopfung der Hauptstämme gestörten Kreislauf wieder herstellen mussten. (Vergl. auf Tafel XI, Fig. 1, bei f' die beginnende Bildung eines Collateralkreislaufs.)

Das Präparat zu Fig. 2, Tafel XIV, stammt aus einem Mahlzahne, dessen Pulpa ich vor Jahren amputirte. Der Zahn wurde zur Zeit provisorisch gefüllt und, da die Patientin verhindert war mich wieder zu besuchen, blieb die Guttaperchafüllung 2½ Jahre liegen. Als ich der betreffenden Dame später mehrere Zähne zu füllen hatte, entfernte ich die provisorische Füllung und extrahirte den Pulpastumpf aus der Gaumenwurzel, um mich von dem Zustande der überkappten Pulpawurzel zu überzeugen. Der Einstich des Extractors wurde von der Patientin deutlich gefühlt, nach der Extraction folgte aus den zerrissenen Alveolargefässen eine reichliche Blutung. Das leider bei der Extraction zerrissene Präparat zeigt eine im

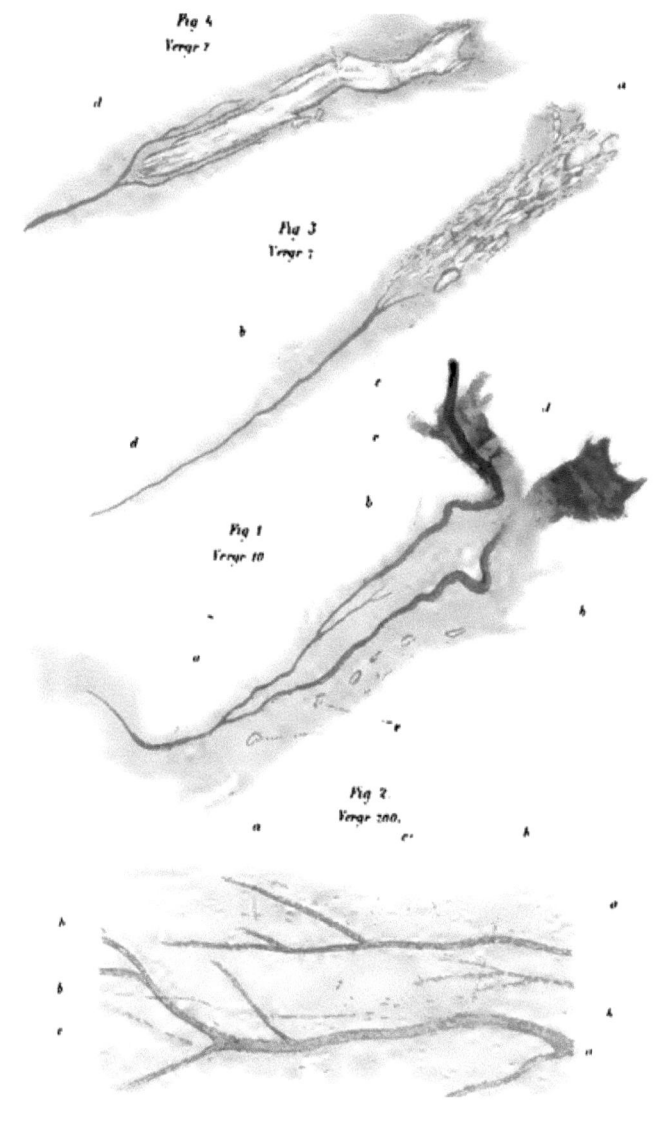

Ganzen völlig normale Pulpa. Ausser einem allerdings in grösseren Zügen mit stark vermehrten Spindelzellen ausgestatteten Bindegewebe finden sich sowol die mittleren, als auch — soweit man dies beurtheilen kann — die Randpartien genau so, wie in gesunden Pulpen. Die Gefässe **a a** und Nerven **b b** zeigen durchaus nichts Abnormes. Wie erwähnt, ist das Bindegewebe, besonders im Verlauf der letzteren, etwas dichter, in Strähnen verlaufend und mit reichlichen Spindelzellen **c c** versehen, die an einigen Stellen auch quer zwischen zwei Gefässästen hinziehen, ohne dass dieselben als Begleiter von Nerven oder Gefässen fungirten. Daraus lässt sich jedoch eine Atrophie (Bindegewebs-Metamorphose) von früher dagewesenen Gefässen (vergl. Fig. 2, Tafel XV) nicht deduciren. Im Ganzen erscheint die amputirte Pulpawurzel sehr gefässarm.

Tafel XIV. Fig. 3. Amputirte Pulpa aus einem oberen Mahlzahne, sechs Wochen nach der Ueberkappung extrahirt. Dieselbe zeigt an der amputirten Fläche **a** eine zusammenhängende Kette von Dentinoiden, welche an dieser Stelle nur von einem dünnen, in Verkreidung begriffenen Häutchen Pulpagewebes umgeben ist, während der untere Theil bis auf das bei **c** vielleicht etwas erweiterte Gefäss ganz normal erscheint; zwischen **b** und **d** ist ein Theil vom Nervextractor abgerissen worden.

Tafel XIV. Fig. 4 bringt ein ganz ähnliches Bild einer amputirten, auch erst nach Monaten extrahirten Pulpawurzel, von der leider die vernarbte Stelle beim Ablösen vom Extractor hängen blieb. Die Mitte des Präparates ist von einem länglichen Dentinoidcylinder **a** eingenommen, der in der Knickung bei **b** von stark verkreidetem Gewebe eingehüllt wird. Bei stärkerer Vergrösserung lassen sich in diesem Präparate an einzelnen Stellen der Peripherie die Odontoblasten und Wucherung der Spindelzellen, namentlich nach der Wurzelspitze zu, erkennen. **c** ein normales Gefäss, das sich bei **d** spaltet und neben der Neubildung im Gewebe verläuft.

In den beiden letzten Präparaten waren die Dentinoidbildungen sicher schon vor der Amputation, wenn auch nicht in dieser Ausdehnung vorhanden.

Wie wir wissen, kommt es hauptsächlich in solchen Pulpawurzeln zur Dentinoidbildung, deren Kronen entweder durch leichte

Entzündungsprocesse getroffen worden sind, oder da, wo grössere Dentinneubildungen einen dauernden Reiz auf das Pulpagewebe ausgeübt haben.

Thatsächlich findet man daher auch wenig Wurzeln partiell entzündeter Pulpen, in denen sich keine Dentinoide und in der Nähe derselben Wucherungen der Spindelzellen nachweisen liessen. Solange aber die Pulpawurzel noch ernährt wird, kann auch die Dentinoidbildung weiter fortschreiten. Gewöhnlich wird aber mit der Amputation der Pulpakrone in der Wurzel bald eine mangelhafte Ernährung eintreten, und um die bereits vorhandenen Dentinoide bildet sich dann eine Kreideumhüllung, in welcher nach und nach das Gewebe aufgehen muss.

Aus diesen Präparaten und sonstigen Beobachtungen, die ich gelegentlich in der Praxis gemacht habe, können wir mit Bestimmtheit nur auf das Eine schliessen, dass die Pulpawurzeln durch die Amputation nicht nothwendig lebensunfähig gemacht werden, und dass sie an der Schnittfläche vollständig vernarben können.

In welcher Weise diese Vernarbung erfolgt, namentlich welche Veränderungen die durchschnittenen Hauptgefässe dabei durchmachen, liess sich aus den wenigen Präparaten, die mir zu Gebote standen, noch nicht bestimmt ermitteln. Jedenfalls erfolgt nach der Ueberdeckung der Pulpastümpfe Thrombose der durchschnittenen Gefässe von der Schnittfläche aus. Das Blut strömt aber durch die Wurzelstämme nach wie vor in gleicher Menge und unter gleichem Drucke ein und bewirkt dadurch eine Ausdehnung der Gefässverbindungen und Capillaren. Es spricht nun gar nichts gegen die Annahme, dass es unter diesen Verhältnissen, bei streng durchgeführter antiseptischer Behandlung, vielleicht unter Verödung der grösseren Gefässe in der Nähe der Schnittfläche und unter Neubildung von Capillaren zur Bildung einer Narbe, einer aus Bindegeweben bestehenden Kappe, kommen kann.

Wenn in anderen Fällen die Thrombose der grösseren Gefässe von der Schnittfläche aus bis zur Wurzelspitze hin fortschreitet, so wird dadurch eine Ernährungsstörung in der Pulpa herbeigeführt, und es kommt zur Atrophie und Schrumpfung, wenn alle Gefässe davon ergriffen werden; dagegen wahrscheinlich zur Verkreidung der Pulpawurzeln, wenn, wie in Fig. 2, Tafel XVI, eins der grösseren Gefässe von der Thrombose verschont bleibt und wenigstens eine theilweise Ernährung der Pulpa übernimmt.

Sitzen noch Theile an der Schnittfläche, welche durch die Operation lebensunfähig gemacht sind, so werden sie wahrscheinlich durch eine demarkirende Entzündung (vergl. Tafel XI, Fig. 2, und Tafel XIV, Fig. 1) abgestossen, und können bei dem völligen Abschluss von Luft und Fäulnisserregern als unschädliche mumificirte Theile zurückbleiben, sodass auch hier eine regelrechte Vernarbung zu Stande kommen kann*).

Uebrigens liegen ganz ähnlich auch die Verhältnisse nach der Ueberkappung solcher Pulpen, die vom Bohrer oder Excavator leicht verletzt sind. Auch hier werden sich in der zerrissenen Pulpawunde stets kleine Partikelchen Zahnbein finden, und da wir in diesen Fällen ebenfalls stets direct überkappen, hoffen wir, dass unter unserer antiseptischen Kappe ein günstiger Vernarbungsprocess der Wunde erfolgt. Ich sage hoffen, denn bis jetzt sucht man in der ganzen zahnärztlichen Literatur noch vergebens nach genauen Berichten über wirkliche Verheilung exponirter verwundeter Pulpen. Es existirt bis jetzt noch keine mikroskopische Zeichnung, welche uns über diesen wichtigen Vorgang auch nur einigen Aufschluss brächte. Das ist noch ein völlig dunkler Punkt in der Zahnheilkunde.

Meine in der Praxis gemachten Beobachtungen haben mich jedoch überzeugt, dass wir mit der Ueberkappung frisch exponirter Pulpen, wie sie auf Seite 26 beschrieben, doch immerhin Zustände schaffen, die den Schluss gestatten, dass unsere überkappten Pulpen trotz des auf ihr sitzenden Wundschorfes vernarbt sein müssen, denn in verschiedenen Fällen konnte ich mich bei der absichtlichen Ent-

* Als Anmerkung will ich hier noch die Frage beantworten, ob es nicht zweckmässiger wäre, die Vernarbung amputirter Pulpen unter schwachen Phenolverbänden abzuwarten und dann erst zu überkappen. Diese Frage hat, vom theoretischen Standpunkte aus betrachtet, ihre Berechtigung, meine practischen Erfahrungen sprechen jedoch dagegen, denn alle amputirten Pulpen, welche ich auf diese Weise zur Vernarbung und zur Abstossung der vom Bohrer oder Messer zerrissenen Oberfläche bringen wollte, gingen schliesslich durch Gangrän oder Schrumpfung zu Grunde, weil es eben unmöglich ist, die wunden Pulpen gegen den Zutritt von Fäulnissbacterien zu schützen.

fernung der Kappe (an der gewöhnlich ein schorfähnliches Häutchen zurückblieb) überzeugen, dass unter dem abgerissenen mumificirten Schorf ein gesundes, leicht blutendes (Binde-) Gewebe lag.

Ganz ähnliche Verhältnisse schaffen wir mit der Ueberkappung amputirter Pulpen. Die Wunde eines solchen Pulpastumpfes ist in der Regel nicht grösser als die einer exponirten, gewöhnlich auch irritirten Pulpa. Jedenfalls können unsere amputirten Pulpen unter der antiseptischen Kappe gewiss leichter und günstiger vernarben, als eine nach der alten Methode einfach mit Creosotwatte und Chlorzinkcement überdeckte Wunde einer Pulpakrone, ein Verfahren, durch das ja stets ein verhältnissmässig grosser Theil der Pulpakrone direct zerstört wird.

Nach den hier mitgetheilten Beobachtungen könnte es fast den Anschein haben, als ob **Misserfolge nach der Amputation** cauterisirter Pulpen niemals vorkämen.

Für Diejenigen jedoch, welche in Zukunft die Amputation der Pulpakrone ausüben wollen, mögen die nachstehenden Krankengeschichten den Beweis bringen, dass trotz der grössten Sorgfalt eine, wenn auch nur geringe Anzahl von Misserfolgen unvermeidlich ist.

Es sei mir hier gestattet, zwischen den Misserfolgen einen Unterschied zu machen und diejenigen, wo nach der Operation der Patient nur eine Zeit lang Schmerzen oder Unbequemlichkeiten zu ertragen hatte und der Zahn wieder gesund wurde, von denen zu unterscheiden, wo nachträglich noch die Extraction des gefüllten Zahnes nöthig wurde.

Zuerst muss ich darauf aufmerksam machen, dass wir in solchen Zähnen oft nach Wochen noch Empfindlichkeit gegen plötzliche Temperaturveränderungen beobachten konnten. Die Erscheinungen waren fast dieselben wie in Zähnen, deren Pulpen überkappt, oder welche grosse Metallfüllung mit gesunder Pulpa trugen. Nicht immer trat die Empfindlichkeit beim Genuss heisser oder kalter Speisen direct nach der Operation ein, manchmal zeigten sich diese Erscheinungen erst nach Wochen oder Monaten.

Bei einer 20jährigen Dame wurden die Pulpen der beiden unteren rechtsseitigen Mahlzähne amputirt; 14 Monate nach der Operation klagte Patientin beim Genuss heisser Speisen über Ziehen in dem zweiten Mahlzahne. In Folge dessen kam die Dame wieder zu mir, um mir den Zahn, an dem sich ein kleines Geschwürchen (eine Zahnfleischfistel) gebildet hatte, zu zeigen.

Es ist dies der einzige Fall von Abscessbildung an einem Zahne mit amputirter Pulpa, den ich bis heute beobachtet habe, und der meine Annahme sicher rechtfertigt, dass das Gefässleben in amputirten Pulpen noch lange Zeit fortbestehen kann. Denn man bedenke, dass die Pulpaentzündung und die Zahnfleischfistel erst 14 Monate nach der Operation eintrat.

In einzelnen Fällen beobachtete ich ferner, dass solche Zähne nach Verlauf von Monaten plötzlich wieder schmerzhaft wurden, mit Symptomen, die auf Pulpitis schliessen liessen. Es betraf dies vorzugsweise Frauen und junge Mädchen, aus deren Aussagen hervorging, dass sie an Menstruationsanomalien zu leiden hatten. Zur Hebung dieser Entzündungserscheinungen genügte in den meisten Fällen ab und zu eine Einpinselung von Jodtinctur auf das Zahnfleisch, event. die Verabfolgung kleiner Dosen Chinin. valerianic. mit Morphium. Auch das Ferrum carbon. mit Chinin wurde auf unsern Vorschlag von den Hausärzten, denen wir dann in der Regel solche Patienten überweisen, mit Erfolg gegeben.

Der nachfolgende Bericht hat ein besonderes Interesse und muss deshalb hier etwas ausführlich erwähnt werden.

Vor sechs Jahren consultirte mich Fräulein G wegen ihrer arg defect gewordenen Mahlzähne. Bei der Untersuchung zeigte sich, dass die zweiten Mahlzähne rechts und links im Unterkiefer tief cariös waren und entzündete Pulpen hatten. Bei dem Ausschneiden des ersten Molars der linken Seite fand ich unter der erweichten Dentindecke ebenfalls eine erkrankte Pulpa, ebenso war der erste Molar in der oberen Zahnreihe links erkrankt, so dass ich in diesem Falle vor der Wahl stand, entweder der Dame vier Mahlzähne zu extrahiren oder die Schmerzen durch Cauterisation der Pulpa zu heben und die Zähne zu füllen. Ich entschloss mich zu dem letzteren und cauterisirte nach und nach sämmtliche erkrankte Pulpen mit Arsenik, worauf ich die amputirten Pulpen in der schon oft erwähnten Weise überkappte. Der Erfolg war ein durchaus befriedigender.

Nach drei Jahren war der inzwischen zum Durchbruch gekommene dritte Molar der rechten Seite ebenfalls derart cariös, dass eine Heilung der Pulpitis nicht möglich war; auch hier wurde die Pulpakrone ausgeschnitten und der Zahn gefüllt.

Dasselbe Schicksal hatte ein Jahr später der Namensvetter der linken Seite, auch hier war es mir nicht möglich, die Pulpitis nach der auf Seite 40 angegebenen Behandlung zu heilen; die Schmerzen liessen trotz der wiederholten Phenolisirung der Höhle nicht nach, so dass ich mich zuletzt, auf Drängen der Patientin, ebenfalls zur Cauterisation der erst freizulegenden Pulpa entschliessen musste. In diesem Falle verlief die Amputation der Pulpakrone nicht so schmerzlos als in den vorerwähnten Fällen. Der Zahn wurde einige Tage nach der Operation recht empfindlich gegen Kälte und Wärme, und nur mein Zusprechen und Hinweis auf die übrigen glücklich verlaufenen Operationen vermochte die Patientin zu bewegen, die Unbequemlichkeiten, die ihr der zuletzt behandelte Zahn verursachte, einige Wochen zu ertragen, der denn auch, wie seine Nachbarn mit Amalgamfüllung versehen, wieder völlig brauchbar geworden ist.

Zu beachten bitte ich noch folgenden Fall:

Frau Amtmann K., 23 Jahre alt, consultirte mich wegen eines heftigen, angeblich rheumatischen Zahnschmerzes, den sie schon wochenlang während der Schwangerschaft, besonders Abends, auszuhalten gehabt hatte. Die Untersuchung ergab einen cariösen Defect in dem oberen linken Mahlzahne, den ich nach sorgfältiger Reinigung der Höhle, mit Zurücklassung von etwas erweichtem Dentin auf dem Grunde derselben, phenolisirte. Nach dieser Behandlung liessen die heftigen Schmerzen nach; dagegen fühlte die Patientin nach einigen Tagen ein leichtes Stechen in dem Zahne, welches auf Exsudatansammlung in der Pulpa schliessen liess. Unter diesen Verhältnissen war an eine Erhaltung der Pulpakrone nicht zu denken, dieselbe wurde cauterisirt und nach zwei Tagen amputirt. Nach dem Ueberkappen und Ausfüllen des Zahnes verliess mich die Patientin munter und vergnügt, erzählte mir jedoch drei Tage später, dass der Zahn beim Kauen ausserordentlich empfindlich geworden sei. Es zeigten sich deutliche Spuren, die auf Reizung des Periostes schliessen liessen, die jedoch mit der Abtragung eines Theiles der etwas zu „hohen Füllung" sofort verschwanden.

Ich führe diesen Fall deshalb an, um darauf aufmerksam zu machen, wie gefährlich einem solchen Zahne der aussergewöhnliche Druck der Antagonisten werden kann, weshalb man mit grösster Sorgfalt darauf zu achten hat, dass die in solchen Zähnen eingelegten Füllungen beim Zusammenbiss absolut nicht getroffen werden dürfen.

Ich habe seit fünf Jahren eine grössere Anzahl von Mahlzahnpulpen amputirt und habe im Laufe der Jahre nur acht solcher Zähne nachträglich selbst extrahirt. Dabei waren zwei, die ungeduldigen Frauen während der Schwangerschaft entfernt wurden, ohne dass durch die Extraction der sehr feststehenden Zähne Hülfe gebracht wurde. Die mikroskopische Untersuchung dieser Zähne ergab in dem einen Falle mit Blut überfüllte Wurzelstümpfe, in drei Fällen fand ich Verkreidung, in den letzten Schrumpfung mit theilweiser Entzündung der Pulpaspitze *).

Ueberhaupt warne ich hier vor zu eilfertiger Extraction solcher Zähne bei Schwangeren, so lange sich nicht wirkliche Entzündung des Periostes durch leichte Percussion nachweisen lässt, und selbst dann versuche man als letztes Mittel erst noch »warme Cataplasmen«.

Die fünfte Extraction traf einen oberen Praemolar, dessen Pulpa ich amputirt hatte. Nach ungefähr vier Wochen wurde der Zahn empfindlich gegen Kalt und Warm, bald darauf auch gegen Druck, so dass ich zur Extraction überging. Nach der Extraction des Zahnes fand ich die Pulpa atrophisch, mit ausgesprochener Thrombose in den Hauptgefässen. Die Periostitis selbst musste ich jedoch in diesem Falle auf Anätzung des Periostes am Zahnhalse zurückführen, denn dicht über der mesial gelegten Höhle waren die Entzündungserscheinungen am Periost am stärksten.

Das sind die Fälle, in denen ich selbst zur Extraction von Zähnen schreiten musste, deren Pulpen ich amputirt hatte.

Es sind mir jedoch noch einige Patienten bekannt geworden, denen solche Zähne von anderen Händen entfernt worden sind.

---

* Die Zähne sassen durchschnittlich alle sehr fest in ihren gesunden Alveolen; das Periost war gewöhnlich nur an der Wurzelspitze schwach injicirt — in keinem Falle zerfallen.

Nicht in allen Fällen wurde mit der Extraction des Zahnes Hülfe geschafft. Erst kürzlich wurde mir von einer auswärtigen Dame die Mittheilung gemacht, sie habe sich den Zahn, den ich ihr vor einem Vierteljahre mit Amputation der Pulpa gefüllt hatte, von einem Techniker extrahiren lassen, doch nach dem Ausziehen die Schmerzen noch wochenlang nach wie vor gehabt.

Ein Vierteljahr nach der Extraction dieses Zahnes besuchte mich die Patientin wieder und klagte immer noch über leichte Schmerzen an der Stelle, wo der Zahn extrahirt worden war. Bei der genauen Untersuchung des Mundes fand sich zu meinem und der Patientin Bedauern, dass nicht der extrahirte Zahn, sondern der Nachbar der Uebelthäter war. Derselbe war vor drei Jahren an seiner Distalfläche cariös und wurde nach V förmiger Separation mit Kupferamalgam, mit Cementunterlage gefüllt. Trotzdem die Patientin diese Lücke stets mit grösster Sorgfalt gereinigt hatte, war mit der Zeit tief unter dem Rande dieser Füllung wieder Caries entstanden, wodurch die Pulpa schliesslich afficirt wurde. Nach der Extraction des Nachbarzahnes konnten sich keine Stoffe mehr in die Lücke zwischen beiden Zähnen eindrängen, resp. in der Höhle festsetzen, und dadurch wurde der Reiz vermindert und die Entzündung der Pulpa chronisch. So erklärt sich die scheinbare Hülfe nach der Extraction des unschuldig geopferten zweiten Mahlzahnes, denn erst mit der Amputation der Pulpa des ersten Mahlzahnes und dem Ausfüllen der Pulpahöhle mit Phenolcement wurden diese Schmerzen ganz gehoben.

Eine genaue Untersuchung des Mundes und Examination des Patienten ist, wenn derselbe über Schmerzen in einem gefüllten Zahne klagt, sehr dringend zu empfehlen.

Der Patient ist gar zu gerne geneigt, wenn sich wieder Schmerzen einstellen, den gefüllten, früher schmerzhaft gewesenen Zahn als den Uebelthäter zu bezeichnen. Besonders vorsichtig sei man, wenn in derselben Zahnreihe mehrere Zähne gefüllt worden sind und vielleicht der Nachbarzahn eine der Pulpa naheliegende Metallfüllung trägt und der Patient über Schmerzen beim Genuss kalter oder warmer Speisen und Getränke klagt. Gewöhnlich wird der Schmerz dann durch den benachbarten und nicht durch den Zahn hervorgerufen, dessen Pulpa wir amputirt oder überkappt haben.

Hierzu zwei Krankenberichte aus meiner Praxis:

Frau Majorin v. St...... wurde während ihres Aufenthaltes in Berlin vom Collegen C. Sürsen der untere linksseitige zweite Mahlzahn mit Amalgam gefüllt. Sechs Wochen nachher kommt die Patientin mit heftigen Schmerzen zu mir, in der Absicht, sich den gefüllten Zahn ausziehen zu lassen. Bei der Untersuchung des Mundes finde ich den gefüllten Zahn gegen Percussion unempfindlich, und erfahre von der Patientin „dass derselbe vor dem Füllen etwas geschmerzt und dass der College S. desshalb den Zahn vor dem Füllen ausgepolstert habe". Daraus konnte ich schliessen, dass unter der Füllung ein schlechter Wärmeleiter lag, eine Annahme, die auch durch die Untersuchung mit der Spritze bestätigt wurde. Der Zahn war gegen plötzliche Temperaturveränderung nicht besonders empfindlich. Trotzdem behauptete die Patientin gerade in diesem Zahne heftige Schmerzen zu haben, was um so glaubwürdiger erschien, da die Schmerzen zuweilen nach dem Ohre zu ausstrahlten.

Von der Ansicht ausgehend, dass der Zahn richtig gefüllt sein müsse, untersuchte ich die übrigen Zähne sehr genau und fand eine transparente Entfärbung des Schmelzes an der Approximalfläche des zweiten oberen Mahlzahnes. Ich durchbohrte die getrübte Stelle und stiess auf eine sehr empfindliche Zahnbeinschicht, unter der eine afficirte Pulpa lag, die nach der Behandlung mit Phenoltannin nach einer halben Stunde schmerzfrei war. Nun verband ich den Zahn mit Mastix in der Absicht die Pulpa am anderen Tage zu überkappen, musste jedoch von dieser Operation abstehen, weil sich die Schmerzen während der Nacht wieder eingestellt hatten. Auch ein Cauterisiren der Pulpa mit Arsenik schaffte dieselben nicht ganz fort. Darauf erweiterte ich den Zugang zur Pulpahöhle und fand ein freiliegendes Dentikel in der Pulpakorne, dessen Berührung der Patientin viele Schmerzen verursachte, die nur nach der Herausnahme der Neubildung, Taf. IX Fig. 6, erträglich wurden. Der Zahn wurde wiederum mit Phenoltannin behandelt, aber trotzdem klagte die Patientin nach 3 Tagen beim Ausbohren der Pulpahöhle wieder über Schmerzen und mit dem gebogenen Excavator beförderte ich noch ein zweites Dentikel aus der Höhle, das die Gaumenwurzel der Pulpa deckte und bei der Amputation dieselbe gequetscht hatte. Erst nach der Entfernung auch dieses Dentikels war die Patientin schmerzfrei. Von der Extraction des Pulpastumpfes in der Gaumenwurzel nahm ich bei der schwer zugänglichen Höhle

Abstand und überkappte mit Phenolcement. Die neuralgischen Schmerzen sind seit dem Ausfüllen des Zahnes verschwunden.

Wie nöthig es ist, stets eine scharfe Diagnose zu stellen, mag noch aus Folgendem hervorgehen.

Dem Fabrikbesitzer H.... hatte ich vor zwei Jahren die Pulpa des rechten Backenzahnes oben rechts überkappt. Vor wenigen Wochen besuchte mich derselbe wieder und klagte über Schmerzen im rechten Oberkiefer, der in der Nähe der Fossa canina beim Fingerdruck sehr schmerzhaft, während der gefüllte Zahn selbst gegen Percussion unempfindlich war. Ich glaubte es hier mit einer beginnenden Periostitis an dem gefüllten Zahn zu thun zu haben und verordnete drei Blutegel an die empfindliche Stelle und warme Hafergrützumschläge in der Hoffnung, dadurch die vom Patienten gewünschte Extraction zu umgehen. Am anderen Tage liess mich der Patient bitten, ihn zu besuchen, da er wegen bedeutender Geschwulst des Gesichtes nicht ausgehen konnte. Ich fand den Patienten mit verbundenem Kopfe in seiner Behausung und hörte, dass er die vergangene Nacht wegen heftiger Schmerzen schlaflos verbracht hatte.

Bei der Untersuchung zeigte sich jetzt, dass die Wurzelhaut-Entzündung nicht, wie ich glaubte, vom ersten Backenzahn, dessen Pulpa ich überkappt hatte, sondern vom kleinen Schneidezahn an derselben Seite, den ich vor circa sieben Jahren an der Distalfläche mit Gold gefüllt hatte, ausging. Die Umschläge liess ich fortsetzen, kleine Dosen von Chinin und Morphium beseitigten die leichten Fiebererscheinungen, und am dritten Tage lag der Eiter unter dem Zahnfleische und wurde durch einen Einstich entleert.

Hätte ich dem Wunsche des Patienten bei der ersten Consultation nachgegeben und den ersten kleinen Backenzahn extrahirt, so wäre dadurch zwecklos ein Zahn geopfert worden, dessen Pulpa zur Zeit, als ich ihn füllte, allerdings krank war. Eigenthümlich ist die Wurzelhaut-Entzündung des kleinen Schneidezahnes, der in der langen Zeit nach seiner Füllung dem Patienten durchaus keine Beschwerden gemacht hatte; bis jetzt hat die Periostitis an demselben noch keine zweite Auflage erlebt. Sollte sie von Neuem wieder auftreten, so würde ich die Perforation der Pulpahöhle vornehmen, und dann wird sich ja zeigen, ob die Pulpa unter der Füllung atrophirt oder gänzlich zerfallen ist, oder ob sich vielleicht die Höhle mit Dentinneubildungen ausgefüllt hat.

Noch auf Eins muss ich hier aufmerksam machen, dass nämlich beim Durchbruch der Weisheitszähne sich häufig Schmerzen in vorstehenden gefüllten Zähnen einstellen, die unter Umständen sogar periostkrank erscheinen, es aber selten sind.

Die Untersuchung des Mundes wird dann zeigen, ob für den dritten Mahlzahn noch Platz im Kiefer ist oder nicht; fehlt es an Raum, so extrahire ich den vorstehenden Zahn stets, auch wenn er schon gefüllt ist.

Es gibt aber auch ferner Patienten, bei denen selbst kleine constitutionelle Störungen Unbequemlichkeiten (Hyperämien) in rechtzeitig gefüllten Zähnen herbeiführen. Hier beobachtete ich gar nicht selten, dass nach stärkeren Erkältungen und bei Rachen- und Bronchial-Catarrhen sich Empfindlichkeit in gut gefüllten Zähnen einstellte, die dann mit dem allgemeinen Leiden wieder verschwand. Auch die Menstruation ist nicht ohne Einfluss. Bei einer nervösen Person stellten sich regelmässig kurz vor den Menses Schmerzen in einem mit Gold gefüllten Zahne ein, die drei bis vier Tage anhielten und dann verschwanden. Das währte beinahe ein ganzes Jahr hindurch.

Bei einem Herrn, der an Congestionen nach dem Kopfe und und häufig an Bronchial-Cartarrhen litt, war fast jeder Hustenanfall von einem leichten Stich in der Pulpa eines gefüllten Zahnes begleitet.

Ich mache, während ich diese Zeilen schreibe, die Erfahrung an mir selbst, dass ein heftiger Rachen- und Nasen-Kartarrh nicht ohne Einfluss auf einen meiner gefüllten Zähne ist. Ein vor Jahren gefüllter Zahn brummte mir mehrere Tage ziemlich stark; ich fühlte, während ich glücklicher Besitzer eines Schnupfens war, den gefüllten Zahn beim Zusammenbeissen sehr deutlich und auch die Umgegend des Zahnes war afficirt. Auch bei mir verschwanden die Schmerzen ohne jede therapeutische Behandlung mit dem Nachlassen der Erkältung ganz von selbst.

Es ist ganz gut, wenn der Zahnarzt dergleichen Erfahrungen einmal an sich selbst macht, ein um so besseres Verständniss hat er dann für die hier geschilderten kleinen Leiden seiner Patienten.

Aus dem soeben Mitgetheilten ersehen wir, dass auch Zähne

mit gesunden Pulpen und kleinen Füllungen unter Umständen vorübergehend schmerzhaft werden können und ich brauche ja kaum hervorzuheben, dass dieselben Ursachen unter denselben Verhältnissen, natürlich auch an Zähnen mit überkappten und amputirten Pulpen, Schmerzen hervorrufen werden, die entweder bald von selbst verschwinden oder doch unserer Behandlung, die gewöhnlich in einer einmaligen Einpinselung von Jod-Aconit-Tinctur besteht, weichen.

Dieses sind die üblen Ausgänge der Pulpaamputationen in meiner Praxis, deren Aufzählung ich hier für angezeigt hielt. Mögen nach diesem Procentsatz meine Collegen selbst ermessen, ob sie die Operation aufnehmen können oder nicht.

An alle Collegen, die nach meiner Methode in Zukunft exponirte und cauterisirte Pulpen behandeln, richte ich noch die Bitte, im Vertrauen darauf, dass die Operation auf einer grossen Anzahl in vieljähriger Praxis gewissenhaft gebuchter Beobachtungen beruht, auch etwaige Misserfolge vorurtheilsfrei beurtheilen zu wollen.

Man habe Vertrauen, Alles will erst geübt und gelernt sein; was das erste Mal fehlschlug, wird schon beim zweiten Male besser, und beim dritten Versuche wahrscheinlich ganz gelingen.

Uebrigens bestätigen diese Beobachtungen meine bereits vor Jahren ausgesprochene Annahme, dass es höchst wahrscheinlich in vielen Fällen zur consecutiven Verkreidung des Stumpfes kommen werde. Auch meine Vermuthung, dass eine vollständige Vernarbung des Pulpastumpfes möglich ist, habe ich bei Untersuchung der extrahirten Pulpastümpfe in zehn Fällen einmal bewährt gefunden. Wir dürfen jedoch diesen Procentsatz wirklicher Verheilung amputirter Pulpen nicht als einen Normal-Durchschnitt der Resultate betrachten. Dass jedoch diese Operation in der Mehrzahl der Fälle, mögen nun die Pulpawurzeln vernarben, verkreiden oder nachträglich unter der antiseptischen Kappe schrumpfen, die besten praktischen Resultate mit sich führt, dafür spricht meine Statistik.

Vom wissenschaftlichen Standpunkte aus kann diese Operation, mit der ich so viele praktische Erfolge erzielt habe, nicht mehr als ein Experiment betrachtet werden, und sie wird jeden Zahnarzt, sobald sich derselbe mit den technischen Handgriffen vertraut gemacht hat und gewissenhaft operirt, sicher befriedigen.

Wer sich solcher Fälle erinnert, wo man vergeblich versucht hat, in schwer zu erreichenden und gleichzeitig noch empfindlichen Höhlen Pulpen zu überkappen und der Schmerzen gedenkt, welche der Patient hier nicht allein bei der Präparation der Höhle, sondern auch noch wochenlang nach der Ueberkappung auszuhalten hatte (vergl. S. 44), der wird die Cauterisation und Amputation der afficirten Pulpakrone sicher als eine grosse Erleichterung für den Patienten betrachten.

Sehen wir von der Erhaltung der Wurzeln ganz ab, so müssen wir jedoch immer wieder betonen, dass wir nicht im Stande sind, die Pulpawurzeln aus engen und gekrümmten Kanälen zu extrahiren. Wenn aber in engen und gekrümmten Kanälen die Pulpawurzeln ohne Nachtheil für den Patienten und den Zahn verbleiben können, dann können wir auch die etwas stärkeren Wurzeln partiell entzündeter Pulpen in den von mir scharf bezeichneten Fällen ruhig an ihrem Platze lassen. Sie sind nach der antiseptischen Behandlung ein weit besseres Füllungsmaterial der Kanäle, als die viel gepriesenen und doch so mangelhaften Wurzelfüllungen mit Gold oder Zinn.

So wenig überzeugend auch unsere Hypothese von der Vernarbung und Erhaltung amputirter Pulpen noch erscheinen mag, die unzweifelhaften praktischen Erfolge sprechen für meine Methode. Wir nehmen für dieselbe kein besonderes Verdienst in Anspruch, jedenfalls aber hat dieses Verfahren jede andere Behandlung cauterisirter Pulpen weit überholt.

Aber trotz unserer Bemühung, Freunde für diese Operation zu erwerben, sind wir doch im Voraus überzeugt, dass dieselbe für die erste Zeit vielleicht nur wenige Anhänger finden wird und dass es immer noch eine grosse Anzahl von Collegen vorziehen wird — da, wo es ihnen möglich ist — jede cauterisirte Pulpa mit Stumpf und Stiel auszurotten.

Für Diejenigen jedoch, die diesem Princip nicht huldigen und für die Fälle, wo es selbst den Todfeinden irritirter und cauterisirter Pulpen nicht möglich ist, dieselben aus nicht zugänglichen Wurzelkanälen zu entfernen, wird unsere Studie über das Schicksal amputirter Pulpen immerhin einigen Werth haben.

Die Totalentzündung der Pulpa.

Mit dem bisher Gesagten glaube ich ein System der Pulpaüberkappung entwickelt zu haben, das auf gesundem wissenschaftlichen Boden steht, und wer nach meinen Angaben in Zukunft Pulpaüberkappungen und Pulpenamputationen vornehmen wird, der wird durch die Erfolge seiner Operationen befriedigt werden. Doch auch die conservative Zahn-Chirurgie hat ihre Grenzen, die wir nicht überschreiten sollen.

Das Bestreben, wenn irgend möglich, jedem Zahne sein Haupternährungsorgan — die Pulpa — zu erhalten, ist gewiss recht lobenswerth, aber praktisch ist dies unausführbar, sobald dieselbe von der penetrirenden Caries erreicht, also blossliegend oder total entzündet ist.

Die klinischen Erscheinungen, unter denen die Irritation der Pulpa auftritt, sowie die Behandlung derselben, haben wir bei der Ueberkappung der Pulpen besprochen.

Die partielle Entzündung der Pulpakrone und ihre Behandlung betrachteten wir im vorhergehenden Kapitel. Wir haben hier also nur noch die totale Entzündung und ihre Behandlung zu besprechen.

Ich werde hier zunächst, wie auch in den vorangegangenen Kapiteln die klinischen Merkmale aufzählen, die auf eine Entzündung der ganzen Pulpa schliessen lassen, und hier ist für uns in erster Linie die Heftigkeit der Schmerzen, von denen das Leiden begleitet ist, massgebend.

Der Patient kommt zu uns mit heftigen klopfenden oder stechenden Schmerzen, die entweder im Zahne localisirt oder im

Gebiete des Trigeminus gefühlt werden. Wir erfahren auf unser Befragen ganz genau, dass der Schmerz mit im Ohr, oder in der Schläfe oder in der Nähe der Submaxillaris gefühlt wird, oder nach dem Auge, nach der Wange und nach den Augenbrauen zu ausstrahlt. Diese Ausstrahlung des Schmerzes ist für die Total-Entzündung der Pulpa immer ein ziemlich sicheres Symptom.

Ferner ist die Dauer des Schmerzes mit massgebend. Bei partiell entzündeten Pulpen fühlt der Patient meist nur nach dem Genusse von Heissem oder Kaltem ein vorübergehendes, schmerzhaftes Ziehen, oder einen spontan auftretenden leichten Schmerz, der selten längere Zeit anhält. Bei totaler Pulpitis, die in der Mehrzahl der Fälle bei noch geschlossener Höhle auftritt, sind die Schmerzanfälle heftig und andauernd, setzen aber oft einige Stunden, so auch zuweilen gerade auf dem Wege nach dem Zahnarzt, aus, um dann mit erneuerter Heftigkeit den Patienten bald wieder zu plagen, der oft mit fiebernden Wangen oder nach einer schlaflos verbrachten Nacht matt und hinfällig endlich unsere Hülfe aufsucht.

Characteristisch ist dabei zuweilen auch noch der Wunsch der Patienten. Während dieselben bei der Irritation der Pulpa oder bei partieller Entzündung derselben gewöhnlich das Plombiren des kranken Zahnes wünschen, sprechen sie bei der totalen Pulpitis meist vom „Nerventödten". Examiniren wir den Patienten, so erzählt er uns meist etwas weitläufig, wie und wodurch der Schmerz entstanden sein könnte. Bald ist es eine Erkältung der Füsse oder des Nackens, bald Zug im Hause, bald der Genuss von Heissem oder Kaltem, bald auch ein plötzlicher Druck beim Kauen, der die Heftigkeit des Schmerzes gesteigert hat, und man thut gut, allen diesen Details, die uns der gequälte Patient gern recht ausführlich erzählt, wenn auch nur scheinbar ein recht aufmerksames Ohr zu schenken; das ist dem Patienten angenehm und erweckt gleichzeitig sein Vertrauen.

Die Untersuchung des Mundes zeigt uns dann einen grösseren oder geringeren Defect in einem der Zähne, welchen uns entweder der Patient selbst als den Sitz des Schmerzes angibt, oder den wir als solchen auffinden.

Nicht immer ist die Untersuchung leicht, namentlich wenn wir es mit versteckt gelegenen Höhlen an den Berührungsflächen der Zähne zu thun haben. — Hier ist eine gründliche Untersuchung mit gebogenen feinen Excavatoren nöthig. Man untersuche Zwischenraum nach Zwischenraum und beleuchte dabei die Zähne noch gut mit dem Spiegel, um so die cariöse Stelle durch den Schmelz hindurch scheinen zu sehen. Man sondire jeden Zahnhals auch unter dem Zahnfleische genau, besonders da, wo sich die Zähne bei fehlenden Antagonisten bereits verlängert haben, oder wo der Nachbar an der Approximalfläche gefüllt und separirt ist; gar nicht selten sitzt die Caries gerade an solchen Zähnen, (Fig. 46 a) die man dann entweder mit der Feile oder dem Schmelzmesser erst separirt oder durch Wattepfröpfe, welche mit Phenolmastix befeuchtet sind, etwas auseinandertreibt.

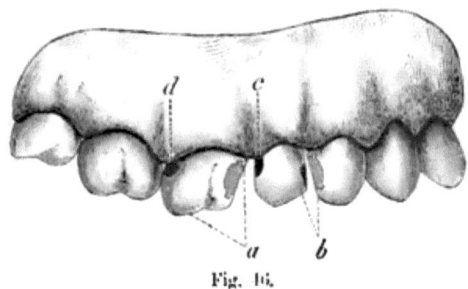

Fig. 46.

Fig. 46. Etwas schematische Zeichnung einer oberen Zahnreihe. Der erste Molar a ist verlängert und die dadurch an der Mesialfläche entstandene cariöse Höhle keilförmig separirt und gefüllt. b separirte Bicuspidaten, der erste ist distal gefüllt, der zweite mesial (in Folge Verletzung mit der Feile?) erkrankt. Durch die Senkung des ersten Mahlzahnes ist zwischen den beiden Zähnen am Zahnhalse ein zahnfleischfreier Raum und dadurch die Caries d entstanden.

Ein sicheres klinisches Merkmal ist endlich noch der Zahnbelag: Diejenige Seite, welche dem Patienten, wie bei acuter Pulpitis, plötzlich schmerzt, wird gewöhnlich ausser Dienst gesetzt und die Zähne sind mit einem weissgelben Schleim überzogen, während die längere Ruhe kranker Zähne (wie bei chronischem Verlauf einer

Krankheit) gewöhnlich starke Zahnstein-Anlagerung an der kranken Kieferseite veranlasst. Leichte Empfindlichkeit des Zahnes bei der Percussion sowie Röthe und Geschwulst des Zahnfleisches, ja geringe Anschwellung der Wange werden bei Totalentzündung der Pulpa, besonders bei jüngeren Patienten, beobachtet.

Einen schwierigen Stand hat oft dann der Zahnarzt, wenn der Patient glaubt, eine der vorhandenen Wurzeln müsse der Sitz des Schmerzes sein, während wir finden, dass es ein Zahn an der anderen Seite des Kiefers ist, den der Patient noch gar nicht als krank kennt. Um den Patienten von seinem falschen Wahn zu kuriren, bleibt für uns oft nur der eine Weg offen, dass wir mit einer spitzen Sonde durch die erweichte Dentine hindurch in die afficirte Pulpa — aber mit Vorsicht — stechen und den Patienten durch den Schmerz überzeugen, dass wir den Sitz seiner Leiden besser kennen als er selbst. In ganz verzweifelten Fällen, wo wir mit der Sonde keine Höhle finden können, zeigt sie uns ein kalter oder warmer Wasserstrahl noch an. Hier beginne man seine Untersuchungen mit der Spritze bei gewöhnlicher Kopfhaltung und mit geöffnetem Munde am Unterkiefer und zwar am letzten Zahne und gehe nach vorne zu. Ebenso am Oberkiefer.

Ist der Uebelthäter endlich entdeckt, so lege sich der junge Arzt, noch ehe er dem Patienten irgend welche Auskunft über das Leiden giebt, die Frage vor: Ist der Zahn noch zu füllen oder nicht? und dann besehe er sich seinen Patienten ob, derselbe Sinn und Interesse für die Erhaltung des Zahnes haben könnte, und nun erst erkläre er demselben, ob der Zahnschmerz geheilt werden kann, oder ob der Zahn gezogen werden muss. Liegt dem Patienten etwas daran, sei es aus Furcht vor dem Ausziehen, oder sei es wirklich der Wunsch, seinen kranken Zahn, wenn irgend möglich, zu behalten, und kann der Zahn noch durch eine Füllung erhalten werden, so canterisire man mit Berücksichtigung aller oben bereits erwähnten Momente die Zahnpulpa und bitte den Patienten nach ein oder zwei Tagen wieder zu erscheinen.

Nicht alle Patienten kommen wieder. Ist der Zahnschmerz vorüber, so ist der Zahnarzt zuweilen auch vergessen, und deshalb ist es gut, den Patienten gleich darauf aufmerksam zu machen, dass die Aetzpasta oder der Zahnverband wie wir ihn nennen, nicht länger als 48 Stunden liegen darf und dass unbedingt wieder Schmerzen eintreten müssen, wenn der Verband — der von manchen Patienten zuweilen auch für eine Füllung gehalten wird — nicht rechtzeitig entfernt wird.

Man verfahre bei der Vorbereitung der Höhle zum Einlegen des Aetzmittels so schonend als möglich, und denke immer daran, dass jedes Leiden, namentlich aber so qualvolle, wie wir sie tagtäglich zu behandeln haben, eine gewisse Rücksicht und milde Behandlung unbedingt erfordert, und dass wir unsere armen Patienten, die oft meilenweit vertrauensvoll zu uns gereist kommen, in der Hoffnung, durch uns möglichst leicht und sicher von ihrem Uebel erlöst zu werden, nicht durch eine rücksichtslose Behandlung und Geringschätzung ihres Zahnleidens verletzen. Jeder Patient, wer es auch sei, muss es sofort durchfühlen, dass wir bestrebt sind, ihn auf eine möglichst leichte Weise von seinen Schmerzen zu befreien; denn nichts verletzt mehr, als wenn der mit Zahnschmerz geplagte Patient, der uns so gerne seine Leidensgeschichte erzählen will, kurz und obenhin behandelt wird, und ihm dadurch das Gefühl kommt, als sei dem viel beschäftigten Herrn Doctor — auf den vielleicht noch einige Damen mit Goldbedürfnissen im Vorzimmer warten — an seiner Bagatelle nicht viel gelegen. Abschreckend ist es aber jedenfalls, wenn der eilige Zahnarzt, unbekümmert um den um Schonung flehenden Blick des Patienten, rücksichtslos in dem kranken Zahn umher wühlt und mit rohen geschäftsmässigen Griffen auf die soeben frei gelegte höchst empfindliche Pulpa direct das Aetzmittel aufdrückt.

Wenn solche Zahngeschäftsmänner — den Namen Zahnarzt verdienen solche Herren nicht — vom Patienten gefürchtet werden, so brauchen wir uns wahrhaftig nicht zu wundern, und es ist erklärlich, dass ein einmal so gequälter Patient lieber das nächste Mal zu einem Heilgehülfen geht, um sich dort seinen Zahn direct ziehen zu lassen, als sich noch einmal der rücksichtslosen Behandlung eines vielbeschäftigten Zahnarztes anzuvertrauen. Oder er geht zu einem geschickten Zahntechniker, der weniger stark beschäftigt ist, und seinen Kranken mehr Zeit widmen kann. Leidende Patienten sind dem Arzte für eine humane Behandlung doppelt dankbar, aber auch doppelt gefährlich, wenn ihr Vertrauen getäuscht wird.*)

Nach dieser Abschweifung, die wir im Interesse des angehenden Zahnarztes hier eingeschaltet haben, kehren wir zur Betrachtung **der Ursachen der Pulpa-Entzündung** zurück. Die Entzündung der Pulpa wird in der Mehrzahl der Fälle durch Caries der Zahnkrone herbeigeführt, und kommt hier am häufigsten in solchen Zähnen zur Behandlung, in denen das Centralorgan noch von einer erweichten Dentinschicht bedeckt, durch chemische und thermische Insulte zuerst gereizt, durch Infection und den dadurch bedingten oberflächlichen Gewebszerfall schliesslich zur Entzündung gebracht wird. Das ist der gewöhnliche Verlauf; Entzündungen bereits freiliegender Pulpen durch »Verletzungen« sind weit seltener.

Die Pulpitis ist dasjenige Leiden, welches die Hülfe des Zahnarztes am häufigsten beansprucht. Glücklicherweise liegt die Zeit, wo wir diese Krankheit rein empirisch behandelten, weit hinter uns. Durch die allerdings jetzt etwas veralteten Arbeiten des Professor Albrecht: die Krankheiten der Zahnpulpa und der Wurzelhaut wurde die Zahnheilkunde in Deutschland vor circa 20 Jahren erst auf wissenschaftlichen Boden gestellt. Auch die bedeutenden Fortschritte der mikroskopischen Anatomie und Pathologie haben in der Neuzeit unserem Specialfache mehr Licht gebracht, und dies

---

*) Leider ist der Zahnarzt mit seinen Kuren beim Publikum bis jetzt noch wenig beliebt; doch daran sind die Zahnärzte zum Theil selbst schuld, denn die wenigsten von ihnen verstehen es, gerade da mit feinem Gefühle zu handeln, wo es der Patient am ersten erwartet, nämlich bei der Canterisation schmerzhafter Pulpen.

Hoffen wir, dass diese Zeilen nicht ganz vergeblich geschrieben sind! Der angehende Zahnarzt sei nochmals daran erinnert, dass eine freundliche, nicht etwa übertrieben höfliche Behandlung der Patienten schneller Kundschaft bringt, als gute, aber rücksichtslos ausgeführte Zahnoperationen, und dass die Furcht vor den zahnärztlichen Instrumenten nur durch eine humane Behandlung unserer Patienten allmählich beseitigt werden kann. Mögen sich dieser Einsicht auch manche Lehrer der Zahnheilkunde nicht länger mehr verschliessen!

verdanken wir nach unserer Ansicht vor allem dem verewigten Heider und dem Professor Wedl. Mit der Veröffentlichung des Atlas zur Pathologie der Zähne und der Pathologie der Zähne *) selbst, wurde es bei uns erst Tag, und wenn auch mit der Zeit einige Berichtigungen dieser Werke erfolgen mussten, so werden dieselben doch noch lange als mustergültig und unübertroffen dastehen.

Das Wesen der Zahnkrankheiten ist uns jetzt im Allgemeinen sehr gut erschlossen worden, allein die Behandlung derselben wird noch von vielen Zahnärzten rein empirisch betrieben. Auch die Zahnchirurgie sollte endlich aus dem alten Wirrwar heraus in ein gewisses einheitliches System eintreten und aus den Fortschritten der modernen Chirurgie soviel als möglich Nutzen ziehen.

Ich sah mich bereits vor drei Jahren veranlasst, auf diesen Punkt näher einzugehen und bin erfreut, heute constatiren zu können, dass ich schon viele Freunde für meine derzeitig angeregte antiseptische Behandlung der Pulpakrankheiten gewonnen habe; wir empfahlen schon damals für unsere Zwecke die **Lister'sche antiseptische Behandlung** der Wunden, sowohl in theoretischer wie praktischer Hinsicht.

Die antiseptische Behandlung Lister's**) besteht bekanntlich nicht im blossen Gebrauche eines Antisepticums, es ist nicht bloss eine desinficirende Behandlung, sondern wie Lister selbst deutlich sagt: eine Behandlung, welche die Wirkung hat, den Eintritt fauliger Zersetzung in den betreffenden Theilen zu verhindern.

Lister geht von der Idee aus, dass ein ungünstiger Wundverlauf bedingt sei durch abnorme Beschaffenheit der Wundsekrete, eine Beschaffenheit, welche hervorgebracht wurde durch Elemente, die lediglich von aussen in die Wunde gelangen. Das Lister'sche Verfahren hat einfach nur zum Zweck, die Einwirkung dieser schädlichen äusseren Agentien zu verhindern.

Nach der Lister'schen Theorie soll also die Gegenwart von **Fäulnissbakterien** faulige Zersetzung der Wundsekrete, und daher den schlechten Verlauf der Heilung herbeiführen. Ob diese Fäulniss-

---
* Arthur Felix, Leipzig 1870.
** Dr. A. W. Schultze, Sammlung klinischer Vorträge Nr. 52.

erreger nun Bakterien, belebte Sporen u. s. w. sind oder nicht, darauf geht Lister nicht näher ein; er selbst hält die Frage nicht für so wichtig; jedenfalls ist es eine Thatsache, dass sich diese Parasiten fast in allen Geschwürflächen, welche dem Zutritt der Luft ausgesetzt sind, finden, dagegen in den gut und schnell verheilenden gelisterten Wunden gewöhnlich fehlen, und Fieber, Wundschmerz und schlechte Beschaffenheit der Wundsecrete durch die antiseptischen Verbände auf das niedrigste Maass herabgedrückt wurden, unter deren Einfluss sogar das in die Wunde ergossene Blut nicht nekrosirt, sondern sich nach den Beobachtungen von Professor Volkmann in der Wunde organisirt und durch dass andrängende Granulations-Gewebe wieder resorbirt wird.

Die Lister'sche Theorie fand anfangs viele Gegner, so auch Billroth, der die Anwesenheit von Bakterien auch in geschlossenen subcutanen Abscessen constatirt hat. Derselbe nimmt als Ursache der fauligen Zersetzung einen chemischen in der Wunde selbst entstandenen zymoiden Stoff an, welchen er als Geburtsstätte der Bakterien betrachtet.

Wir können uns hier unmöglich an die Lösung einer so hochwichtigen Frage heranwagen: wir haben hier nur zu constatiren, dass auch die entschiedensten Gegner der Lister'schen Theorie seine praktischen Erfolge unbedingt anerkennen müssen und dass der Lister'sche antiseptische Verband von fasst allen Chirurgen als epochemachend bezeichnet wird.

Auch wir können und dürfen uns dieser Erkenntniss nicht länger mehr verschliessen, auch wir wollen in unserer Specialität, welche sich die Bekämpfung der fauligen und chemischen Zersetzung der Substanzen zur Aufgabe gestellt hat, diese Errungenschaften der Chirurgie zu verwerthen suchen, und das ist der Zweck der vorliegenden Arbeit.

Unsere Behandlung der gesunden und gereizten Pulpen, die wir mit dem Excavator freigelegt haben, entspricht genau dem

Lister'schen Verbande frischer vom Chirurgen selbst geschaffener Wunden.

Wir schützen die blossgelegte Pulpa durch schnelles Bedecken mit Phenoltannin so gut als möglich gegen den Zutritt der Luft und der schädlich einwirkenden Mundflüssigkeit. Die Stelle des Lister'schen Occlusiv-Verbandes vertritt bei uns der Phenolcement, dessen reizende Wirkung wir durch den Pulpalack zu verhindern suchen; die Füllung selbst schützt die Pulpa dauernd gegen fernere Insulte.

Die partiell entzündete Pulpa hingegen vergleichen wir mit einer offenen Wunde, in der sich bereits Zersetzungs-Producte vorfinden.

Hier desinficiren wir kräftiger, und wo es uns nicht gelingt, die Pulpa zur Abstossung der entzündeten Partie und zur Vernarbung zu bringen — was nach unseren Erfahrungen nur selten erreicht wird, — da appliciren wir Mittel, welche die Empfindlichkeit — den Wundschmerz der Pulpa — schnell und sicher beseitigen (Phenoltannin, oder Phenolarsenpasta), schneiden dann, wenn auch in etwas roher Weise, so gut es eben die lokalen Verhältnisse gestatten, den entzündeten und geätzten Theil der Pulpa ab und versuchen durch die nachfolgende antiseptische Behandlung die gesunden Pulpastümpfe in den Wurzelkanälen zu erhalten, resp. gegen Zerfall zu sichern.

Bei Total-Entzündung der Pulpa, mag dieselbe in einer geschlossenen Höhle (S. oben) oder in frei zu Tage liegenden Pulpen auftreten, stehen wir von der Erhaltung der Pulpa ganz ab, denn unsere Untersuchungen haben uns gelehrt, dass in solchen Pulpen der Gewebszerfall schon gleich nach dem Auftreten der Totalentzündung die ganze Oberfläche der Pulpa ergriffen hat, und dass in dem hier nie fehlenden schmierigen und klebrigen Pulpaschleim Fäulnisserreger stets in grosser Anzahl suspendirt sind, die, wie bei freiliegenden Pulpen — entweder direct in die Pulpahöhle einwandern, oder — wenn die Pulpa noch von einer erweichten cariösen Dentinschicht bedeckt ist — durch diese hindurch bis zur Pulpa-Oberfläche gewuchert sind.

Die Untersuchungen und Beobachtungen bedeutender Forscher haben uns den Beweis geliefert, dass die Zersetzung des thierischen Gewebes zwar nicht immer von der Gegenwart belebter Organismen abhängig ist, es ist aber unzweifelhaft festgestellt worden, dass jene niederen Lebensformen als mächtige Beförderer der Zersetzungen anzusehen sind, und deshalb schieben auch wir ihnen die grösste Schuld an dem fauligen Zerfall afficirter Pulpen zu, **der ja unter dem directen Einfluss eines Fäulnissherdes auftritt, wie wir ihn uns grösser und gefährlicher für ein bereits irritirtes Organ, dass nur in einer festen sicheren Umhüllung fortbestehen kann, nicht denken können.**

Prof. Wedl (l.c.) schreibt in dem Kapitel „Sekretions-Anomalien der Mundhöhle" Folgendes: Der normale geringe, wenig getrübte, durchscheinende, geruchlose Zahnbeleg ist ein mit Mundspeichel gemengtes Secret des Zahnfleisches und sammelt sich insbesondere in den Zwischenräumen der Zähne an. Im frischen Zustande ist der Zahnbeleg weder sauer noch alkalisch, ausnahmsweise findet man ihn schwach sauer. Er ist wenigstens beim Menschen sehr häufig der Sitz von lebendigen organischen Wesen, über deren Natur viel debattirt wurde.

Hat der Zahnbeleg eine solche Beschaffenheit angenommen, dass er eine breiig schmierige trübe Masse mit zuweilem fäculentem Geruch bildet, so besteht er hauptsächlich aus einer gleichmässig feinkörnigen Substanz, welche früher als organischer Detritus erklärt wurde, nunmehr als sogen. Matrix Leptothrix angenommen, mitunter als Micrococcus bezeichnet wird. Die Körner lagern sich an die Oberfläche der abgestossenen Epithelzellen, und lassen bei ihrer Kleinheit und raschen Vermehrung ihre Zellennatur und Theilung mit unseren jetzigen optischen Hilfsmitteln kaum erkennen. Die Epithelzelle wird durch Zunahme der körnigen Gebilde unkenntlich, und an letztere heften sich im Verlaufe Bündel von ziemlich langen, meist unter einander verschlungenen, gleichmässig dicken Fäden, letztere sind häufig kurz, stäbchenartig gestreckt und werden gewöhnlich mit dem Namen der Bakterien belegt. Dieselben sind von verschiedener Länge und Dicke, meist isolirt, seltener in Kettenreihen, zeigen periodisch auftretende pendelartige Bewegungen. Leber und Rottenstein (Ueber Caries der Zähne 1867) erhielten eine violette Färbung von Leptothrixkörnern und Fäden nach Einwirkung von Jod und Säuren, eine Reaction, welche, wie ich mich auch überzeugte, insbesondere leichter mit verdünnter Salzsäure gelingt, nachdem eine wässerige oder weingeistige Jodlösung auf den Pilz eingewirkt hat; auch eine Mischung von Glycerin und Jodtinctur fand ich vortheilhaft. Es ist die Reaction, wie Leber und Rottenstein hervorgehoben haben, auch werthvoll, um die Querabtheilungen der Fäden auf eine eclatante Weise zu sehen. Es färbt sich der Inhalt, und die Septa der Fäden bleiben ungefärbt. Dieselbe Reaction gilt selbstverständlich für die Matrix und die Fäden von Leptothrix an dem Zungenbeleg.

Die in dem Zahnbeleg in geringerer Anzahl vorfindlichen, äusserst zarten, schlangenförmig sich windenden Fäden (Spirillum), von Ficinus seinen Denticolae beigezählt, werden von unseren Mycologen als Schwärmsporen von Leptothrix angesehen. Desgleichen sind die reichlichen, sich lebhaft bewegenden Körner nach der Ansicht Hallier Schwärmsporen, welche sofort ganze Ketten neuer Glieder bilden. Bisweilen begegnet man auch Mycelium, dass isomorph demjenigen im Soorpilz ist.

Leptothrix nistet sich auf der Mundschleimhaut ungemein häufig ein, und Personen mit geschwelltem Zahnfleisch, Schwangere oder solche, welche häufig an Dyspepsie, an Entzündung der Mandeln, der Rachenschleimhaut oder an Mercurialismus, Scrophulose, Scorbut leiden, in eingesperrter Luft leben, überhaupt von solchen Agentien beeinflusst werden, die auf das Zahnfleisch reizend einwirken, werden bei reichhaltigem Secret und selbst sorgfältiger Reinlichkeit leichter mit Leptothrix behaftet.

Die Gegenwart der Pilze im erweichten Zahnbein ist uns durch die Untersuchungen von Leber und Rottenstein gelehrt worden, doch sind die Pilze nicht die Ursachen, sondern nur die Begleiter der Caries, die sich erst dann einfinden, wenn die Dentine in das Stadium der Erweichung eingetreten ist: sich wie Leder schneiden lässt. Dann aber finden sie sich überall vor, und zwar nicht allein in den oberflächlichen Schichten des cariösen Zahnbeines, auch die auf der Pulpa aufliegenden Partien des erkrankten Dentins sind von Pilzen durchsetzt. Die Untersuchung ist leicht: Man entferne aus einem cariösen Zahne mit stark erweichtem Zahnbeine sorgfältig alle Speisereste und spritze die Höhle mit lauwarmem Wasser noch mehrere Male aus, um die anhaftenden Leptothrixfäden so gut als möglich zu entfernen. Dann hebe man, ohne die Höhle vorher etwa mit Phenol zu behandeln, die erweichte Dentinschicht ab. Mittelst der angegebenen Reagentien (Jod und Salzsäure) lassen sich dann sowohl an Längs- wie auch an Querschnitten zahlreiche violett gefärbte Pilzfädchen nachweisen.

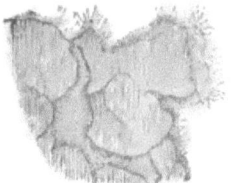

Fig. 47.

Fig. 47. Schnitt von der Oberfläche einer cariösen Höhle, das Zahnbein ist in grössere Trümmer zerfallen, die von Leptothrixpilzen umwuchert sind. An der freien Oberfläche sprossen aus den körnigen Massen (Leptothrix matrix) die feinen Fäden der Pilze hervor. Nach Leber und Rottenstein Vergr. 100.

Diese Pilzwucherungen nun, die den beschwerlichen Weg durch das zerklüftete aufgequollte Dentin zurückgelegt haben, werden ihren zersetzenden Einfluss auch auf die bereits etwas gelockerten Dentinzellen ausüben und den Zerfall dieser Zellenschicht in der Umgegend des cariösen Kegels herbeiführen.

Wird hier die Pulpa nicht bald durch eine durchgreifende Desinfection von ihren Feinden befreit und durch eine gut schliessende Füllung gegen ferneren Besuch dieser ungebetenen Gäste geschützt, so kommt zu der bereits bestehenden Irritation Zerfall der Dentinschicht und schliesslich Entzündung und Eiterung der Pulpa, die um so schneller eintritt, je succulenter das Pulpagewebe ist. Daher finden wir auch bei Pulpaentzündungen der ersten Mahlzähne im jugendlichen Alter so häufig Pulpaabcesse,

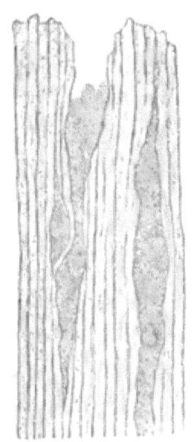

Fig. 48.

Erweichtes, knorpelartiges, cariöses Zahnbein mit Leptothrix matrix tief zwischen den zerklüfteten Kanälchen. Nach Wedl. Vergr. 500.

und der rapide Zerfall solcher Pulpen in geschlossenen Zahnhöhlen und der dabei so häufig eintretende Zerfall des Periostes an den noch nicht ausgebildeten Wurzelkanälen sind hier wohl sicher mit als Folgen der Infection zu betrachten. Thatsächlich finden sich denn hier auch in dem Schleim einer im Zerfall begriffenen Wurzelhaut zwischen den zelligen Wurzelhautresten, Fetttröpfchen und Eiterkörperchen eine Unzahl von feinkörnigen Elementen (Micrococcen?) und stäbchenförmige Gebilde, Fäulnissbacterien, die von der zerfallenen Pulpa aus zum Periost vorgedrungen sind.

Von der Anwesenheit der Pilze an der durch Caries erweichten Pulpa-Höhlenwand kann sich Jeder leicht überzeugen. Der nachtheilige Einfluss dieser Parasiten auf Wunden und Geschwüre ist bekannt, und wir müssen uns wundern, dass man von dieser Thatsache bei der Erklärung der Pulpaentzündungen — die doch in hundert Fällen neunzig Mal mit Caries der Zähne und in unmittelbarer Nähe eines Fäulnissherdes auftreten, — noch keine Notiz genommen hat.

Die eigenthümliche Erscheinung, dass wir selbst bei partieller Entzündung der Pulpakrone sofort Zerfall des infiltrirten Gewebes haben, ebenso, dass die Totalentzündung der Pulpakrone in geschlossener Höhle so schnell in entzündliche Gangrän übergeht, wird hier durch die Einwirkungen von der cariösen Dentinschicht her bedingt, denn durch die von hier auf die schon irritirte Pulpa eindringenden Fäulnisserreger muss das Gewebe bald inficirt werden. Ist aber erst ein Theil der Pulpaoberfläche im Zerfall begriffen, so verursacht das nekrosirte Gewebe, sich selbst überlassen, stets eine Entzündung des anliegenden gesunden Gewebes, die dann fortschreitend gewöhnlich zur Eiterung und Schmelzung der ganzen Pulpa führt.

Die Behauptung von Tomes, auf der auch Wedl in Folge der Mittheilungen Heider's fusst, dass Pulpaentzündungen in hundert Fällen neun und neunzig Mal bei geöffneter Pulpahöhle vorkommen, ist verfehlt oder missverstanden, denn jeder stark beschäftigte Zahnarzt, der alljährlich eine grosse Anzahl von kranken Zähnen mit Aufmerksamkeit behandelt, wird finden, dass er bei mehr als 60 Procent die kranke Pulpa von einer mehr oder weniger stark erweichten Dentinschicht erst befreien muss, um die Aetzung des entzündeten Central-Organs vornehmen zu können, und eine genau geführte Statistik beweist uns, dass der Satz: „Pulpaentzündungen treten meist (!) nur an freiliegenden Pulpen nach Verletzungen auf".*) durchaus einer Einschränkung bedarf. Die Pulpen, die beim Kauen durch plötzlichen Durchbruch der deckenden weichen Dentinschicht plötzlich rasend schmerzen, waren längst entzündet und zwar in Folge schädlicher Einflüsse, welche der Pulpa durch die cariöse Höhle zugeführt worden waren.

Der Beweis ist sehr einfach. Man extrahire dem Patienten solche Zähne, deren Pulpen nur noch von einer schwachen aber erweichten Dentinschicht bedeckt sind, und die ihm ausser dem bekannten Ziehen ohne Trauma noch keine heftigen Schmerzen gemacht haben, und man wird in den vollständig bedeckten Pulpen nicht allein Entzündung, sondern auch schon Spuren von Eiterung in der Nähe des Infectionsherdes entdecken.

Die Veränderungen, die selbst eine oberflächliche Caries in der Pulpa herbeiführen kann, haben wir schon oben bei der Besprechung der Pulpairritation mit Tafel IV illustrirt. Nun denke man sich die geräumige cariöse Höhle eines oberen Mahlzahnes, dessen Dentin in der Krone fast ganz erweicht ist, und die vorhandene Höhle selbst durch faulige Speise- und Schleimreste ausgefüllt, so wird man einsehen, dass die Pulpa-Entzündung in unmittelbarer Nähe eines **solchen** Fäulnissherdes auch **ohne** Verletzung in dem noch nicht freiliegenden Organe schliesslich eintreten muss.

Tafel XV. Fig. 1. Das nebenstehende Bild ist die Pulpa eines oberen Mahlzahnes aus dem Munde eines zehnjährigen Knaben. Der cariöse Defect in der Zahnkrone war von dem erweichten Dentin noch ganz ausgefüllt und die Pulpa noch an allen Stellen von einer dicken, aber sehr erweichten Dentinschicht bedeckt. Nirgends

---

* cfr. Baume, Lehrbuch der Zahnheilkunde: Ursachen der Pulpitis.

war ein Eingang zu der tiefliegenden Pulpa-Höhle zu finden, ja selbst der Druck mit einem geknöpften Stopfer auf die erweichte Dentinschicht rief kaum nennenswerthe Schmerzempfindung hervor.

Nach der Extraction wurde der Zahn mit der Zange gesprengt und eine hochgradige Pulpitis mit Abscessbildung gefunden.

Die Zeichnung ist, wie alle in diesem Werke, nach der Natur aufgenommen, sie zeigt uns bei **a** den tief im Halstheile der Pulpa sitzenden Eiterherd; **b** durch Druck auf das Deckgläschen aus dem Abscess ausgeflossenen Eiter. Rechts und links in Auflösung begriffene Pulpagewebe. Bei **c** sehen wir in hochgradig entzündeten Theilen der Pulpakrone schön erhaltene Ramificationen von neugebildeten und erweiterten Gefässen **d**, die links bei **e** knotenförmig abgerissen hervortreten. In der Krone vereinzelte, in dem Wurzeltheil zahlreiche Dentikel in geschichteter Gruppirung, **g h**; dazwischen verlaufen die mit Blut überfüllten Hauptgefässstämme **f**. Vergr. 15.

Wir haben hier also ein deutliches Bild einer nicht verletzten und nicht freigelegenen und doch entzündeten Pulpa vor uns, und ich verstehe nicht recht, wie Pulpaentzündungen nur an freiliegenden Pulpen nach Verletzungen eintreten sollen. Wie sollen wir uns denn nach jener absonderlichen Theorie die so häufig vorkommenden Pulpa-Entzündungen in Backenzähnen mit cariösen Stellen an den Berührungsflächen der Zähne erklären, in die wir kaum mit dem spitzen Excavator eindringen können, die an allen Seiten noch von festem, gesundem Schmelz umgeben, im Innern noch das ganze erweichte Dentin haben, so dass die Pulpa gegen jede mechanische Verletzung **absolut** geschützt ist.

Man hat bisher das wichtigste ätiologische Moment gänzlich unberücksichtigt gelassen: Die Infection der Pulpa vom cariösen Herde aus. Hier liegen und entwickeln sich die Friedensstörer.

Von diesem Gesichtspunkte aus betrachtet treten auch die früheren Misserfolge nach dem sorgfältigen Ausfüllen grosser cariöser Höhlen, in denen wir zum Schutze der nabeliegenden irritirten Pulpa erweichtes Dentin aus derselben zurückliessen, in ein anderes Licht. Da, wo es uns nicht gelang, durch die deckende

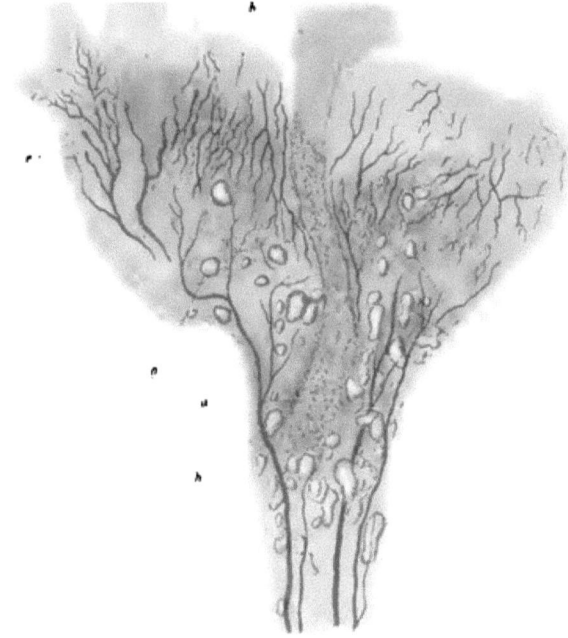

Fig. 2. Vergr. 4.

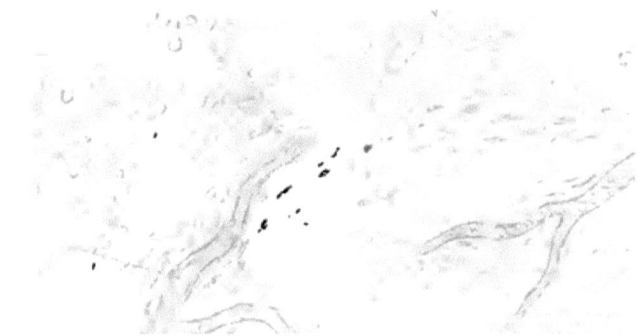

Dentinschicht hindurch die der Pulpa aufsitzenden Fäulnisserreger zu vernichten, musste aus den oben angeführten Gründen nach Wochen oder Monaten Zerfall der Pulpa eintreten.

In der cariösen Höhle selbst hört bei einem guten Verschluss die Entwicklung der Fäulnissbakterien ganz auf, liegt jedoch erweichtes inficirtes Dentin auf der irritirten Pulpa, so genügt der äussere Abschluss nicht mehr, um die Weiterentwicklung der Fäulnissbakterien in der irritirten Pulpa — wo sie ja den günstigsten Boden finden — aufzuheben.

Auf dieselbe Weise entstehen Pulpaentzündungen unter schlecht schliessenden Füllungen. Werden z. B. Amalgamfüllungen nachlässig eingelegt, oder werden solche Compositionen gebraucht, die sich noch nach Monaten im Zahne contrahiren (und dergleichen unzweckmässige Legirungen gibt es nach meinen Untersuchungen[*] mehr als genug), so beginnt die Erweichung des Zahnbeines in der Umgegend der ganzen Füllung auf's Neue, und sobald die Dentindecke über der Pulpa selbst cariös wird, geht die letztere, trotz des sicheren Schutzes gegen mechanische Verletzung, schliesslich durch Infection zu Grunde.

Welcher Zahnarzt hätte diese Beobachtung in seiner Praxis nicht schon gemacht?

Bei dieser Sachlage ist die Erörterung der Frage: **Ist es zweckmässig, über irritirten, leicht schmerzenden Pulpen zum Schutze derselben erweichtes Zahnbein sitzen zu lassen?** von grosser Wichtigkeit.

Durch langjährige genaue Beobachtungen bin ich schliesslich zu der Ueberzeugung gekommen, dass es entschieden zweckmässiger ist, selbst über irritirten Pulpen wenig oder gar kein erkranktes Zahnbein zurückzulassen. Ich wünsche jedoch nicht, missverstanden zu sein; ich meine die erweichte Dentinschicht, die sich wie Leder schneiden und sich leicht mit dem Excavator von dem Zahnbein abheben lässt, — nicht das rothbraune, feste, von sogen. trockener Caries befallene Zahnbein, dem wir häufig in empfindlichen Höhlen, in der Nähe der Pulpa, be-

---

[*] Ueber den Gebrauch der Amalgame in der zahnärztlichen Praxis. V. J. Schrift für Zahnheilkunde 1872.

gegnen. Diese Schicht wegzubohren wäre entschieden ein Fehler, denn sie gewährt der Pulpa — die in solchen Zähnen fast stets nur irritirt ist — unter einer Füllung den sichersten Schutz gegen Infection und Verletzung jeder Art.

Es ist allerdings nicht leicht, in allen Fällen sofort zu unterscheiden, ob erkranktes Zahnbein in einer empfindlichen Höhle zurückbleiben darf oder nicht, denn auch eine an den übrigen Stellen feste, braune Zahnbeindecke kann in der Nähe eines Pulpahornes erweicht sein, es kann sich auch hier ein haarfeiner Eingang oder ein Strang erweichten Gewebes finden, durch den die Infectionsstoffe in die Pulpa eindringen. Diagnostisch ist es ferner unmöglich, eine scharfe Grenze zwischen einer einfachen Irritation der Pulpa durch erweichtes Zahnbein und einer beginnenden partiellen Pulpitis zu ziehen. Wir haben auf Seite 39, 40 und 41 hierüber Näheres berichtet, fügen jedoch zur Klärung dieses wichtigen Capitels noch folgende Beobachtungen hinzu.

Herr Direktor Ve. empfand in einem oberen Bikuspis, der an seiner mesialen Seite cariös war, beim Essen gelinde Schmerzen. Nach Phenolisirung schnitt ich das erweichte Zahnbein weg, sodass nur noch ein dünnes Häutchen von demselben über dem buccalen Pulpahorne lag, das ich durch die angrenzende feste Dentinschicht rosa durchschimmern sah; die übrigen Theile der Pulpa waren durch gesundes Zahnbein geschützt. Alle Symptome — die Empfindlichkeit des harten Zahnbeines gegen den Excavator, die Reaction der Pulpa gegen kaltes Wasser, die Empfindlichkeit der weichen Zahnbeinschicht resp. der unterliegenden Pulpa gegen „leichten" Druck mit einer geknöpften Sonde*), endlich der Bericht des Patienten selbst — sprachen in diesem Falle mehr für die Irritation als für partielle Entzündung der Pulpa, und so liess ich hier den kleinen Rest der inficirten, erweichten Dentine an der äussersten Spitze des Pulpahornes zurück und überkappte dieselbe genau wie eine freiliegende

---

*) Diese Untersuchung des erweichten Zahnbeines ist sehr wichtig; wird ein leichter Sondendruck auf die „dünne" Schicht über der Pulpa vom Patienten schmerzhaft empfunden, oder ruft schon die Berührung des erweichten Zahnbeines mit der in Wasser abgekühlten Sonde ein lebhaftes Gefühl in der Pulpa hervor, so kann man wol mit Sicherheit auf Irritation des Pulpahornes schliessen. Wird dagegen der Sondendruck und die Kälte des Instrumentes von der durch erweichtes Dentin noch gedeckten Pulpa nicht mehr empfunden, so liegt Zerfall des Pulpahornes und partielle Entzündung der Pulpakrone vor.

Pulpa. Das Resultat der Füllung, die natürlich auf einem schlechten Wärmeleiter ruht, ist ein sehr gutes.

An demselben Tage consultirte mich eine Dame wegen eines unteren cariösen Mahlzahnes, der ebenfalls nur wenig geschmerzt hatte. Nach der Ausdehnung der Caries konnte ich auf eine Irritation der Pulpa schliessen. Die Höhle wurde leicht desinficirt und mit Zurücklassung von etwas erweichtem Zahnbeine mit Phenolmastix geschlossen, worauf die Schmerzen nachliessen.

Nach zwei Tagen fiel mir beim Excaviren der Höhle die „Unempfindlichkeit" des harten Zahnbeines gegen kaltes Wasser auf; in Folge dessen entfernte ich den auch gegen Sondendruck unempfindlichen Rest des erweichten Zahnbeines über der Pulpa sofort und fand in der eröffneten Höhle eine total geschrumpfte Pulpakrone.

Aus diesen beiden Beispielen ersehen wir, dass unter gleichen äusseren Erscheinungen (die Schmerzen waren in beiden Fällen gleich) doch die thatsächlichen Befunde in der Pulpa unter der erweichten Dentinschicht ganz verschieden sein können. Die Diagnose ist in solchen Fällen schwierig; wird z. B., wenn die Pulpa eines Mahlzahnes an einer ganz kleinen Stelle vom erweichten Dentin erreicht ist, die kranke Dentinschicht mit Vorsicht bis auf Kartenblattstärke über dem irritirten Pulpahorne abgetragen, und werden dann die Fäulnisserreger in der Dentinschicht und auf der Pulpaoberfläche durch Antiseptica vernichtet, so ist es möglich, dass auch hier durch die indirekte Kappe von Phenolcement die Pulpa erhalten wird, doch hängt der Erfolg wesentlich davon ab, dass die Infiltration des Pulpagewebes nicht sehr weit vorgeschritten ist und dass sich vor Allem noch kein Detritus auf der Oberfläche gebildet hat.

Ist das der Fall, oder hat die Erweichung des Zahnbeines eine grössere Ausdehnung erreicht, oder liegt, wie es bei Schneidezähnen gewöhnlich der Fall ist, die ganze Seitenfläche der Pulpa an einem schmalen Streifen kranker Dentine an, so fehlt in diesem Falle der Detritus auf der infiltrirten Partie fast nie, und wenn derselbe auf der indirekt überkappten Pulpa sitzen bleibt, so endet gewöhnlich die Operation mit schmerzloser Schrumpfung der Kronenpulpa.

Im Allgemeinen kann man annehmen, dass, wenn ein Zahn mit erweichter Dentinschicht über der Pulpa früher leicht geschmerzt hat, der Schmerz sich aber später wieder verlor, wenn ferner die Empfindlichkeit beim Ausschneiden des erkrankten Zahnbeines sowie auch die Reaction gegen kaltes Wasser gering ist, in 10 Fällen sicher 8mal eine in Zerfall oder Schrumpfung begriffene Pulpa unter dem erweichten Zahnbeine liegt.

Wir sind im Voraus überzeugt, dass unser Vorschlag: Wenn irgend möglich, aus jedem cariösen Zahne das erweichte Zahnbein ganz zu entfernen, zuerst auf starken Widerspruch stossen wird, aber trotzdem müssen wir die Zweckmässigkeit unserer Methode auf Grund sorgfältigster Beobachtungen ausdrücklich betonen.

Man könnte mir entgegnen, dass mit dem hier bekämpften Verfahren doch alljährlich eine Anzahl anscheinend günstiger Resultate erzielt werden; dagegen behaupte ich, dass die Erhaltung der Pulpakrone unter stark erweichtem Zahnbeine sehr selten ist. Es sind gewöhnlich solche Fälle, wo unter zurückgelassenem erweichten Dentin noch eine ganz dünne Lage von festem Zahnbeine auf der Pulpa auflag.

Ich behaupte dies auf Grund langjähriger Beobachtungen solcher Zähne, die ich, unter Zurücklassung einer kranken Dentinschicht, gefüllt hatte und einige Monate später nach Entfernung der Cementfüllung untersucht habe. Da, wo ich noch eine dünne Lage gesunden Dentins unter dem erkrankten fand, war die irritirte Pulpa wieder gesundet, da, wo dieselbe aber an dem erkrankten Zahnbeine direkt angelegen hatte, in der Mehrzahl der Fälle atrophisch, resp. von der erkrankten Dentinschicht bedeutend zurückgezogen. Hierfür nur zwei Beispiele aus der Praxis.

Erster Fall. Frau St. klagte über starke Schmerzen im rechten Oberkiefer. In dem ersten Prämolar, dessen Krone ganz zerstört war, lag zwischen faulenden Speiseresten ein Theil der entzündeten Pulpa frei. Die blossliegende Stelle wurde phenolisirt und cauterisirt, die Schmerzen verschwanden jedoch nicht ganz. Das Uebel musste demnach noch in einem anderen Zahne zu suchen sein.

Von den Schneidezähnen waren mehrere cariös und sollten gefüllt werden; nach meinem Princip, auch nicht den kleinsten Rest erweichten Dentins in solchen beim Excaviren wenig oder gar nicht empfindlichen Höhlen sitzen zu lassen, schnitt ich mit Vorsicht das kranke Zahnbein in der Nähe der Pulpahöhle, welches gegen den Druck einer geknöpften Sonde ganz unempfindlich war, aus dem mittleren Schneidezahne heraus und eröffnete dabei die Centralcavität. Da der Zahn bisher noch gar nicht geschmerzt hatte, so konnte ich mit Recht auf eine höchstens irritirte Pulpa schliessen; statt deren finde ich in der Pulpahöhle einen flüssigen, stinkenden Detritus und die Pulpa selbst weit über den Zahnhals hinaus zerfallen. Der sofort extrahirte Rest derselben war fettig degenerirt und von erweiterten, mit stagnirendem Blut angefüllten Gefässen durchzogen.

Zweiter Fall. Dr. med. Sch. hatte einen cariösen mittleren Schneidezahn, welcher nicht direkt mit Gold gefüllt werden konnte. Die empfindliche Höhle wurde nur halb gereinigt und desinficirt. Das auf dem Boden zurückgelassene erweichte Zahnbein wurde mit Lack überzogen und mit Guttapercha bedeckt, nur so die nachtheilige Wirkung des Chlorzinkcements von der Pulpa fern zu halten.

Da der Zahn vier Wochen später immer noch etwas empfindlich war, so liess ich die provisorische Füllung noch acht Wochen tragen. Bei der darauf vorgenommenen Entfernung der Füllung fiel mir die Unempfindlichkeit der harten Dentinschicht in der Nähe der Pulpa auf. Ich entfernte den Rest des erweichten Zahnbeines ganz und fand, dass die Pulpakrone geschrumpft und zwischen ihr und der erweichten Dentinschicht ein 2 mm. grosser Hohlraum war. Der extrahirte Pulpastumpf zeigte unter dem Mikroskop ungefähr das Bild, welches ich in der Skizze, Fig. 50, schematisch dargestellt habe. (Der Pulpakanal wurde direkt mit Phenolcement gefüllt).

Es war also auch hier, wie in dem vorhergehenden Falle, zur Infiltration und zum oberflächlichen Zerfall des Pulpagewebes gekommen. Die antiseptische Behandlung der Höhle schützte die inficirte Pulpa gegen rapiden Zerfall, statt dessen trat jedoch allmähliche Schrumpfung derselben ein, die mit leicht ziehenden Schmerzen einherging.

Man wird also annehmen können, dass in dem oben beschriebenen Falle die Verhältnisse beim Füllen im Zahne so, wie wir sie in **Fig. 49** darstellen, vorhanden waren. *a* normale Gefässe im gesunden Gewebe, *b* infiltrirte Partie mit Gefässerweiterungen, *c* Detritus auf der vom Zahnbein abgelösten Stelle der Pulpa, *d* erweichte Dentine, *e* Phenolcement, *f* Cementfüllung.

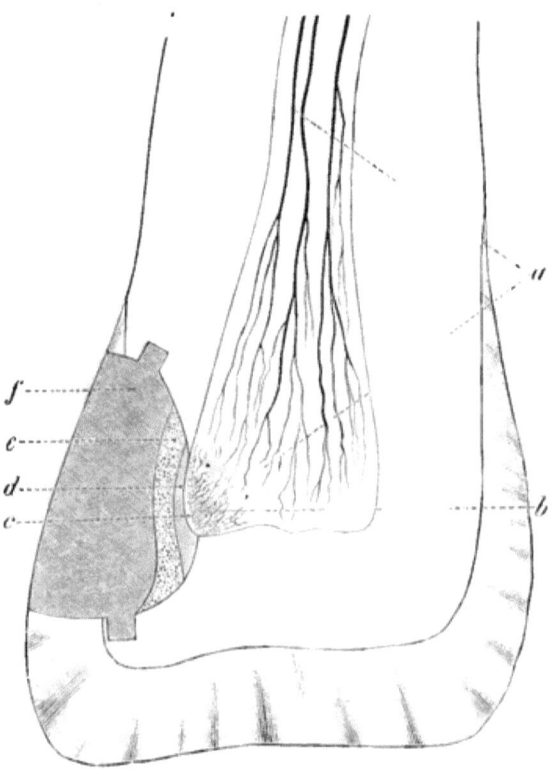

Fig. 49.

Ein Vierteljahr nach der Operation waren die Zustände folgende (**Fig. 50**): Die Pulpa ist entsprechend der cariösen Schicht *d* geschrumpft, in dem Halstheile sehen wir zwischen intakten Gefässen eine Anzahl neugebildeter Anastomosen. Nach der Krone zu sind die Gefässe *a* an verschiedenen Stellen stark erweitert, in der zerfallenen Partie enden sie als dicke Knötchen oder sie lösen sich in dem entzündeten Theile *b* capillär auf.

Zwischen der kranken Dentinschicht und der geschrumpften Pulpa finden wir bei *c* einen anscheinend leeren (mit Blutgasen?) angefüllten Raum, den Zahn schmerzfrei und nicht entfärbt, wenn das Secret auf der Pulpaoberfläche durch die hygroscopische

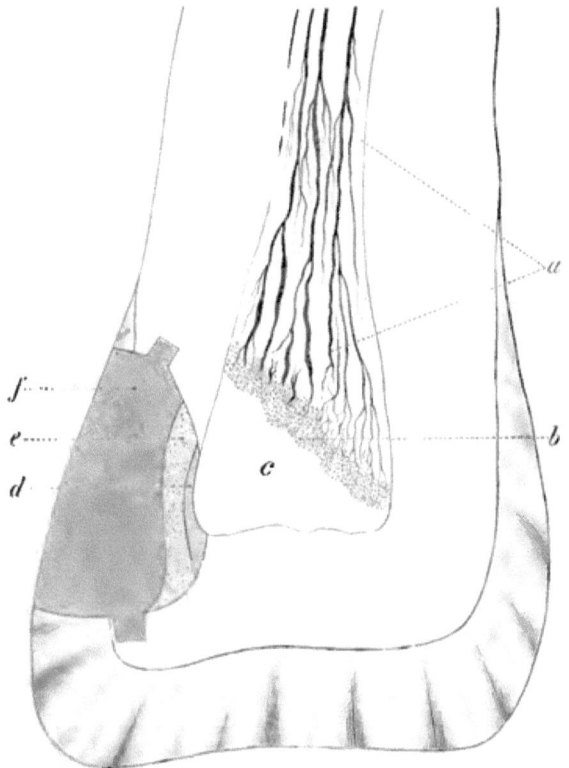

Fig. 50.

Wirkung des Chlorzinkcements (vergl. Seite 20) aufgetrocknet worden und nachträglich Schrumpfung der irritirten Pulpa eingetreten ist*).

---

* Wird hier an Stelle des Chlorzinkcements Fletcher's Artificial dentin (cfr. Seite 28) oder Zinkphosphatcement zum Ueberdecken der erweichten Dentinschicht über einer erkrankten Pulpa genommen, so gestalten sich die Verhältnisse insofern günstiger, als dann die nachtheilige Aetzung der irritirten Pulpa durch das Chlorzink wegfällt. Liegt aber bereits Zerfall

Dagegen finden wir den Zahn stark entfärbt und schmerzhaft, vielleicht mit Alveolarabscess, wenn es zur entzündlichen Gangrän unter der provisorischen Füllung gekommen ist. In dem letzten Falle ist der Raum c mit einer Jauche angefüllt, deren Geruch uns nur zu gut bekannt ist.

Diese Beobachtung habe ich nicht allein gemacht, es kennt sie jeder Zahnarzt! Deshalb fort mit dem **erweichten Dentin** nach zweitägiger Phenolisirung aus jedem Zahne! Da, wo es zweckmässig erscheint oder es die Umstände erfordern, empfindliche Höhlen mit Zurücklassung erweichten Dentins provisorisch zu schliessen, entferne man jedenfalls beim definitiven Füllen mit Vorsicht den Rest des erkrankten Dentins vom Boden der Höhle und überzeuge sich erst, ob die nahe liegende Pulpa noch erhalten werden kann oder nicht, und setze seine Hoffnung resp. die Füllung nicht auf eine so trügerische Decke, wie sie uns die erweichte kranke Zahnbeinschicht über einer zum mindesten irritirten Pulpa bietet.

Nach den bisher verbreiteten Ansichten ist zwar die erweichte Dentinschicht in der Nähe der Pulpa ein »noli me tangere«. Selbst in den neuesten Lehrbüchern der Zahnheilkunde wird dem, der sich an der erweichten Dentinschicht solcher Zähne vergreift, Unkenntniss oder übertriebene Sorgfalt vorgeworfen. Wir können darauf hier specieller nicht eingehen; jedenfalls liefern uns solche Ansichten den Beweis, dass für unsere Praxis selbst die nöthigsten Untersuchungen bisher noch nicht gemacht worden sind.

Die Ursachen der Pulpa-Entzündungen haben wir in den vorstehenden Capiteln eingehend erörtert; vergegenwärtigen wir uns hier jetzt noch einmal das **Gesammtbild der Pulpitis** von ihrer Entstehung bis zu ihren Ausgängen.

---

der Pulpaoberfläche vor und wird der Fäulnissschleim nicht durch Eröffnung der Pulpahöhle entfernt (cfr. die Behandlung auf Seite 40), so wird schmerzlose Schrumpfung oder entzündliche Gangrän der Pulpa unter jeder provisorischen Füllung folgen

Die erste Veranlassung gibt mit wenigen Ausnahmen*) stets die Caries der Zahnkrone. Durch den Reiz, welcher die Dentinfasern trifft und von diesen zur Pulpa fortgeleitet wird, tritt in der letzteren zunächst eine Irritations-Hyperaemie ein, die anfangs auf eine kleine Stelle der Pulpa beschränkt bleibt. Wiederholen sich die chemischen und thermischen Insulte in kurzer Zeit, so pflanzt sich die Irritation weiter fort, und der nächste Reiz trifft nun schon kein gesundes Gewebe mehr, sondern theilweise erkranktes, und dieselbe Ursache, die zuerst nur leichte Hyperaemie hervorrief, bewirkt nun schon eine weiter verbreitete, stärkere Ueberfüllung der Pulpagefässe.

Diese Ueberfüllung der Blutgefässe muss nun hier, wie in jedem anderen Organe, welches seiner Lage wegen eine Vergrösserung nicht erfahren kann, Druck auf das Gewebe ausüben, dem bald erhebliche Circulationsstörungen folgen, während gleichzeitig die Erweichung und Infection des Zahnbeins fortschreitet.

Solange die Dentinschicht über der Pulpa noch nicht erweicht ist, kann eine Infection der irritirten Pulpa vom cariösen Herde aus nicht stattfinden, und nur selten kann man in der noch durch festes Zahnbein geschützten Pulpa die charakteristischen Erscheinungen der Entzündung — die trübe Schwellung und Infiltration des Gewebes — nachweisen.

Sobald jedoch die irritirte Pulpa an einer kleinen Stelle mit dem erweichten Zahnbeine in Berührung gekommen ist, erfolgt die

---

*) Constitutionelle Störungen sowie Dentinneubildungen in der Pulpa (cfr. Seite 130), endlich Erschütterung der Zähne durch Stoss oder Quetschung beim Kauen können Entzündung der Pulpa herbeiführen. Ich beobachtete kürzlich zwei Fälle: In dem einen wurde durch einen Fall beim Schlittschuhlaufen ein mittlerer oberer Schneidezahn gelockert. Der Zahn wurde zwar wieder fest, nach einiger Zeit entfärbte sich jedoch derselbe, es war also Gangrän der Pulpa eingetreten. Der andere Fall betraf ein junges Mädchen, die beim Kauen einen kleinen im Brod befindlichen Stein zwischen die Mahlzähne bekam. Durch diese starke Erschütterung entstand in dem gesunden Mahlzahne zuerst ein wüthender Schmerz, der allmählich nachlassend in eine schmerzhafte Entzündung der Pulpa und des Periostes überging. Energische Blutentziehung durch Blutegel und stundenlange Application von Eisstückchen zwischen Backe und Kiefer, beseitigten die Entzündung und die Schmerzen. Gangrän der Pulpa ist bis jetzt noch nicht eingetreten.

174

Infection und es tritt jetzt zu den schon bestehenden übrigen Insulten **der septische Reiz hinzu*).**

Werden nun nicht rechtzeitig durch antiseptische Behandlung die Fäulnisserreger in der erweichten Dentinschicht, welche die irritirte Pulpa deckt, vernichtet, und das Eindringen neuer Bakterien von der Mundhöhle aus durch einen Verschluss der Zahnhöhle unmöglich gemacht, so werden die eingedrungenen Fermente in der Pulpa, wie in jedem anderen Organe stets aufs Neue selbständig phlogogen wirken und an der irritirten Stelle die Infiltration des Gewebes beschleunigen; im weiteren Verlaufe wird unter der beständigen Einwirkung dieser septischen Reize schnell Entzündung und Zerfall desjenigen Theils der Pulpakrone eintreten, welcher an der erweichten Dentinschicht anliegt. Die Circulation stockt; die Wandungen der ausgedehnten Capillargefässe werden schlecht ernährt und verlieren ihre Festigkeit, und das anliegende Gewebe wird in Folge von Blutextravasaten roth gefärbt. (cfr. Tafel V Fig. 2.)

Fig. 51 partiell entzündete Pulpa aus einem cariösen unteren Bicus-

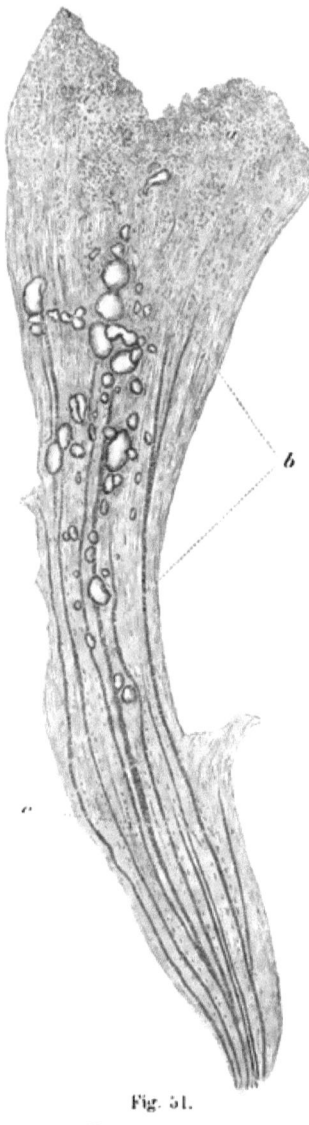

Fig. 51.

*) Als Beleg für meine Behauptung mag hier noch folgender Fall Platz finden: Ein Schüler von 15 Jahren klagte über plötzlich eintretende Schmerzen in dem ersten unteren Mahlzahne. Die ganz oberflächliche Centralcavität war zwar gegen Wasser sehr empfindlich, doch konnte ich in der vom erweichten Zahnbeine sorgfältig gereinigten Höhle pidaten, der dem betreffenden Patienten vor der Extraction nur wenige Stunden geschmerzt hatte. Den rechtsgelegenen lingualen Höcker dieser Pulpa, welcher mit seiner ganzen Oberfläche an der erweichten Dentinschicht anlag und mit schleimigem Detritus überzogen war, sehen wir in der Einkerbung schon durch oberflächlichen Gewebszerfall ausgezackt. In der Nähe dieses Substanzverlustes der Pulpaoberfläche ist auch die zellige Infiltration $a\,a$ des Gewebes am stärksten. Durch die Färbung des Präparates mit Carmin sind die mit Blut angefüllten Capillargefässe des Kronentheils verwischt worden, dagegen sind die stärkeren Gefässe der Wurzel gut erhalten. Sie durchziehen das Präparat als stärkere und dünnere an einzelnen Stellen um die Dentikel gewundene Linien. Zahlreiche grössere und kleinere Dentikelgruppen b liegen zwischen und auf den Gefässen. Die kleinen, den Zügen der Gefässe folgenden Pünktchen c sind spindelförmige Dentinoide. (Vergr. 15.)

Dieses Stadium der Entzündung — die partielle Pulpitis — kann längere Zeit bestehen, ohne dass die kranke Pulpa heftige Schmerzen verursacht. Kommt es jedoch beim weiter fortschreitenden Zerfall des Gewebes zu einem stärkeren Blutandrange nach dem entzündeten Organe, z. B. nach einer Erkältung, oder entsteht durch stärkere chemische oder mechanische Reize plötzlich eine hochgradige Ueberfüllung der Gefässe, so haben wir bald eine im hohen Grade schmerzhafte Entzündung, welche sich über die ganze Pulpakrone erstreckt.

Sprengt man einen solchen Zahn mit verbreiteter Erweichung des Zahnbeines über der total entzündeten Pulpa, so ergibt sich gewöhnlich folgender Befund:

Die Pulpakrone erscheint scharlach- oder blutroth gefärbt mit getrübten nekrotischen Flecken an einzelnen Stellen. Die Oberfläche

---

mit einer geknöpften Sonde keine verdächtige Stelle finden. Ich nahm daher eine einfache Irritation der noch durch eine dünne Decke gesunden Zahnbeines geschützten Pulpa an, desinficirte und füllte provisorisch mit Guttapercha. Zwei Tage darauf musste ich den im hohen Grade wurzelkranken Zahn extrahiren und fand in dem gesprengten Zahne eine bereits in Schmelzung begriffene gangränöse Pulpakrone, das Periost stark hyperämisch mit Anschwellung an der Wurzelspitze. Bei genauer Untersuchung zeigte es sich nun, dass das eine Pulpahorn durch eine haarfeine Oeffnung an der erweichten Dentinschicht angelegen hatte, von der aus die Infection der ganzen Pulpakrone erfolgt war. Durch den Verschluss der Höhle wurde die Ausschwitzung des Exsudates durch die erweichte Decke aufgehoben und dadurch schnell entzündliche Gangrän der Pulpakrone herbeigeführt ist mit einem schleimig-eiterigen Detritus überzogen und hierdurch der organische Zusammenhang auch mit dem gesunden Zahnbeine aufgehoben. Das Gewebe der Pulpa ist erweicht und unter dem Deckgläschen leicht breit zu drücken, während gesunde Pulpen dem Breitdrücken einen gewissen Widerstand entgegensetzen.

Unter dem Mikroskope unterscheidet man einen eiterig zerfallenen, einen durch körnige Infiltration getrübten und einen hochgradig entzündeten Theil.

Wischt man von solchen Pulpen den graugelben Detritus, welcher aus Eiterkörperchen, Fetttröpfchen, nekrotischem Blut, zerfallenen, gewöhnlich in Verfettung begriffenen Zellen besteht, ab, so zeigen sich an der Grenze der infiltrirten und entzündeten Partie eine Anzahl stark erweiterter oder neugebildeter Capillaren, welche, mit Blut überfüllt, ein verschlungenes Gefässnetz bilden (cfr. Tafel XV, Fig. 1d), während die stärkeren Gefässe ebenfalls erweitert abgestumpft und mit dicken Knötchen endigen (Tafel XV, Fig. 1e, und Tafel XIII, Fig. 3). Die rothe Färbung des entzündeten Theiles wird durch Hyperaemie, die des infiltrirten durch ausgetretenen Blutfarbestoff bedingt.

Das Verhalten der Wurzelgefässe in total entzündeten Pulpen ist verschieden. Ist die Pulpakrone nur partiell zerfallen resp. infiltrirt, so findet man die Gefässe der Wurzeln etwas erweitert, meist etwas gewunden im Verlauf und durch zahlreiche Anastomosen, welche in gesunden Pulpen nicht gefunden werden, mit einander verbunden. Blutaustritt in das Parenchym der Wurzel ist noch nicht vorhanden.

Hat dagegen der Zerfall und die Infiltration des Gewebes die ganze Pulpakrone ergriffen, so findet man die Hauptgefässe der Wurzeln stark erweitert und oft bis zur Wurzelspitze mit Thrombusmasse gefüllt (vergl. Tafel II, Fig. 1), nicht selten auch mit blindsackähnlichen Erweiterungen und von blutig gefärbten Bindegeweben umgeben (vergl. Tafel XVI, Fig. 1 g g).

Auch das Gewebe der Wurzeln ist dann getrübt, an der Spitze der Pulpawurzel finden sich ebenfalls Blutextravasate, und selbst das Periost, welches an das orificium dentis angrenzt, ist in die Entzündung mit hineingezogen.

Im weiteren Verlaufe tritt dann vollständige Schmelzung des Pulpagewebes ein, so dass von der früheren bindegewebigen Struktur nichts mehr zu erkennen ist. Der ganze Kanal ist mit einer schmierigen, stinkenden Masse ausgefüllt, in der man selbst bei uneröffneter Pulpahöhle mikroskopisch dieselben Elemente — Fetttropfen, Eiter, nekrosirtes Blut, Leptothrixkörner und Fäulnissbacterien — findet, wie sie sich auf der Oberfläche zerfallener Pulpen zeigen; das ganze Gewebe ist hier also von diesen Fermenten durchsetzt.

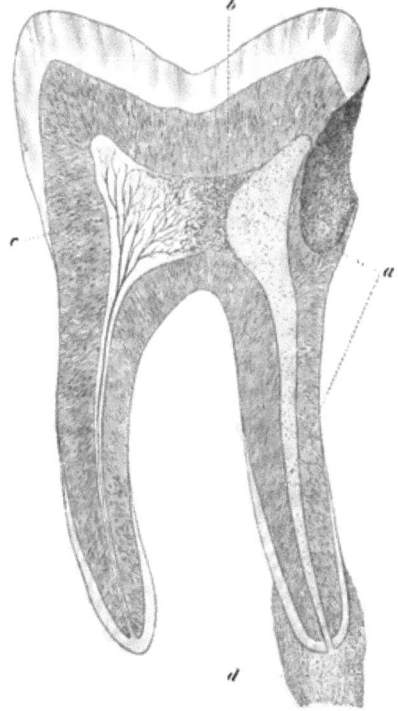

Fig. 52.

Ist die Pulpahöhle eröffnet, also äusseren Infectionsstoffen direkt zugänglich, so finden sich in solchen schmierigen Pulparesten auch lange, wie Filz verschlungene Leptothrixfäden.

Als Folge dieses septischen Zerfalles beobachtet man dann an der Spitze solcher Zahnwurzeln den sogen. Eitersack, in Zerfall begriffene Bindegewebswucherungen, in denen die septischen Stoffe (Bacterien) ebenfalls massenhaft vorhanden sind. Es ist wichtig, darauf hinzuweisen, dass die Gangrän der Pulpa, wie die Entzündung derselben, eine partielle und totale sein kann. Die partielle Gangrän trifft man namentlich dann sehr häufig an, wenn die Caries die Pulpa von der Seite am Zahnhalse zuerst erreicht. Hier kann es vorkommen, dass, wie in **Fig. 52** die der cariösen Stelle zunächst liegende Pulpawurzel total vereitert ist, Wucherung und Schmelzung des Periostes schon stattgefunden hat, während ein Theil der Kronenpulpa sich durch eine demarkirende Entzündung des Gewebes von dem Eiterherde abgesperrt hat, so dass die Pulpawurzel in dem anderen Kanale zwar mit Blut überfüllt und entzündet, vom Zerfall aber nicht ergriffen ist. Für die Behandlung des Zahnes sind diese Befunde von Wichtigkeit, so dass wir namentlich in schwer zugänglichen Wurzelkanälen diese nur entzündeten Stümpfe antiseptisch überkappen, während wir aus dem anderen Kanale die fauligen Pulpareste so gut als möglich entfernen, desinficiren und mit Phenolcement, wenn möglich bis zur äusseren Wurzelspitze, ganz ausfüllen.

Als eine häufige Folge von Entzündung, namentlich eiteriger mit reichlichem Rundzelleninfiltrat, ist hier noch die Rückbildung der Gefässe in Bindegewebsstränge, welche noch deutlich die Ramification der Gefässe durch den Verlauf ihrer Züge kennzeichnen, zu erwähnen. Ein hübsches Beispiel hierfür haben wir auf

Tafel XV. Fig. 2. Partie einer in eiterigem und fettigem Zerfalle begriffenen Pulpa. **a** grösseres Capillargefäss, mit Colloidkugeln angefüllt; dieselben erscheinen theils matt, schollenartig, theils hell glänzend — stärker lichtbrechend. Die Wandungen dieses Gefässes, obwohl in scharfen Conturen von der Umgebung abgegrenzt, erscheinen in ihren Elementen undeutlich, indem die Endothelzellen als solche kaum mehr zu erkennen sind. Bei **b** ein zweites, gabelförmig verzweigtes Gefäss, mit zerfallenen Blutkörperchen und Gerinnsel angefüllt. Die Wandungen dieses Gefässes sind bei **b** noch deutlich charakterisirt, bei **b'** jedoch in der Umwandlung zu einem Bindegewebsstrange begriffen. Theils in Gruppen, theils einzelnstehende Colloidkugeln finden sich bei **d**. Zahlreiche Spindelzellen **c**

mit einfacher und doppelter Kernbildung (in Theilung begriffene bei c') durchsetzen das ganze Präparat. e Blut und Eiterkörperchen, in dichten Haufen in das Gewebe eingelagert. Die bei f stark hervortretenden schattirten grösseren Kugeln sind Fetttropfen.

Beim Beginn der Totalentzündung liegt der Eiter gewöhnlich an der Pulpaoberfläche unter dem erweichten Zahnbeine. Zuweilen kommt es aber auch (in geschlossenen Zahnhöhlen) zur interstitiellen Eiterbildung, und unter den heftigsten Schmerzen entwickelt sich dann — wie wir in Fig. 1, Tafel XV, sehen — ein Pulpaabscess.

Die Schmerzen werden in diesem Stadium unerträglich, der Patient bekommt eine Art Wundfieber, und wenn wir in einem solchen Zahne die Pulpahöhle öffnen und dabei die Pulpakrone etwas verletzen, so wird der Eiter mit einem gewissen Druck aus der Pulpa in die cariöse Höhle gedrängt, worauf uns der Patient gewöhnlich Nachlass der heftigen Schmerzen meldet.

Dieselbe Erleichterung verspürt der Patient, wenn er die Pulpahöhle selbst (mit dem Zahnstocher) öffnet und der Fäulnissdetritus, der Eiter und das Blut aus der Perforationsstelle aussickern kann. Bringt endlich der Patient noch eins der bekannten Zahnmittel, wie z. B. Nelkenöl, Creosot etc., in die cariöse Höhle, so wird die Pulpaoberfläche etwas cauterisirt und die Entzündung nimmt einen milderen Charakter an. Die Ueberfüllung der grösseren Wurzelgefässe mit Blut tritt wieder zurück, und die Circulation wird durch die ausgedehnten Capillargefässe unterhalten.

Aehnlich sind die pathologisch-anatomischen Veränderungen in den durch Caries blossgelegten Pulpen, welche als rothe Punkte aus der eröffneten Pulpahöhle hervorragen (Fig. 1, Tafel V). Beginnt man mit der Untersuchung solcher Pulpen von der Wurzel aus, so findet man die Hauptgefässe derselben etwas erweitert und zwischen den hier nie fehlenden Dentinoideinlagerungen gewunden verlaufen. Je näher sie der Pulpakrone kommen, um so stärker treten zwischen ihnen die Capillargefässe hervor. Das Gewebe der Krone ist getrübt und mit Rundzellen reichlich durchsetzt. Die Verbindung der Odontoblasten ist in der Krone durch den die

Oberfläche überziehenden Fäulnissschleim unterbrochen*). An der freiliegenden Stelle zeigen sich, wie auf einer granulirten Wunde, Bindegewebswucherungen, die wir da, wo sie als linsengrosse Punkte in der cariösen Höhle liegen, mit Pulpapolyp bezeichnen.

Zuweilen wird in solchen chronisch entzündeten Pulpen der infiltrirte, in Zerfall begriffene Theil durch eine scharf hervortretende demarkirende Entzündung abgegrenzt; auch particile und totale Thrombose eines oder mehrerer Gefässe werden hier angetroffen.

Tafel XVI. Fig. 2. Chronisch entzündete, nicht canterisirte Pulpa. Es ist bloss die Wurzel und die untere Hälfte der Kronenpulpa gezeichnet. Das Pulpagewebe der Krone ist hochgradig entzündet, überall reichliche Rundzelleninfiltration. Die in Schmelzung begriffene Gewebspartie a a von rothen Strängen durchzogen (Reste von Capillargefässen?) und durch eine bogenförmig herumlaufende Demarkationszone b b begrenzt. Die Gefässe sind im übrigen Theile scharf markirt; nirgends Extravasate, trotzdem das nach links zu gelegene Gefäss c von einer Säule dicht gedrängter Blutkörperchen angefüllt und erweitert ist. Diese natürliche Gefässinjection zeigt bei g an mehreren Punkten eine Unterbrechung. In den Gefässen c f, die etwas erweitert in dem entzündeten Theile auslaufen, hat die Circulation noch weiter bestanden.

Der Verlauf der Pulpaentzündung wird wesentlich von der Intensität der lokalen Reize und von der Succulenz des Gewebes abhängig sein. Ausserdem geht aber unzweifelhaft aus den Krankenberichten unserer Patienten hervor, dass durch gewisse Einflüsse, die auf den Körper im Allgemeinen wirken, wie z. B. Schwangerschaft und Erkältung irgend eines Theiles des Körpers, die Pulpaentzündungen ganz plötzlich gesteigert werden können.

In Pulpen jüngerer Zähne ist der Verlauf ein schnellerer, als in denen alter Individuen. Während bei jüngeren Leuten der Ausgang in entzündliche Gangrän (cfr. Tafel XV, Fig. 1) mit consecutiver Wurzelhautentzündung vorherrschend ist, verläuft die Pulpitis bei älteren Personen mehr chronisch und endet nicht selten mit Ver-

---
*) Dass eben aus diesem Grunde freiliegende Pulpen, auch wenn sie nicht schmerzen, doch niemals überkappt werden dürfen, haben wir bereits auf Seite 34 erwähnt.

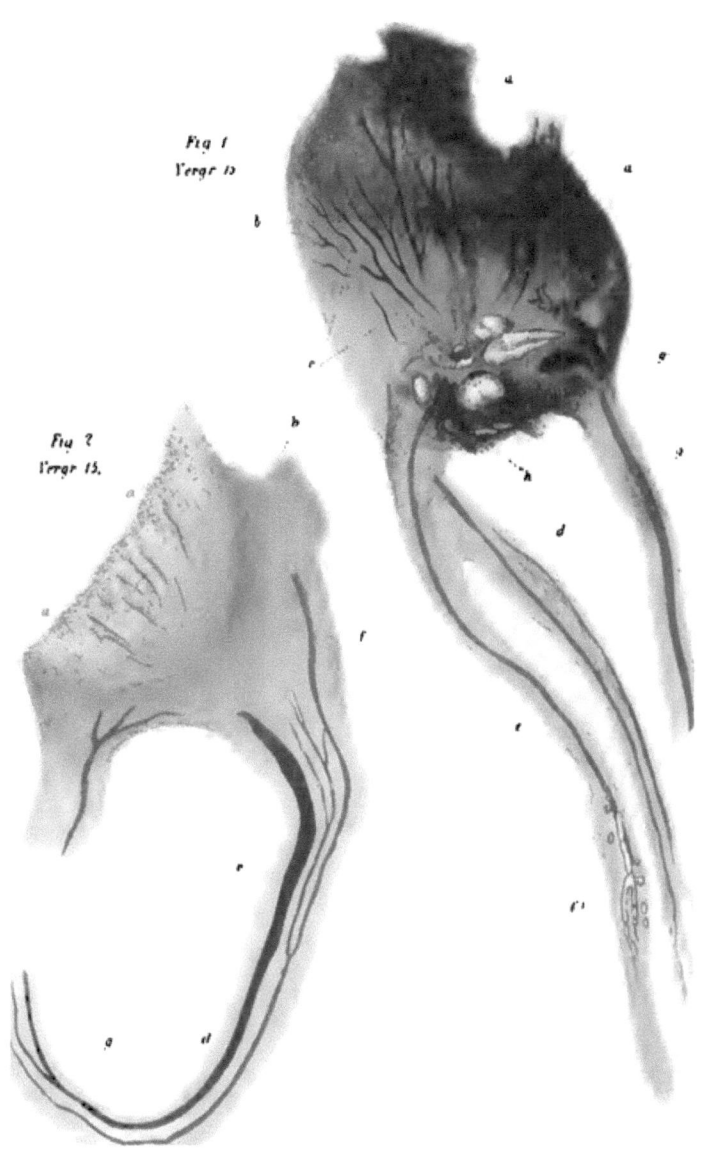

kreidung, Verödung der Gefässe und schmerzloser Schrumpfung, Verfettung oder trockener Gangrän der Pulpa. (Vergl. Wedl, Pathologie: Atrophie der Zahnpulpa, Seite 181.)

Die Behandlung der Totalentzündung. Wir haben bereits bei partieller Pulpitis, namentlich bei Mahlzähnen, die Entfernung der Pulpakrone vorgeschlagen, und dieses Verfahren eingehend motivirt, so dass wir dem Leser, welcher unserer Darstellung bisher gefolgt ist, kaum zu sagen brauchen, dass die Behandlung total entzündeter Pulpen niemals den Zweck haben kann, das kranke Organ in seiner Totalität zu restauriren.

Die dürftigen Erfolge, die wir aus der Behandlung partiell entzündeter Pulpen einwurzeliger Zähne zu verzeichnen haben, können und sollen uns nicht verleiten diese Experimente auch an total entzündeten Pulpen zu versuchen, wo sie nur von Misserfolgen begleitet sein würden.

Trotzdem aber finden wir ab und zu Berichte über angebliche Heilung total entzündeter Pulpen. Von England wurde vor vier Jahren zu diesem Zwecke von Okley Coles die Behandlung mit Pepsin empfohlen. Doch hat diese in Deutschland keine Nachahmung gefunden.

Das Pepsin, das Ferment des Magens, hat bekanntlich die Eigenschaft, in Gegenwart von verdünnter Salzsäure unlösliche Eiweissstoffe in lösliche — Peptone — zu verwandeln. Diese Wirkung erstreckt sich jedoch nicht nur auf nekrosirtes und entzündetes Gewebe, sondern — wie durch Einbringen der Schenkel lebender Frösche in künstlich angelegte Magenfisteln grösserer Thiere nachgewiesen ist — auch auf gesunde Theile. Pepsin, in die Pulpahöhle eingeschlossen, löst demnach in Verbindung mit Salzsäure das ganze Gewebe, auch die gesunden Partien der Pulpa, auf.

Diejenigen, welche den Gebrauch des Mittels zur conservativen Behandlung der entzündeten Pulpa empfehlen, scheinen diese Wirkung des Pepsins nicht berücksichtigt zu haben. Denn nach den Ansichten der betreffenden Autoren sollen durch die Pepsinpasta, welche mit Wachs gut verschlossen direkt auf die Pulpa aufgelegt wird, nur die entzündeten Partien der Pulpakrone aufgelöst worden, so dass man schon gewöhnlich am anderen Tage den gesunden (!) Rest der Pulpa überkappen könne!

Wie wenig diese Annahme den pathologischen Veränderungen der Pulpa vor und nach der Behandlung entspricht, brauchen wir eigentlich kaum zu erwähnen. Die Eiterung, der beginnende Gewebszerfall, die Anhäufung von nekrotischen Blutkörperchen in den Gefässen, die Bindegewebswucherungen, kurz alle in dem vorstehenden Kapitel erwähnten pathologischen Veränderungen können nicht wie mit einem Zauberschlage innerhalb 24 Stunden durch die Pepsinpasta beseitigt werden. Jedenfalls müssen die Pulpen, in denen sich in der Nacht ein so wunderbarer Umschwung vollzieht, ganz anders organisirt sein als die, welche wir täglich zu sehen bekommen und nach der Behandlung mikroskopisch untersucht haben.

Bei Totalentzündung der Pulpa werden wir uns aus praktischen Gründen stets zur Cauterisation der kranken Pulpa entschliessen. Wir versuchen weder die Heilung einer Pulpitis mit Pepsin oder wochenlangen Creosotverbänden, noch können wir unseren Patienten zumuthen, sich das entzündete Organ ohne vorherige Anwendung eines Aetzmittels mit der Bohrmaschine herausbohren zu lassen.

Die Therapie muss sich in erster Linie die Aufgabe stellen, dem Patienten schnell und sicher die oft qualvollen Schmerzen zu nehmen. Wir entfernen daher vor Allem die erweichte Dentinschicht und legen die Pulpa frei. Blutet dabei die verletzte Pulpa, so anästhesiren wir zunächst mit Phenoltannin und legen dann die Aetzpasta auf. Finden wir einen Pulpaabscess, so spritzen wir die Wunde mit warmem Wasser aus und behandeln auch hier zunächst mit Phenol.

Ist die Pulpa hingegen schon in Schmelzung begriffen und nach der Application des Phenoltannins geschrumpft, so spritzen wir den Detritus aus der möglichst weit eröffneten Pulpahöhle heraus und legen nun kein Arsenik, sondern eine Lösung von c. 20% Chlorzink und Phenol in Jodtinktur und Glycerin ein — der jedoch zur Linderung der schmerzhaften Chlorzinkwirkung mindestens

5%, Morphium hinzugesetzt werden muss. Durch dieses Mittel, dessen Wirkung eine nach der Tiefe gehende ist, werden auch die unteren Theile der Pulpawurzeln, die ja gewöhnlich der Sitz der Entzündung in solchen Zähnen sind, cauterisirt und gleichzeitig der Fäulnissdetritus in den Kanälen gründlich desinficirt; das Letztere, eine durchgreifende Desinfection, kann die Arsen-Aetzpasta nicht bewirken.

Durch diese Behandlung wird der Schmerz fast in allen Fällen schnell beseitigt; wünscht der Patient den Zahn gefüllt zu haben, und ist die Krone kräftig genug, so wird am anderen Tage der Verband entfernt, die Pulpakrone eventuell amputirt, und die Pulpawurzel so gut als möglich extrahirt.

Die Extraction der Pulpawurzeln kann jedoch — wir sind gezwungen, dies immer auf's Neue wieder zu betonen — nicht immer ganz ausgeführt werden, und es ist deshalb wichtig, uns hier zu vergegenwärtigen, was aus solchen in engen Kanälen zurückgelassenen entzündeten Pulpawurzeln antiseptisch behandelter und dann gefüllter Zähne wird.

Das Bild einer total entzündeten Pulpa nach der Cauterisation ist ein ganz anderes, als das einer partiell entzündeten. Wir finden hier nach der Aetzung, wenn der Zerfall der Krone noch nicht bedeutend ist, die Pulpakrone zum Theil von (nekrosirtem?) Blutgerinsel durchsetzt und scharlachroth. Die Gefässe derselben sind mikroskopisch nicht mehr in ihrem Verlaufe zu verfolgen, dagegen sehen wir die Wurzeln mit Blut überfüllt als rothe Stränge, die durch ausgetretenen Blutfarbestoff roth gefärbte Gewebe durchziehen, und Seitenästchen mit einander verbinden.

Tafel VI, Fig. 1. Total entzündete Pulpa aus einem unteren Mahlzahne, der, obgleich nach der Cauterisation ganz schmerzfrei, doch zwei Tage später extrahirt wurde, denn nur aus einem extrahirten Zahne kann man eine Pulpa, wie die hier abgebildete, gewinnen. Die Pulpa wurde vor der Behandlung mit Arsenik nur an einer ganz kleinen Stelle freigelegt. Entsprechend der Infiltration des Gewebes sehen wir dasselbe durch das Aetzmittel bei **a a** braunroth entfärbt. In der entzündeten, von Blutfarbestoff durchsetzten

Pulpakrone finden sich noch eine Anzahl mit nekrotischem Blut angefüllte Gefässe, die in den wenig infiltrirten Theil c auslaufen. Eigenthümlich erscheint hier der brandige Gewebszerfall an der Basis der Pulpahöhle unter den Dentikeln h, und die keulenförmige Ausbuchtung des stark erweiterten, bei g ebenfalls von nekrosirten Blutmassen umgebenen Gefässes in der abgerissenen Distalwurzel. Die von dem Entzündungsherde weiter entfernt liegenden hier getrennten Mesialwurzeln zeigen im Allgemeinen kein abnormes Verhalten. In der Wurzel d finden wir die beiden Gefässstämme durch zarte Anastomosen in ihrem Verlaufe verbunden und das Gefäss in der Wurzel e durch eingedrungene Luftblasen f theilweise verdeckt.

Wird eine solche Pulpa amputirt, so erfolgt regelmässig eine reichliche Blutentleerung aus den Wurzelgefässen, doch hört die Circulation des Blutes nach der Ueberkappung auch hier nicht direkt **auf**. Wahrscheinlich ist es, dass das Gewebe noch eine Zeit lang ernährt wird, **bis** die Thrombose in den Gefässen bis zur Wurzelspitze fortgeschritten und schmerzlose Schrumpfung der Pulpawurzeln eingetreten ist. Beschränkt sich die Thrombose in den Gefässen nur auf eins derselben, so kann auch hier consecutive Verkreidung des Gewebes eintreten.

Ich empfehle daher, gestützt auf meine mikroskopischen Untersuchungen und praktischen Beobachtungen, Wurzeln total entzündeter Pulpen, die nach der Amputation bluten, und die wir nicht extrahiren können, mit Phenoltannin zu überschwemmen, und nach der Betupfung mit Phenolmastrix sofort mit Phenolcement zu überkappen, nur mit dem Unterschiede, dass hier die ganze Pulpahöhle mit Phenolcement ausgefüllt wird. Dadurch wird in der Pulpahöhle ein Zustand geschaffen, welcher die Weiterentwicklung der Fäulnissbakterien unmöglich macht, und der gewiss nur in den seltensten Fällen Gangrän **der** Pulpawurzeln aufkommen lässt.

Dieselbe Behandlung der Pulpahöhle findet statt, wo die nicht extrahirbaren Pulpareste bereits im Zerfall begriffen sind; nur dass hier eine Vorbehandlung nöthig ist, über die ich am Schlusse des nächsten Kapitels berichten werde. Wo die Wurzelkanäle für unsere **Instrumente** zugänglich sind, extrahiren wir die Wurzeln solcher Pulpen stets und füllen die Wurzelkanäle.

Das Füllen der Wurzelkanäle.

In der Zahnheilkunde gibt es **wol kaum** eine zweite Operation, welche im Laufe der Zeit so viele Wandelungen durchgemacht hätte, als die Wurzelfüllungen. Es liegt ausserhalb der Grenzen dieses Werkes, eine geschichtliche Darstellung dieser **für** den Fachmann interessanten Operation zu geben. Wir wollen jedoch, bevor wir an die Beschreibung derselben herantreten, **einen kurzen Ueberblick über die** bisher gebräuchlichen Methoden vorausschicken.

In Amerika, der Geburtsstätte der zahnärztlichen **Technik**, wurde schon **vor** langen Jahren dem Ausfüllen **der** Wurzelkanäle mit Gold viele Aufmerksamkeit geschenkt. In Deutschland hat diese Operation nur wenige Anhänger gefunden, und zwar nicht etwa aus dem Grunde, weil wir derselben nicht die gleiche Sorgfalt zugewendet hätten, sondern weil wir uns sehr bald überzeugten, dass der Begriff von vollkommener Ausfüllung der Wurzelkanäle **mit** Gold oder Zinnfolie nur auf ganz vereinzelte **Fälle** Anwendung finden **kann**.

Schon Prof. Heider hat diese angebliche Füllung der Wurzelkanäle mit **Gold** und Zinnfolie vom theoretischen Standpunkte aus **scharf kritisirt und die** praktische Ausführbarkeit **in den** meisten Fällen **als unmöglich** hingestellt. Auch ich zähle im Gegensatz zu anderen **Autoren** das Ausfüllen der Wurzelkanäle **zu** den schwierigsten **Aufgaben**, die dem Zahnarzte gestellt werden können, und gestehe ganz offen, trotzdem mir jetzt die Erfahrung **und** Uebung einer 10jährigen ausgedehnten Praxis zur Seite steht, und mein Instrumentarium stets auf das Vollkommenste ausgerüstet ist, dass **es mir** meines Wissens bisher **nur** bei oberen Schneidezähnen gelungen ist, Wurzelkanäle mit Goldfolie gut auszufüllen. Wir begegnen bei dieser Operation sehr vielen Hemmnissen. Die Hauptschwierigkeit liegt eben in der haarfeinen Beschaffenheit der gekrümmten Buccalwurzelkanäle der oberen und der Mesialwurzeln der unteren Mahlzähne, die sich auch nicht von der cariösen Höhle aus genügend erweitern lassen, um vermittelst eines Extractors die Pulpareste vollständig aus denselben entfernen zu können.

Zwar finden wir in verschiedenen Lehrbüchern diese Operation in allen ihren Einzelheiten beschrieben, und dem nicht erfahrenen Praktiker könnten die dort gegebenen Schilderungen plausibel erscheinen. Da wird von möglichst gründlicher Extraction der Pulpawurzeln gesprochen, die Kanäle sollen mit elastischen, den Wurzeln entsprechend gebogenen Reibahlen aufgerieben, und dann gründlich desinficirt werden. Darauf werden alle Kanäle zuerst provisorisch bis zur Wurzelspitze (!) mit kreosotgetränkter Baumwolle ausgestopft, und nachdem sich keine Absonderung durch Geruch mehr nachweisen lässt, und die Baumwolle hübsch trocken erscheint, werden dann sämmtliche Wurzelkanäle des Zahnes gut und solide mit Gold gefüllt, das mit elastischen Stopfern fest an die Wandungen des Kanales angedrückt und durch und durch fest gedichtet werden muss. In der zweiten Sitzung wird dann die Pulpacavität und in der dritten endlich die cariöse Höhle selbst mit Gold gefüllt.

Wahrhaftig, solche Beschreibungen einer Operation, die noch von keinem Zahnarzte an einem oberen oder unteren zweiten Mahlzahne jemals vollkommen ausgeführt worden ist, können nur dazu beitragen, den jungen strebsamen Studenten, der sich vergebens bemüht, nach solchen Angaben zu arbeiten, missmuthig und misstrauisch zu machen, der erfahrene Praktiker, der die technischen Schwierigkeiten dieser Operation und die Lage und Form der Wurzelkanäle kennt, wird bedenklich den Kopf dazu schütteln.

Was nützt uns all dieses Theoretisiren, wenn wir keinen praktischen Nutzen daraus ziehen können? Man sei ehrlich, denn der Zahnarzt füllt keine Wurzelkanäle mit der Schreibfeder, sondern mit Instrumenten! Ich behaupte, dass unter tausend sogenannten soliden Wurzelfüllungen mit Gold oder Zinn, auch wenn sie von den geschicktesten Händen ausgeführt worden sind, kaum eine wirklich vollkommene ist.

Einer vollkommenen Wurzelfüllung muss zunächst die vollständige Extraction der Pulpa aus allen Wurzelkanälen bis zur Wurzelspitze vorausgehen. Das eingebrachte Gold darf dann weder einen Millimeter von der Wurzelspitze entfernt, noch darüber hinaus gestopft werden, die Füllung muss vielmehr an der Wurzelspitze wie mit der Feile abgeschnitten sein, damit das deckende Periost nicht durch rauhe Kanten des Goldes gereizt und verletzt werden kann. Dass sind vollkommene Wurzelfüllungen.

Bleibt hingegen auch nur der geringste Rest von Pulpa unter dem Golde sitzen, oder schliessen wir mit unseren Goldcylindern in dem Kanal auch nur eine kleine Luftsäule mit ihren Fäulnisserregern zwischen die Pulpareste und das Gold ein, so genügt das, die ganze Operation zu vereiteln, weil die zurückgebliebenen Pulpareste septisch zerfallen.

Die Ursachen der Misserfolge nach dem Ausfüllen der Wurzelkanäle mit Gold, Zinn oder Watte sind folgende:

Da die Pulpareste aus einigen Kanälen nie vollständig entfernt werden können, so ist beim Füllen eine Quetschung der zurückgebliebenen gesunden Pulpareste kaum zu vermeiden; die Metallcylinder wirken in den Kanälen wie die Stempel einer Spritze und können daher die Luft in dem Kanale derartig comprimiren, dass ein Druck auf die Wurzelhaut durch das Foramen erfolgen muss; das Hauptmoment ist aber darin zu suchen, dass septisch zerfallene Theile gangränöser Pulpen bei dem Ausfüllen der Kanäle durch das Foramen hindurch in die Alveole gedrängt werden (vergl. Fig. 53). Dazu kommt noch die Erschütterung und Schwächung des Zahnes, wie sie beim Ausfüllen mit Gold unvermeidlich ist.

Beim Ausfüllen der Wurzelkanäle müssen wir daher vor allen Dingen sorgen, dass die nicht extrahirbaren Pulpareste unter der Füllung nicht zerfallen, nicht in Fäulniss übergehen können. Wir müssen ferner ein Material benutzen, das mit Leichtigkeit so weit in die Kanäle eingeführt werden kann, als wir die Pulpawurzeln entfernt haben, ohne dass wir Gefahr laufen, die Pulpareste zu quetschen oder Luft- und Fäulnissdetritus in die Alveole zu drängen, was bei dem Ausfüllen der Kanäle mit festen Substanzen kaum umgangen werden kann.

Diese Bedingungen erfüllen alle bisher vorgeschlagenen Operationsmethoden und die dabei in Anwendung gebrachten Mittel nicht. Wenn zum Ausstopfen der Pulpakanäle, wie vielfach geschieht, Creosotwatte empfohlen wird, so ist das leichter gesagt, als gut und zweckentsprechend ausgeführt. Dasselbe gilt von den combinirten Chlorzinkcement-Wattefüllungen. Der gewöhnliche Zinkcement erhärtet so schnell, dass eine Einführung des Cementes mit Watte, auf welcher er leicht zu trocknen anfängt, in nur einigermassen ungünstig gelegenen und engen Höhlen unmöglich ist. Das Wattebäuschchen schiebt sich sehr leicht in engen Kanälen vor dem Stopfer zusammen; drücken wir stärker, so durchdringt unser Stopfer den Wattepfropf, derselbe bleibt mitten im Kanale stecken und die ganze Operation ist verfehlt.

Ganz ähnlich verhält es sich mit der von Sauer[*]) angeregten Ausfüllung der Pulpakanäle mit Catgutfäden. Ohne Zweifel stellen sich doch der Einführung von Catgutfäden dieselben Schwierigkeiten entgegen, die wir soeben ausführlich besprochen haben, und die Arbeit, einen Catgutfaden, der nahezu einen Kanal ganz ausfüllt, mit und neben dem Stopfer in eine gekrümmte Buccalwurzel eines oberen Mahlzahnes einzuführen, ist ebenso unmöglich, als das Ausstopfen dieser Kanäle mit Goldcylindern. Im Uebrigen verhält sich Catgut in dem Wurzelkanale eines Zahnes ganz indifferent, wirksam ist auch hier nur das Phenolöl. Der Erfolg dieser Operation ist also lediglich in der auch von Sauer acceptirten antiseptischen Behandlung der Wurzelkanäle zu suchen.

Wirklich vortheilhaft erscheint mir dagegen die Verwendung des Catguts beim Ausfüllen solcher Wurzeln, deren Kanäle noch nicht ganz ausgebildet sind, z. B. wo im jugendlichen Alter nach Bruch der Krone eines oberen Schneidezahnes und Zerfall der Pulpa das Ausfüllen der Wurzel und Conservirung des Kronenrestes nöthig ist, um später einen Stiftzahn in der Wurzel befestigen zu können.

---

[*] cfr. V. J. Schrift für Zahnheilkunde. 1877. Seite 369.

Hier, wo wir mit unseren Stopfern durch den noch nicht ausgebildeten weiten Kanal tief in die Alveole eindringen können, halte ich die Verwendung des Catguts zum Ausfüllen der Wurzelspitze für sehr zweckmässig. (Wir kommen darauf weiter unten zurück.) In solchen Fällen schieben wir, nachdem der Wurzelkanal gut gereinigt und mit Phenolwasser ausgespritzt ist, ein Stückchen Catgut durch den Zahnkanal in die Alveole hinein, füllen die Spitze des Kanales gleichfalls mit Catgut, um dadurch das Eindringen des Cementes in die Alveole zu verhüten, und füllen dann den Wurzelkanal mit Phenolcement und den Rest der Höhle mit Amalgam oder Cement (cfr. Fig. 65). Das Catgut ruft in der Höhle eine leichte Entzündung hervor, die jedoch nach meinen Erfahrungen bald wieder schwindet, und mit der Resorption des Catguts erfolgt dann die Vernarbung der Alveole in den meisten Fällen von selbst. Den ganzen Kanal in solchen Fällen mit Catgut auszufüllen, halte ich nicht für zweckmässig, weil durch das weite Foramen auch die Resorption des Catguts im Wurzelkanale möglich, ja, nach Sauer, sogar wahrscheinlich ist, und das wäre doch nicht erwünscht! In den Zähnen sind Hohlräume unsere Feinde, und deshalb stopfen wir Jahr ein, Jahr aus ein Loch nach dem anderen zu.

Um möglichst vollkommene Wurzelfüllungen herzustellen, müssen wir ein Material benutzen, das mit Leichtigkeit in die Kanäle, soweit dieselben den feinsten Stopfern zugänglich sind, eingeführt werden kann, das, ohne stark zu ätzen, gleichzeitig des-inficirt und, allmählich erhärtend, einen festen Verschluss des Kanales herstellt. Eine solche Operationsmethode glaube ich jetzt angeben zu können: es ist **das Ausfüllen der Wurzelkanäle mit Phenolcement.**

Wurzeln mit Cement zu füllen ist ja nichts Neues, doch aus mir gut erklärlichen Gründen bisher noch wenig in Aufnahme gekommen. Unsere Zinkcemente besitzen alle die Eigenschaft, schnell zu erhärten, so dass es eigentlich unmöglich ist, einen engen **Kanal** damit zu füllen. Wird der Cement dünnflüssig angewendet, so werden besonders beim **Füllen** weiter Wurzelkanäle durch Chlorzinkätzung leicht Wurzelhautentzündungen hervorgerufen, die meist einen acuten, schmerzhaften Verlauf nehmen.

In Folge dieser beiden Uebelstände sind die Chlorzinkcemente zum Ausfüllen der Wurzelkanäle nicht gut zu gebrauchen. Dagegen hat sich mir der nun seit 4 Jahren in Hunderten von Fällen erprobte Phenolcement so bewährt, dass ich seine Verwendung auch zum Wurzelfüllen auf's Wärmste empfehlen kann.

Am besten lassen sich die Vorzüge unserer Methode im Vergleich zu den anderen schematisch darstellen.

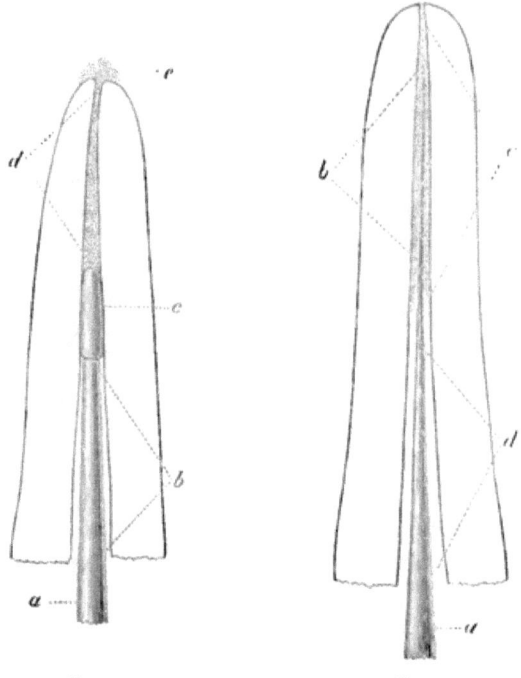

Fig. 53.   Fig. 54.

Denken wir uns **Fig. 53** als den engen Kanal einer gekrümmten Mahlzahnwurzel, aus dem wir die zerfallene Pulpa *d* nicht ganz entfernen konnten. Wird nun in einen solchen Kanal ein Goldcylinder (*c*) oder ein Wattepfropf eingeschoben, so wird derselbe den gereinigten Raum *b* passiren, dagegen die Luft und die zerfallenen Pulpareste (*d*) zusammenpressen und bei *e* an das Periost oder in

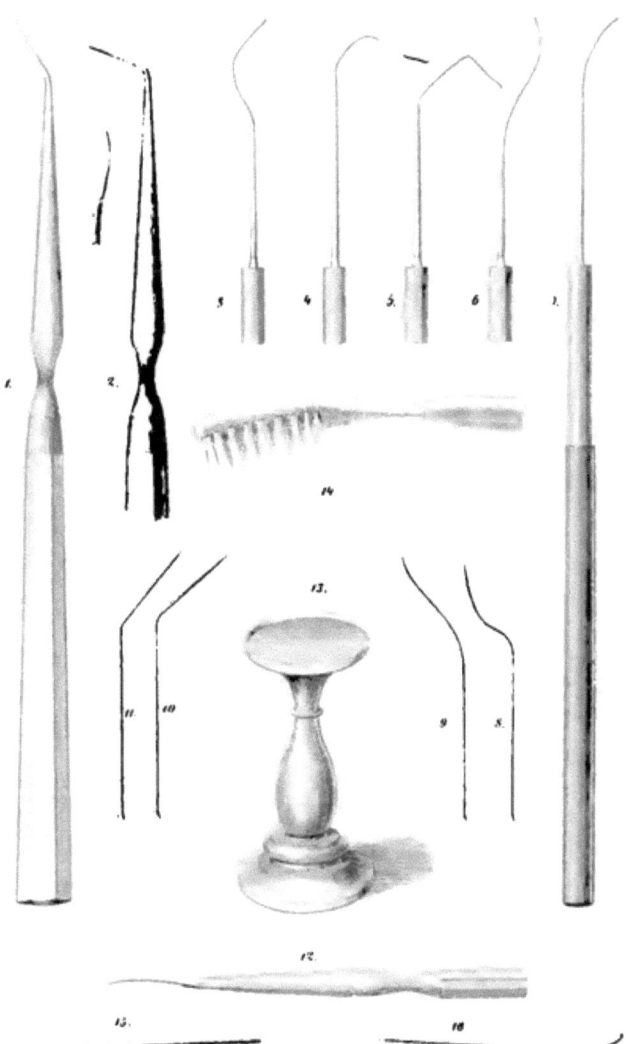

die Alveole hineindrängen. Damit ist hier eine der häufigsten Veranlassungen zur Periostitis gegeben.

Betrachten wir nun das zweite Schema (Fig. 54). Hier sehen wir den dünnen, haarfeinen Wurzelstopfer *a* mit seiner Spitze (*b*) in die fauligen Pulpareste eingedrungen. Eine Durchschiebung der nicht extrahirbaren fauligen Massen aus den Wurzelkanälen in die Alveole ist bei dieser Stopferform nicht gut möglich; wir durchstechen vielmehr dieselben mit den phenolisirten Spitzen und desinficiren den Pulpadetritus ganz gründlich.

Die meisten Misserfolge nach dem Ausfüllen der Wurzelkanäle entstehen, wie schon erwähnt, durch septischen Zerfall der nicht extrahirbaren Pulpareste; ein solcher aber ist durch den Phenolcement, tief in den Kanal eingepumpt, absolut unmöglich gemacht.

Ich benutze hierzu den bereits früher publicirten Phenol-Chlorzinkcement, der, staubfein pulverisirt, mit Phenolchlorzink-Glycerinlösung gut durchgeknetet, einen gelben und so geschmeidigen Brei gibt, dass er durch geschickte Manipulation in die feinsten Kanäle eingeführt werden kann, die überhaupt unseren feinsten Sonden und Extractoren zugänglich sind.

Diese Operation ist, wenn auch der Phenolcement 15—20 Minuten breiflüssig bleibt, trotzdem nicht ganz leicht durchzuführen, sie erfordert vor allen Dingen einen bequemen Zugang zur cariösen Höhle und eine zweckentsprechende, erweiterte Pulpahöhle, die wir mit oder ohne Spiegel vollkommen überblicken können. Sie erfordert ferner eine Anzahl feiner und biegsamer Wurzelstopfer*), mit denen wir auch in die engen Kanäle eindringen können und an

---

*) Diese Stopfer, Tafel XVII, Fig. 8, 9, 10 und 11, lassen sich sehr gut aus White'schen Nervenextratoren herstellen. Dieselben werden glatt, die stärkeren spitz gefeilt, unten am Schaft durch mehrere Hammerschläge etwas gehärtet und dann mit Schellack in ein Heft eingesetzt. Auch feine, ausgeglühte Reibahlen, deren Ecken verfeilt werden, lassen sich zu Wurzelstopfern, wie wir sie brauchen, herrichten. Hauptbedingung ist: Feinheit und Biegsamkeit des Stopfers bis zur Mitte, damit wir dieselben bequem gleich mit den Fingern nach der Richtung der Wurzelkanäle biegen können. Die auf der Tafel XVII abgebildeten Knopfstopfer dienen mir zu verschiedenen Zwecken: Ich benutze dieselben zum Auftragen der Arsenikpasta auf blossgelegten Pulpen in schwer zu erreichenden Höhlen, in gleichen Fällen zum Ueberkappen blossgelegter Pulpen, indem ich auf den Knopf dieser Sonden ein wenig Phenolcement aufnehme und vorsichtig auf die exponirte, vorher lackirte Stelle andrücke, ferner zum Auftupfen des Cementbreies auf amputirte Pulpen; endlich zur Untersuchung des erweichten Zahnbeines über erkrankten Pulpen (cfr. Seite 166).

denen die Flüssigkeit und der Phenolcementbrei leicht adhärirt. Das Letztere ist besonders wichtig.

Ist die Höhle des Zahnes zur Aufnahme der Füllung hergerichtet und ein bequemer Zugang zur Pulpa hergestellt, so wird der Zahn ausgespritzt, mit Fliesspapier oder Coffer-dam trocken gelegt

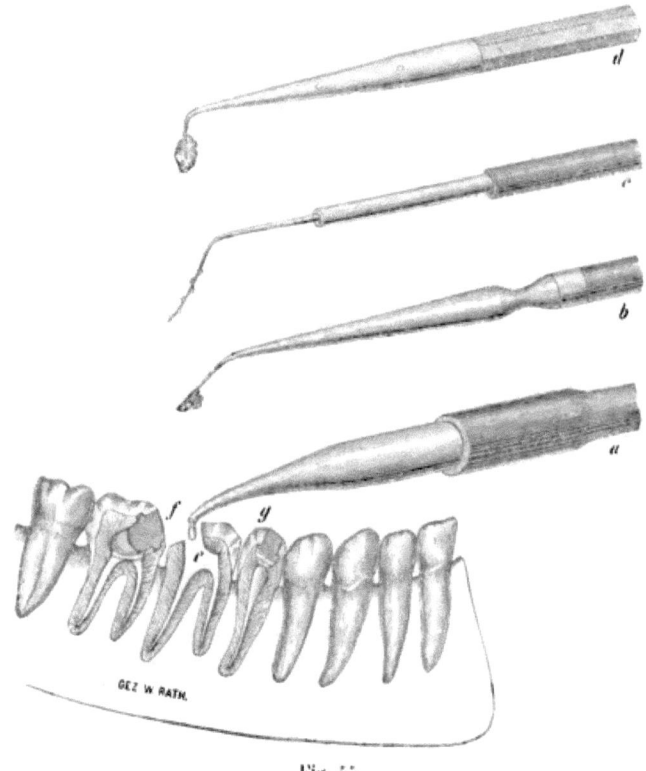

Fig. 55.

und nun die Pulpawurzel so gut als möglich extrahirt. Jetzt werden die Kanäle mit Schwamm und Luftbläser gut ausgetrocknet, die Pulpahöhle selbst mit Phenol-Alkohol ausgewaschen und wieder getrocknet. Darauf wird ein Tropfen der Phenol-Chlorzinklösung in die Pulpahöhle (**Fig. 55** c) eingebracht. Hierzu benutze ich, handelt es sich um das Ausfüllen eines unteren Mahlzahnes, mit Vortheil einen feinen Spritzheber (a), mit dem man durch leichtes Zusammendrücken des Gummicylinders ein oder zwei Tropfen aus dem bereitstehenden Glase in die Höhle des Zahnes bringen kann, wo wir sie dann durch Auf- und Abwärtsbewegen einer feinen, spitzen Wurzelsonde (c), die wir schon vorher dem Kanale durch Biegungen angepasst und eingeführt haben, völlig in die Wurzel einpumpen. Dabei vermeide man jeden unnöthigen Druck, durch den die Stopfer verbogen werden könnten; dieselben müssen vielmehr mit feinem Gefühle in der Richtung der Kanäle bewegt werden.

Sind die Kanäle durch dieses Verfahren mit der Phenollösung befeuchtet, so bringe ich mit dem Spatel (b), der gleichzeitig auch zum Vermengen des Pulvers mit der Flüssigkeit dient, eine erbsengrosse Partie des Phenolcements in die Pulpahöhle hinein und stopfe nun mit derselben Sonde, mit der ich die Flüssigkeit eingepumpt habe, auch den Phenolcement durch entsprechende Bewegungen in die Kanäle ein, ein Verfahren, das so lange fortgesetzt werden muss, bis aus dem Cemente keine Luftbläschen mehr aufsteigen; durch leichtes Betupfen mit einem Stückchen Schwamm wird der Ueberschuss der Lösung entfernt.

Dann wird mit dem Spatel etwas sehr dick angesetzter Cementbrei eingestrichen, das Einpumpen mit abgestumpften Stopfern (Tafel XVII, Fig. 3) noch einige Male wiederholt und nun der weiche Phenolcement mit einem von einer Pincette geführten Schwammstückchen (d) allmählich mit gelindem Drucke festgedrückt. Hierdurch wird der flüssige Cementbrei selbst in den Kanälen noch etwas comprimirt und die Oberfläche abgetrocknet. Dabei ist aber jeder starke und plötzliche Druck, durch den der flüssige Cementbrei leicht gegen das Periost oder in die Alveole getrieben werden kann, zu vermeiden.

Ist die Pulpahöhle nicht ganz ausgefüllt, so wird noch etwas Phenolcement nachgelegt. Auf diesen lege ich dann etwas breiflüssigen Zinkcement*), welcher der Amalgamfüllung als feste Unterlage dient. (In der schematischen Fig. 55 finden wir noch bei f

---

* Ich benutze gewöhnlich den schnell erhärtenden Chlorzinkcement von Poulson, Nro. 1.

den Durchschnitt eines gefüllten Zahnes mit amputirter, bei g mit überkappter Pulpa.)

Bei dem Füllen der Wurzelkanäle nach unserer Methode achte man besonders darauf, dass

Erstens die ganze Pulpahöhle mit Phenolcement ausgefüllt ist;

Zweitens der Chlorzinkcementbrei nicht zu dick angesetzt wird, schnell erhärtet und den Boden, auch einen Theil der Wände ganz bedeckt;

Drittens gute Haftpunkte für das Amalgam (bei Schneidezähnen und Praemolaren für den Zinkphosphatcement) an der Schmelz-Dentingrenze eingeschnitten sind.

Schematisch dargestellt, würde also eine Wurzelfüllung eines oberen Bicuspidaten das Bild der **Fig. 56** haben. a Phenolcement,

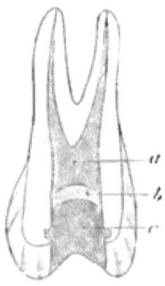

Fig. 56.

mit dem die Wurzelkanäle und der grösste Theil der Pulpahöhle ausgefüllt sind. Die Partie b ist der Chlorzinkcement, mit dem wir die Höhle bis zur Schmelz-Dentingrenze auskleiden, um darauf dann die Amalgam- oder Cementfüllung c zu legen.

Ehe wir zur Beschreibung dieser Operation an den einzelnen Zähnen übergehen, müssen wir noch einige Bemerkungen über die **Extraction der Pulpawurzeln** vorausschicken. Man benutzt zu diesem Zwecke ganz feine, ausgeglühte, mit Widerhaken versehene Reibahlen, die in vorzüglicher Qualität von S. S. White unter den Namen Nervextractors geliefert werden. Ich gebrauche immer nur die feinsten, ganz spitz auslaufenden Nummern, denn nur mit diesen kann man bequem in die Kanäle eindringen. **Fig. 57.** *a* Pulpaextractor, in dem Halter *b* durch einen Schieber *c* befestigt.

Wo es möglich ist, lege ich den Zahn mit seiner schon vollständig präparirten Höhle mit Coffer-dam trocken, befeuchte den frischen, noch ungebrauchten Extractor mit Phenollösung und führe denselben (gewöhnlich mit den Fingern gehalten) so in den Kanal ein, dass die Häkchen an der Wand des Kanales entlang laufen. Ist der Extractor bis zur Wurzelspitze vorgerückt, so wird er schnell fünf- bis sechsmal um seine Achse gedreht und dann langsam aus dem Kanale herausgezogen. Gewöhnlich hat man dann die ganze Pulpawurzel an den Häkchen des Extractors sitzen. Werden hingegen wiederholt schon gebrauchte Extractoren, mit abgenutzten Widerhäkchen an der Spitze, verwendet, so wird die Pulpa verletzt, der Patient hat Schmerzen, und die Pulpa bleibt doch zurück. Zuweilen wird die Extraction durch ausgedehnte Dentinneubildungen in der Wurzel erschwert, eine feinfühlende Hand wird jedoch den Widerstand sofort finden; die Rotationen müssen dann sehr vorsichtig gemacht werden, um das unliebsame Abbrechen der Extractoren zu verhüten*).

Ist dagegen die Pulpa schon zu einem schmierigen Brei zerfallen, so werden wir den mit Phenol-Chlorzinkjod benetzten Extractor wiederholt in dem Kanale auf- und abbewegen müssen, ehe wir denselben von Pulparesten frei haben. Dazu können auch schon gebrauchte Extractoren benutzt werden, wenn man dieselben durch

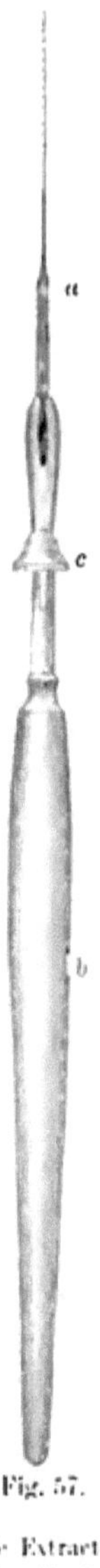

Fig. 57.

* Bricht ein Theil des Extractors tief im Kanale ab, so versuche man die Extraction der Pulpa und des abgebrochenen Stückes mit einem sehr feinen Extractor. Zuweilen empfiehlt es sich auch, den zweiten Extractor mit einem Fädchen Floekseide zu umwickeln, in der sich die Häkchen des abgebrochenen Extractors verwickeln und so herausgezogen werden. (Vergl. Seite 55.)

vorsichtiges Erwärmen über einer kleinen Spirituslampe von den anhängenden Pulparesten vorher befreit hat. Zuweilen empfiehlt es sich, besonders bei weiten Kanälen, die von Arrington angegebenen Nervextratoren (**Fig. 58**), von denen wir die brauchbarsten Formen

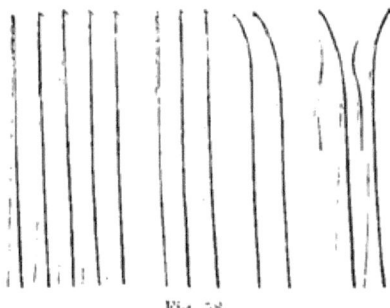

Fig. 58.

auf Tafel XVII, Fig. 15 und 16, abgebildet haben, zum Auskratzen der Kanäle zu gebrauchen. Rotationen dürfen aber mit diesen leicht brechenden Instrumenten nicht gemacht werden.

Die Wurzelkanäle der **unteren Eckzähne und Bicuspidaten** (**Fig. 59***) sind bei bequem hergerichteten Höhlen leicht mit dem Extractor zu reinigen und mit Phenolcement zu füllen. Die Pulpahöhle der Bicuspidaten muss an ihren Einschnürungen etwas trichterförmig erweitert werden, damit der Stopfer auf kein Hinderniss stösst.

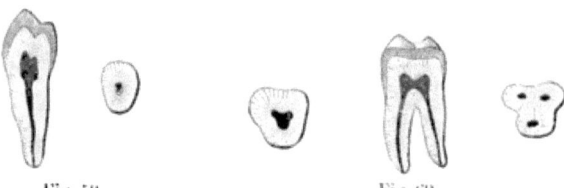

Fig. 59.   Fig. 60.

Ganz anders liegen die Verhältnisse bei **unteren Mahlzähnen** (**Fig. 60**), weil hier die Form der Wurzelkanäle sehr verschieden ist.

*) Die schematischen Zahndurchschnitte Fig. 59, 60, 61, 64, 66 und 68 nach Mühlreiter, Anatomie des menschlichen Gebisses.

Die Distalwurzel hat einen fast nahezu runden Kanal; Fälle, wo die Distalwurzel vollständig gespalten ist, also aus zwei Wurzeln besteht, sind selten (vergl. Fig. 33, Tafel XVIII). Dahingegen zeigt die Mesialwurzel ganz verschieden gestaltete Pulpakanäle. Der Pulpakanal dieser Doppelwurzel hat gewöhnlich einen schmalen, haarfeinen Zugang, der an der Basis in zwei feine Kanäle ausläuft, die entweder an der Wurzelspitze wieder zusammenfliessen oder in zwei feine Kanäle getrennt auslaufen. Die im Querschnitt spaltförmig erscheinenden Kanäle sind die gewöhnlichsten; selten hat die Mesialwurzel nur einen ovalen Kanal. Auch Verschmelzung der Mesial- und Distalwurzel zu einer mit einem gemeinschaftlichen Wurzelkanale kommt vor (cfr. Tafel XVIII, Fig. 27. und 20, 21. 29 31). Ich empfehle namentlich dem angehenden Zahnarzte das eingehende Studium dieser Wurzelkanäle, von denen Tafel XVIII eine Abbildung bringt.

Befindet sich die cariöse Höhle an der Mesialseite eines unteren Mahlzahnes, und ist von dem Zahne mit dem Schmelzmesser und der Feile ein keilförmiges Stück ( ) entfernt, so ist der Zugang zu den Wurzelkanälen am bequemsten und die Extraction der Wurzel aus den Distalkanälen leicht auszuführen. Von einer Centralcavität ist der Zugang zu den Distalwurzeln schon etwas schwieriger, doch gelingt die Extraction der Distalwurzel auch hier in den meisten Fällen. Liegt die Cavität an der Distalseite des Zahnes, lässt sich dann die Distalwurzel extrahiren, während die Mesialwurzeln dieser Zähne bei Personen mittleren Alters, bei denen wir gewöhnlich nur Wurzelfüllungen vornehmen, unter 100 Fällen sicher 95mal für unsere Extractoren unzugänglich sind*). Cariöse Defecte an den buccalen Flächen sind nicht selten, auch hier muss die cariöse Höhle gehörig erweitert werden; doch hüte man sich, mit den Bohrern zu weit unter den Zahnfleischrand zu bohren, damit die Cavität nicht etwa mit der Wurzelspalte zusammenfliesst.

Ganz unregelmässig sind die Wurzeln und auch die Kanäle der **unteren Weisheitszähne** gestaltet. Bald haben sie die Form der zweiten Mahlzähne, bald fliessen sie zu einem Pulpakanale zusammen, bald sind es drei völlig getrennte (cfr. Fig. 33—35. Tafel XVIII). Im Allgemeinen wird man sich nur selten dazu entschliessen, die Wurzelkanäle dieser Zähne zu füllen; will man es doch thun, so verhehle man sich die Schwierigkeiten nicht, die um so grösser sind, wenn die Cavität an der distalen oder Buccalfläche liegt.

Tafel XVIII. Kräftiger unterer Praemolar mit eröffneter Pulpahöhle Fig. 18. Querschnitt nahe am Halse eines ähnlichen Zahnes Fig. 19. Die eröffneten Mesialkanäle unterer Mahlzähne, die bei Fig. 20 an der Wurzelspitze wieder zusammenfliessen, bei Fig. 21 dagegen als haarfeine Fädchen getrennt auslaufen. Die Basis der Pulpahöhle eines jungen Mahlzahnes Fig. 22, die eines älteren Zahnes Fig. 26. Fig. 25 spaltförmige Verbindung der Wurzelkanäle. Fig. 23 und 24 zeigen uns die Eingänge zu den Wurzelkanälen am Grund der Pulpahöhle. Fig. 27 Querschnitt durch die Mitte einer Wurzel mit einem Centralkanale. Fig. 28 zwei verschmolzene Wurzelquerschnitte, mit centralen Kanälen. Fig. 29 eröffnete Wurzelkanäle eines älteren Zahnes, die Mesialkanäle getrennt. Fig. 30 eröffnete Wurzelkanäle eines jungen Zahnes mit spaltförmig verbundenen Mesialkanälen. Fig. 31 unterer Weisheits-

---

* Man versuche ja nicht, die beiden Mesialwurzelkanäle selbst zu erweitern oder sie durch Ausbohren der sie verbindenden Spalte in einen weiten Kanal zu verwandeln. Die Mesialwurzel hat zwischen ihren beiden Hälften kaum die Stärke eines Bohrers. Es würde beim Erweitern des Kanals von den Wänden nichts übrig bleiben, selbst wenn wir es mit ganz graden Wurzeln zu thun hätten; denken wir nun aber noch an die Krümmung nach hinten, so ist es klar, dass der Bohrer stets die vordere Wand der Mesialwurzel durchbohren und in die Alveole eindringen muss.

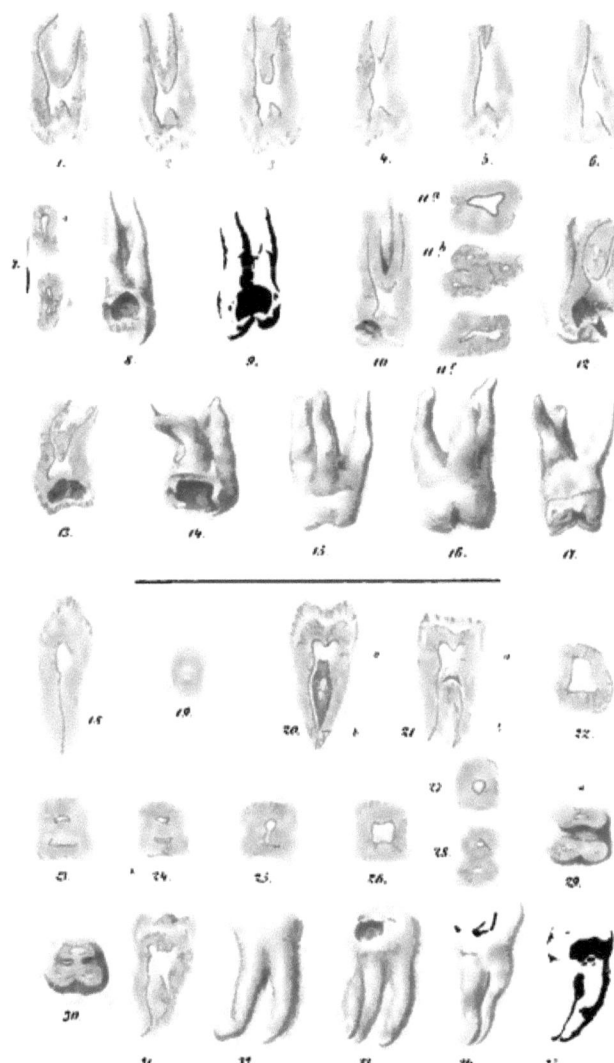

Zahn mit zusammenfliessenden Wurzelkanälen und scharf hervortretenden Pulpahörnern. Einen kräftigen unteren Mahlzahn mit starker Wurzelknickung haben wir in Fig. 32. Einen unteren Mahlzahn mit einer Mesial- und zwei Distalwurzeln in Fig. 33. Fig. 34 und 35, untere Weisheitszähne mit geknickten und verschmolzenen Wurzeln.

Beim Füllen der Wurzeln von Zähnen des Oberkiefers muss der Kopf des Patienten möglichst weit zurückgelegt und der Operationsstuhl so eingestellt werden, dass der frontale Durchschnitt der Zähne möglichst wagerecht zu liegen kommt. Der Spritzheber ist hier zum Einführen des Phenolchlorzink-Lösung nicht verwendbar. Um die Pulpahöhle (**Fig. 62**) anzufeuchten, nehme ich ein Stückchen

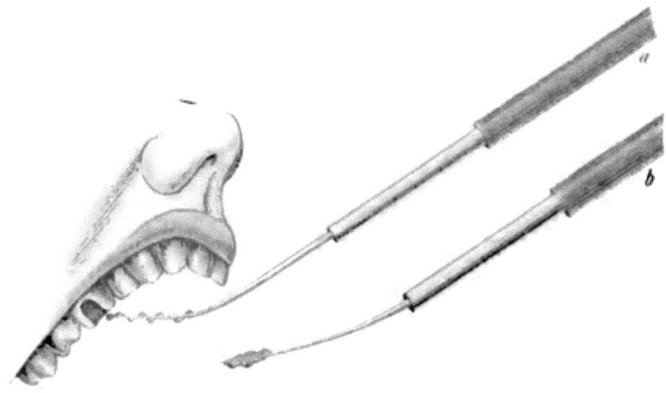

Fig. 62.

Schwamm, tränke es mit der Flüssigkeit, drücke dasselbe an den Wänden aus und pumpe nun die Wurzelkanäle mit passenden Stopfern, die ab und zu noch in die Lösung getaucht werden müssen, um so noch die einzelnen an der Sonde adhärirenden Tröpfchen (Fig. 62 *a*) einzuführen.

Ist dies geschehen, so nehme ich auf die Spitze *b* eine kleine Partie des Phenolcements und führe denselben durch entsprechende Bewegungen der Sonde hoch in die Wurzelkanäle ein, dann wird mit dem Spatel und der Pincette Phenolcement in die Pulpahöhle nachgelegt, bis dieselbe vollständig damit ausgefüllt ist. Zuletzt wird zum Schutz eine Decke von Chlorzinkcement aufgelegt.

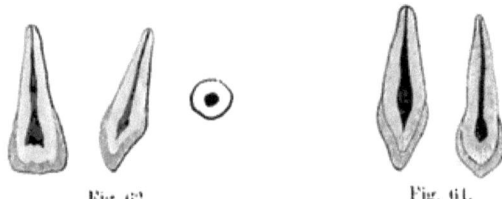

Fig. 63.   Fig. 64.

Bei den oberen **Schneidezähnen und Eckzähnen (Fig. 63 und 64)** ist sowol die Extraction der Pulpa als auch das Ausfüllen der Kanäle nicht schwer. Ist der Zugang zur Pulpahöhle gehörig erweitert, so gelingt die Reinigung der Wurzelkanäle von Pulparesten gewöhnlich vollständig*). Sind dagegen die Kanäle in Folge von Neubildungen schwer zugänglich, so kann man mit einer Reibahle oder elastischem Bohrer (Fig. 9 und 11, Tafel V) den Weg etwas freier machen. Man stösst jedoch auch hier zuweilen auf wandständige Dentinneubildungen, die, wie in Fig. 1, Tafel X, die Pulpa bis zur Hälfte der Wurzel fast erdrückt haben. Will man solche Zähne erhalten, so muss die Neubildung durchbohrt und der Rest der Pulpa, so gut als möglich, extrahirt werden. Man begnüge sich nicht damit, nur einen Theil des Pulpakanales freizulegen und mit Phenolcement zu füllen, sondern entferne auch den darunter sitzenden entzündeten oder zerfallenen Pulpastumpf.

Bei jugendlichen Individuen, wo diese Kanäle noch nicht geschlossen sind, oder wo man überhaupt mit der Wurzelsonde durch den Kanal hindurch in die Alveole hineinfahren kann, verstopfe ich das Foramen mit einem Stückchen Catgut und lege darauf den Phenolcement. (cfr. Seite 189.)

* Starke Schneidezähne mit breiten Kronen kann man event. auch von der lingualen Fläche aus bis zur Pulpahöhle durchbohren. Diese Art der Exstirpation empfiehlt sich besonders dann, wenn z. B. unter einer sonst tadellos eingelegten grösseren Goldfüllung die Pulpa nachträglich zerfällt. Hier wird man nie die Füllung, sondern immer den lingualen Höcker des Zahnes durchbohren, um so in gerader Linie den Extractor einzuführen und die Pulpa zu exstirpiren.

Wir wollen an dieser Stelle noch auf das Ausfüllen der Wurzelkanäle derjenigen Schneidezahnwurzeln hinweisen, deren Kronen abgeschnitten sind und einer Kautschuk- oder Goldplatte als Basis dienen sollen. Wo es irgend möglich ist, fülle ich seit einiger Zeit jede Schneidezahnwurzel mit Phenolcement. Die nebenstehende Skizze (**Fig. 65**) wird diese Behandlung des Wurzelkanals am besten erklären. *a* Catgut, welcher durch das weite Foramen in die Alveole geschoben ist, in dem Kanale *b* Phenolcement, *c* Chlorzinkcement, welcher in der trichterförmig erweiterten Höhle bei *d* von Kupferamalgam bedeckt wird. Sowol beim Abschneiden der Zahnkrone als auch beim Ausbohren achte man darauf, dass unter dem Zahnfleische ein kleiner Schmelzrand *e* stehen bleibe, der mit der Füllung au niveau liegt.

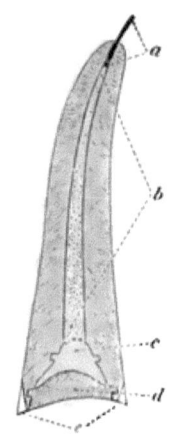

Fig. 65.

Nur so vorbereitete und gefüllte Wurzeln sollten eigentlich unter Kautschukplatten stehen bleiben, denn tagtäglich macht man die Erfahrung, dass nicht gefüllte oder zu tief abgeschnittene Schneidezahnwurzeln Fäulnissherde unter der Platte abgeben.

Fräulein W. aus H. war als siebenjähriges Mädchen auf das Gesicht gefallen und hatte dabei von dem rechtseitigen mittleren Schneidezahne ein Stück bis zum Zahnbeine quer abgeschlagen. Der Zahn blieb — wie dies in solchen Fällen gewöhnlich ist — eine lange Zeit gegen thermische Insulte sehr empfindlich. Fünf Jahre später traten jedoch wirkliche Schmerzen ein; es kam zur Eiterbildung und zur Zahnfleischfistel.

In diesem Zustande blieb der Zahn noch zwei Jahre ohne jede Behandlung, bis er mir ganz zufällig gezeigt wurde. Ich diagnostizierte in dem kaum etwas matt gewordenen Zahne trockne Gangrän der Pulpa und bohrte den Kanal lingual an, war jedoch nicht wenig erstaunt, als sich aus dem Kanal des seit zwei Jahren „schmerzfreien Zahnes„ beim Druck auf die Alveole nahezu ein halber Theelöffel voll Eiter entleerte. Nach gründlicher Reinigung des Wurzelkanals wurde in die Alveole und den Kanal Phenolöl eingepumpt, der Kanal selbst jedoch nicht geschlossen, ein Verfahren, das innerhalb acht Tagen dreimal wiederholt wurde. Die dann direkt vorgenommene Füllung der Wurzelspitze mit Catgut (s. oben) und des Kanals mit Phenolcement hatte den besten Erfolg. Das Bohrloch schloss ich mit Zinkphosphat.

Von allen Zähnen sind die Kanäle der **oberen Bicuspidaten** (**Fig. 66**) am schwierigsten zu füllen. Die plattgedrückte, unregelmässige Form des Kanales sowie die gespaltenen, dünnen, oft noch

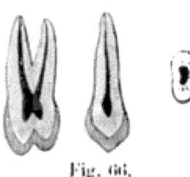

Fig. 66.

stark gekrümmten Wurzelausläufer erschweren die Operation ausserordentlich. Hierzu kommt noch die kleine Krone, die eine starke Erweiterung des cariösen Defects nicht gestattet.

Ehe man sich daher zum Füllen der Wurzeln dieser Zähne entschliesst, untersuche man die Stärke der Krone ganz genau. Liegt der cariöse Defect an einer Approximalfläche, was oft der Fall ist, so sondire man die gegenüberliegende Seitenfläche des Zahnes, ob sich nicht etwa auch hier schon Caries entwickelt hat. Oft genug ist dies der Fall, und dann ist der Zahn eigentlich keine Füllung mehr werth.

Soll gefüllt werden, so müssen die Zähne /-förmig separirt werden. Der platte, scheidenförmige Kanal wird in seinem Anfangstheile mit den feinsten Rosenbohrern etwas erweitert, die Pulpa, so gut als möglich, extrahirt (sie wird hier meist nur in Fetzen herausbefördert), die Höhle gehörig desinficirt und dann vorsichtig gefüllt, wobei man Sorge trägt, dass auch die Verzweigung der Kanäle (auch wenn noch Pulpagewebe in denselben sitzt) von den Wurzelstopfern erreicht wird, was allerdings von Distalhöhlen aus oft nur schwer ausgeführt werden kann. Auch hier empfehle ich, wie bei den oberen Mahlzähnen, die Schmelzdecke mit den Cylinderbohrern bis zur Mitte einzuschneiden. (cfr. Fig. 67, I.)

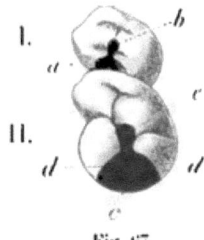

Fig. 67.

Fig. 67. I. Praemolar mit cariösem Defecte *a* an der Distalseite. Da, wo der Zahn scharf an der vorderen Fläche des ersten Mahlzahnes anliegt, kann man die Separation vermeiden und nur die cariöse Höhle nach *b* zu einschneiden, um Raum für den Extractor zu gewinnen.

II. Erster Mahlzahn mit einer grösseren Höhle *c*, die bei *d* separirt und bis *e* erweitert wird.

Bei **oberen Mahlzähnen (Fig. 68)** sind Wurzelfüllungen nicht so schwierig. Die Kronen dieser Zähne sind stark, und man kann

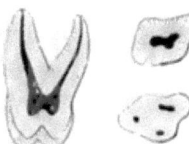

Fig. 68.

sich hier einen bequemen Zugang zur Pulpahöhle schaffen. Genügende Separation ist auch hier bei Füllungen an den Approximalflächen unerlässlich.

Liegt die Höhle an der mesialen Fläche, so ist die Operation leicht; denn der Gaumenwurzelkanal ist dann gewöhnlich bequem zu erreichen; die Herausnahme der Pulpa aus demselben glückt in den meisten Fällen. Dahingegen sind die Buccalwurzelkanäle unseren Extractoren und Wurzelstopfern fast immer unzugänglich. Nur wenn der cariöse Defect die Buccalfläche der Krone zerstört hat, gelingt es zuweilen, diese Kanäle mit dem Wurzelstopfer zu erreichen und theilweise zu füllen. Wir müssen uns also auch hier damit begnügen, die Eingänge zu diesen Kanälen etwas auszureiben, gut mit Phenollösung zu desinficiren und den Gaumenwurzelkanal und die Pulpahöhle mit Phenolcement zu füllen.

Bei den Distalflächen ist die Operation weit schwieriger. Hier muss die Pulpahöhle mit dem spitzwinkeligen Kniestücke so erweitert werden, dass man mit dem gebogenen Stopfer wenigstens die Gaumenwurzel erreichen kann. Die Erweiterung der Buccalkanäle ist hier kaum möglich. Trotzdem geben die Operationen an diesen Zähnen, wenn die pathologischen Verhältnisse genau erkannt wurden, in der Mehrzahl der Fälle gute Resultate.

Die Wurzelkanäle der **Weisheitszähne** des Oberkiefers werden, wie die des Unterkiefers, nur ausnahmsweise von uns gefüllt. Erkranken diese Zähne in einer noch geschlossenen Zahnreihe, und sind die Kronen schwach entwickelt, so extrahire ich dieselben lieber sogleich, um die Nachbarn gegen Caries zu schützen; nur dann, wenn die Zahnreihen schon stark gelichtet sind und der Patient die Zähne zum Kauen haben muss, führe ich an denselben Amputation und Wurzelfüllung aus.

Die Kanäle der oberen Weisheitszähne sind sehr verschieden geformt; wir begegnen drei-, vier- und fünfwurzeligen Zähnen, deren Kanäle überhaupt gar nicht zu erreichen sind. Bald finden wir ein- und zweiwurzelige Zähne mit weiten Pulpakanälen, aus denen wir zuweilen die Pulpa ganz gut entfernen können. In den meisten Fällen wird sich jedoch auch hier die Behandlung darauf beschränken müssen, die kranke Pulpakrone auszubohren und diese Höhle mit Phenolcement zu füllen.

Die verschiedenen Wurzelformen der oberen Bicuspidaten und Mahlzähne finden wir auf **Tafel XVIII**, Fig. 1—17.

Fig. 1—6 Längsschnitte von Bicuspidaten gewöhnlicher Form, welche die Gestalt der Pulpahöhle dieser Zähne genau illustriren. Fig. 7 Querschnitte durch den Halstheil von Bicuspidaten. Fig. 8

ein zweiter Praemolar mit zwei kräftig entwickelten Wurzeln, die durch eine dünne Lamelle theilweise verbunden sind. Ein hübsches Exemplar dieser Gattung mit drei vollständig entwickelten Wurzeln haben wir in Fig. 9. Fig. 10 eröffnete Pulpahöhle und Buccalkanäle eines jugendlichen Mahlzahnes. Fig. 11a Querschnitte durch die Krone mit normaler, 11c mit abnormer, spaltförmiger Pulpahöhle eines oberen Mahlzahnes; 11b Querschnitt durch drei verbundene Wurzeln. Fig. 12 eröffnete, stark gekrümmte Buccalkanäle eines kräftigen zweiten Mahlzahnes. Fig. 13 und 14 obere Weisheitszähne, der letztere mit vier theilweise verschmolzenen Wurzeln. Fig. 15 oberer zweiter Mahlzahn mit vier, Fig. 16, 17 mit stark gespreizten Wurzeln.

Eine **Vorbehandlung der Pulpakanäle** ist bei dem Ausfüllen der Wurzeln nach unserer Methode nicht nöthig, wenn wir es mit entzündeten Pulpen zu thun haben, die wir aus weiten Wurzelkanälen ganz extrahiren können. Die cariöse Höhle wird hier genau so vorbereitet, wie wir es bei der Pulpaamputation beschrieben haben. Nach der Zubereitung der Höhle wird die total entzündete Pulpakrone amputirt, die Pulpahöhle erweitert, ausgespritzt, mit Fliesspapier oder Coffer-dam trocken gelegt und mit Phenol betupft. Darauf werden die zugänglichen Pulpakanäle mit einem feinen, carbolisirten Extractor von den Pulparesten befreit, die entzündeten, blutenden Pulpafädchen in den engen Kanälen dagegen mit dem Extractor nicht berührt. Folgt der Extraction der Pulpawurzeln keine starke Blutung, so wird der Kanal ohne Verzug sofort mit Phenolcement gefüllt. Je schneller in diesem Falle der Kanal gegen das Eindringen von Fäulnisserregern geschützt wird, resp. je sorgfältiger die Höhle nach der Extraction mit schwacher alkoholischer Phenollösung*) ausgewaschen wird, um so sicherer ist der Erfolg.

Das provisorische Ausstopfen der Wurzelkanäle mit Baumwolle oder Seide hat hier gar keinen Zweck, denn gerade dadurch wird der Zerfall der nicht extrahirbaren dünnen Pulpawurzeln herbei-

---

* Alkohol 50,0. Acid. phenol. 2,0. Ol. Menthae, Ol. Caryophyllorum aa 1,0.

geführt, was wir durch unsere sofort ausgeführte antiseptische Wurzelfüllung verhindern.

Ist hingegen die Pulpakrone durch Gangrän ganz zerstört*), der Zahn ausserdem zwar nicht gelockert, aber doch gegen Percussion empfindlich, so extrahire ich die Pulpawurzeln nicht sofort, sondern lege erst auf einen Tag Phenol-Chlorzinklösung ein, nachdem ich die Pulpahöhle erweitert und mit einem warmen Wasserstrahle gut gereinigt habe. Für gewöhnlich verstopfe ich dann die Cavität nicht mit Mastixschwamm, sondern nur mit Baumwolle, um durch diese den sich etwa bildenden Gasen freien Abzug zu gestatten.

Ist durch diese Behandlung die leichte Irritation der Wurzelhaut, welche den Zerfall der Pulpa stets begleitet, nach drei Tagen ganz beseitigt, d. h. ist der Zahn gegen Percussion oder Druck nicht mehr so empfindlich, so extrahire ich die Pulpareste, so gut als möglich, und fülle die Kanäle sofort mit Phenolcement aus; im anderen Falle verbinde ich die Pulpahöhle noch einmal mit Phenoltannin und fülle den Zahn nach drei Tagen.

Eine längere Vorbehandlung habe ich in diesen Fällen bei meinem Verfahren nie nöthig gehabt.

Leichte Wurzelhautentzündungen verschwinden bei der oben angegebenen Behandlung gewöhnlich in einigen Tagen; bei hartnäckigen Periostiten mit bedeutender Lockerung des Zahnes muss — falls wir uns entschliessen auch solche Zähne conservativ zu behandeln — neben der streng antiphlogistischen allgemeinen Behandlung sofort eine örtliche den Wurzelkanal betreffende eingeleitet werden, wenn die ganze Kur überhaupt Erfolg haben soll.

---

*) Der Kanal der Distalwurzel ist bei allen unteren Mahlzähnen in der Regel unseren Instrumenten zugänglich, ebenso die Buccalwurzel-Kanäle der oberen Mahlzähne. Es sind Ausnahmen, wenn wir mit dem Extractor nicht bis zur Wurzelspitze eindringen können. Der Mesialwurzelkanal dieser Zähne hingegen kann nur in den seltensten Fällen von unseren Extractoren passirt werden, man wird sich begnügen müssen den Eingang zu den Kanälen mit den Bohrern trichterförmig etwas zu erweitern. Wir müssen also in allen Fällen die Pulpawurzel, gleichviel ob sie nur entzündet oder schon zerfallen ist, in diesem Kanale zurück lassen. Sind sie entzündet, so werden sie einfach überkappt, sind sie zerfallen, so stechen wir mit den feinsten Sonden so tief als möglich in die vorher etwas erweiterten Kanäle hinein, desinficiren und füllen, soweit sie zugänglich sind, mit Phenolcement, welcher den septischen Zerfall der Wurzelreste sicher verhütet.

Ich empfehle hier, wo es möglich ist, nach Aufbohrung und Reinigung der Pulpahöhle, stets mit einem haarfeinen Wurzelstopfer durch die Wurzelspitze hindurch in die Alveole einzudringen, um

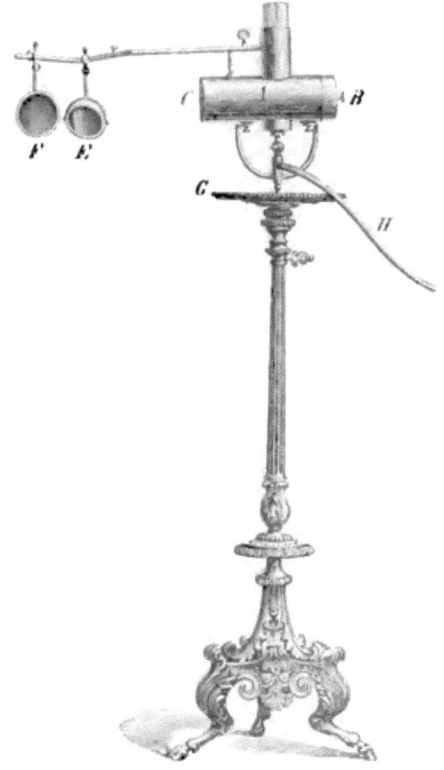

Fig. 69*.

dem Eiter resp. dem Exsudat einen Abfluss durch den Kanal zu verschaffen. Gelingt diese Operation, so hat der Patient **momentanen Nachlass** seiner heftigen Schmerzen. Sobald kein Eiter aus dem Kanal mehr abfliesst, spritze ich die Höhle mit

* Eine gute Beleuchtung des Operationsfeldes ist hier immer wünschenswerth. Bei trübem Tageslichte bediene ich mich zu diesem Zweck des Grohnwald'schen Stomatoscopes Fig. 69. *A* Camera. *B* der innere Reflector. *C* Tubus mit Linse. *E* Planspiegel. *F* Concavspiegel *G* Instrumententisch. *H* Gasschlauch. (cfr. V. J. Schrift. 1876. Seite 73.

warmem Wasser aus, pumpe in die Alveole mit grösster Vorsicht einen Tropfen Phenoltannin und stopfe die Pulpahöhle (nicht den Wurzelkanal) mit Watte, die mit Phenol-Chlorzinkjod getränkt ist, lose aus. Der Mastixverschluss darf hier in den ersten Tagen nicht angewendet werden. Daneben verordne ich, wenn die Schmerzen heftig sind, warme Hafergrützumschläge auf den Kiefer und sorge, wo es nöthig ist, durch ein gelindes Abführmittel (drei mal täglich einen Theelöffel voll Magnesia sulf. in Zuckerwasser) für regelmässige Darmentleerung. Ist Fieber vorhanden, so gebe ich hier in geeigneten Fällen ein bis zwei Morphium-Chinin-Pulver oder Dower'sche Pulver (die ich immer in meiner Hausapotheke habe) dem Patienten gleich mit. Das ist eine einfache innere Behandlung, die der Zahnarzt in leichten Fällen selbst zu leiten hat.

Kleine **Zahnfleischfisteln** geben keine Contraindication beim Wurzelfüllen ab. Besteht keine schmerzhafte Auftreibung der Alveole mehr, so fülle ich auch solche Zähne, wenn ihre Erhaltung wünschenswerth, sofort. Gelingt es dabei, den die Fistel veranlassenden Kanal gut zu reinigen und vollständig mit Phenolcement auszufüllen, so vernarben die Fisteln gewöhnlich bald und es erfolgt vollständige Heilung.

Besonders an Schneidezähnen, wo man ja gewöhnlich den Kanal gut reinigen kann, sah ich Zahnfleischfisteln, die Jahre lang jeder anderen Behandlung getrotzt hatten, nach sorgfältiger antiseptischer Füllung der Kanäle, oft in überraschend kurzer Zeit vernarben, mit vollständiger Wiederbefestigung der bis dahin gelockerten Zähne. (Vergl. die Berichte auf Seite 209 und 210.)

Ist jedoch die Alveole und der Kiefer stark aufgetrieben, der Zahn bedeutend gelockert, so greifen wir auf alle Fälle zur Zange und entfernen den Zahn, dessen Erhaltung hier nur auf Kosten des Patienten versucht werden kann.

Ich kann mich hier über die Behandlung der Periosterkrankungen nicht weiter verbreiten, jedenfalls lassen sich durch die hier nur skizzirten Behandlungen und durch nachfolgende antiseptische Verbände noch manche Zähne zum Füllen vorbereiten, die wir früher als unrettbar verloren ansehen mussten. Die nachstehenden Krankengeschichten liefern den Beweis dafür.

Erster Fall. Herr Dr. med. Ar. in St.., besuchte mich vor circa zwei Jahren wegen eines schmerzhaften oberen Mahlzahnes, der, obwol arg defect, doch mit einem einzigen Antagonisten des Unterkiefers das Kauen besorgen musste. Da die Erhaltung des Zahnes sehr gewünscht wurde, bohrte ich die Pulpahöhle auf, entfernte den zerfallenen Rest der Pulpakrone ganz und legte Watte mit der schon erwähnten Phenol-Chlorzink-Jodlösung ein. Nach zwei Tagen wurde die Pulpa aus der Gaumenwurzel extrahirt, die zerfallenen Buccalwurzeln mussten in den Kanälen zurückgelassen werden, und der Kanal und die Pulpahöhle wurden sofort mit Phenolcement, der cariöse Defect selbst mit Amalgam gefüllt. Der Zahn war noch mehrere Tage nach dieser Operation beim Kauen empfindlich, ist jedoch heute vollständig schmerzfrei und brauchbar.

Zweiter Fall. Bei dem Herrn Dr. med An. aus Ob.... war der zweite Mahlzahn des Oberkiefers an seiner Distalfläche cariös, und die Pulpa total entzündet. Dieselbe wurde freigelegt, cauterisirt und nach zwei Tagen amputirt. Von den entzündeten Pulpawurzeln aber konnte keine extrahirt werden. Nachdem die Blutung aus der Pulpawurzel gestillt war, betupfte ich den Stumpf mit Phenolmastix und füllte die ganze Pulpahöhle mit Phenolcement, die cariöse Höhle mit Kupferamalgam aus. Auch hier ist der Erfolg ein durchaus guter.

Dritter Fall. Herr Dr. med. G .... von hier besuchte mich, um sich den oberen rechten Mahlzahn extrahiren zu lassen; der kräftige Zahn war an der Mesialfläche cariös und so empfindlich, dass er kaum mit dem Finger berührt werden durfte.

Das Zahnfleisch und der Kiefer über der Gaumenwurzel war entzündlich infiltrirt und geschwollen, Zustände, die auf Wucherung des Wurzelperiostes (Eitersack) und beginnenden Alveolarabscess an dieser Wurzel schliessen liessen. Die Buccalfläche der Alveole war nicht aufgetrieben.

Die Behandlung bestand am ersten Tage in der Perforation der geschlossenen Pulpahöhle, Ausspritzen des Fäulnissdetritus und Einlegen von Phenoljod ohne Mastixverschluss, um den sich etwa bildenden Gasen durch die nur phenolisirte Watte freien Abzug zu gestatten. Die Schmerzen liessen nach dieser Behandlung bald nach. Am zweiten Tage war der Patient schmerzfrei, so dass die Pulpahöhle ganz eröffnet, und die Gaumenwurzel extrahirt werden konnte. Jetzt wurden mittelst der Sonde einige Tropfen der Phenollösung durch den entleerten Gaumenwurzelkanal tief in die Alveole eingepumpt, die Pulpahöhle mit Phenolwatte ausgefüllt, und nun ein Mastixverschluss hergestellt. Am vierten Tage der Behandlung war der Zahn wieder fest, und die Geschwulst des Zahnfleisches am harten Gaumen schon bedeutend zurückgetreten. Darauf wurde der Kanal der Gaumenwurzel sofort mit Phenolcement gefüllt, die zerfallenen, nicht extrahirten Pulpareste der Backenwurzel mit den feinsten, in die Phenol-Chlorzinklösung getauchten Stopfern durchstochen und auf diese Weise gründlich desinficirt, die Pulpahöhle mit Phenolcement, die Caviät aber in der gewöhnlichen Weise mit Amalgam gefüllt. Das Resultat dieser Operation ist ein vorzügliches; weder gleich nach der Operation noch später traten Recidiventzündungen ein.

Vierter Fall. Frau Sch. wurde vor mehreren Jahren während ihrer Anwesenheit in Frankfurt a. M. die Pulpa des linken oberen Eckzahnes canterisirt und nachher mit Creosotwatte bedeckt und die cariöse Höhle mit Guttapercha geschlossen. Ungefähr ein Jahr später traten in dem noch gefüllten Zahne wieder Schmerzen ein, und zwar in Folge einer Reizung des Periostes durch die nachträglich gangränös zerfallene Pulpa. Da die Symptome der Periostitis nach der vollständigen Extraction der Pulpawurzeln sogleich wesentlich nachliessen, desinficirte ich den Wurzelkanal mit Phenoltannin und füllte sofort mit Phenolcement, der mit Chlorzinkcement bedeckt wurde.

Am andern Tage traten nach dieser allerdings sehr kühnen Operation Schmerzen und leichte Schwellung der Alveole ein, die jedoch durch fortgesetzte warme Breiumschläge bald beseitigt wurden. Drei Tage darauf wurde der Rest der Cavität definitiv gefüllt.

Fünfter Fall. Bei Frau K aus H ... war die Pulpa des rechten Eckzahnes im Oberkiefer zerfallen. Bei der Eröffnung der Pulpahöhle entleerte sich ein stinkendes Sekret. Der Kanal wurde mit warmem Wasser ausgespritzt, von Pulparesten ganz befreit, und während der vier Stunden, die die auswärtige Patientin in der Stadt noch zubringen konnte, mehrmals mit Phenollösung ausgepumpt. Die Schmerzen waren durch dieses Verfahren wesentlich gemildert, so dass ich, da sie mich in den nächsten Tagen nicht wieder besuchen konnte, sofort zur Ausfüllung des Kanals schritt.

Dabei passirte es, dass durch den etwas unvorsichtigen Druck, den ich beim Auflegen des Chlorzinkcementes auf den noch weichen Phenolcement ausübte, wahrscheinlich ein Theil desselben durch das Wurzel-Foramen hindurch gepresst wurde. Der kaum beseitigte Schmerz trat sofort wieder ein, wurde jedoch durch eine Aconit-Jodtinktureinpinselung gemildert. In diesem Falle musste ich die Patientin auf nachfolgende Schmerzen vorbereiten, die sich dann auch gegen Abend mit Anschwellung des Gesichtes einstellten. Einige Morphium-Chininpulver und warme Hafergrützumschläge, die den anderen Tag fortgesetzt wurden, machten die Schmerzen bald erträglich, die nach zwei Tagen ganz verschwunden waren. Ungefähr nach fünf Tagen war der Zahn wieder so fest, dass er zum Kauen gebraucht werden konnte. Recidive traten nicht ein.

Die vorstehenden Krankenberichte bilden nur einen kleinen Theil derjenigen Operationen, die ich unter erschwerenden Umständen, zum Theil experimenti causa, ausgeführt habe. Wenn wir diese Erfolge mit den früher massgebenden Ansichten über das Ausfüllen der Wurzelkanäle bei Gangrän der Pulpa vergleichen, so müssen die Berichte fast wunderbar erscheinen, und doch sind sie nur als die nothwendige Folge einer rationellen Behandlung aufzufassen.

Es unterliegt keinem Zweifel, dass bei cariösen Zähnen sowol die Pulpaerkrankungen als auch die consecutiven Periostentzündungen zum grössten Theile rein septischer Natur sind, und jede Behandlung, die sich, wie die unsere, die Aufgabe stellt, den Fäulnissherd in der Pulpahöhle so rasch als möglich zu vernichten, in die Wurzelkanäle aber ein Füllungsmaterial zu bringen, das noch Tage lang antiseptisch nachwirkt und gleichzeitig diejenigen Mittel enthält, welche erfahrungsgemäss die wirksamsten bei der Behandlung der Periostitis sind, wird gleich gute Resultate zu verzeichnen haben. Es sind dies Resultate einer Behandlung, die auf gesunden Principien aufgebaut ist und sich deshalb allmählich auch sicher Bahn brechen wird, mit der jedoch nur Derjenige Erfolg haben kann, der die hier gegebenen Details beobachtet und dem es klar geworden ist, warum er so und nicht anders handeln muss.

Die Behandlung der Misserfolge.
Schlussbemerkungen.

Schmerzen nach der antiseptischen Ueberkappung der Pulpa, wenn dieselben direkt nach der Operation eintreten, können nur in einer Reizung der überdeckten Stelle — der Pulpawunde — und in der dadurch leicht herbeigeführten Hyperämie des schon irritirten Organes zu suchen sein. Die früher allgemein übliche Aetzung der Wunde durch Creosot und Chlorzink (cfr. Seite 20) sowie Quetschung der Pulpa durch unvorsichtiges Aufdrücken der Kappe schliesst unser Verfahren aus.

Dem entsprechend werden wir da, wo sich diese leichten, gleich nach der antiseptischen Ueberkappung eingetretenen Schmerzen nicht in einer halben Stunde spontan verlieren, Blutentziehung verordnen, und zwar bei Schneidezähnen und Bicuspidaten durch drei Blutegel, die wir in der Gegend der Wurzelspitze ansetzen lassen, bei Mahlzähnen durch Blutegel oder Scarification des Zahnfleisches. Zuweilen lässt sich auch eine direkte Blutentziehung aus den Alveolargefässen durch Extraction einer neben dem schmerzenden Zahne stehenden Wurzel ausführen. Der Erfolg ist in diesem Falle ein sehr guter. Bei messerscheuen Patienten kann man an der Stelle der Scarification durch wiederholte Einpinselung des Zahnfleisches mit Arnika- und Aconittinktur oder auch durch eine einmalige Einpinselung mit Jodtinktur eine ableitende Entzündung des Zahnfleisches herbeiführen und nachträglich eine Stunde lang kleine Eisstückchen zwischen Zahn und Backe nehmen lassen.

Lassen trotzdem die Schmerzen innerhalb 24 Stunden nicht nach, oder treten dieselben überhaupt erst einige Tage nach der

Ueberkappung spontan und mit einem Gefühle von Druck im Zahne auf, so kann man auf Entzündung der Pulpawunde und Exsudatansammlung schliessen, und thut dann gut — um der Totalentzündung vorzubeugen — die Füllung sofort wieder zu entfernen und die Pulpa direkt mit Arsenik zu cauterisiren.

Soll die Füllung geschont werden, so bohrt man Schneidezähne von der lingualen, Mahlzähne von der buccalen Fläche an und cauterisirt die Pulpakrone vom Bohrloch aus (cfr. Seite 133). Auf alle Fälle muss dann nach vorangegangener Erweiterung des Bohrloches bei Schneidezähnen die ganze Pulpa, bei Mahlzähnen die Pulpakrone exstirpirt werden, worauf man die Pulpahöhle direkt antiseptisch mit Phenolcement füllt; denn Verheilung einer mit dem Bohrer durchstochenen Pulpa ist ebensowenig zu erwarten, als dass der Bohrkanal sich durch Ersatzdentin schliesse. Ich wenigstens habe noch in keinem Falle einen solchen Naturheilungsprocess, wovon man zuweilen in den Büchern liest, an perforirten Zähnen beobachtet. Alle Pulpen, die ich mit dem Bohrer angestochen hatte, gingen zuletzt, gleichviel ob die Pulpakronen mit Arsen oder Creosot geätzt waren, durch Gangrän zu Grunde, und wenn auch die Caries an solchen Bohrlöchern langsame Fortschritte macht, so werden doch solche Zähne durch Zerfall der Pulpahöhlenwände bald missfarbig. Hierzu kommt noch, dass auch die Pulpawurzeln bald septisch zerfallen und so einen beständigen Reizzustand des Periostes unterhalten*).

Ganz dieselbe Behandlung hat man einzuschlagen, wenn eine indirekt überkappte Pulpa, d. h. eine solche, auf der etwas erweichtes Dentin über der irritirten Stelle (cfr. Krankenbericht auf Seite 53) zurückgelassen wurde, nachträglich schmerzt, nur dass man hier gleichzeitig an die schon früher erwähnte Schrumpfung**) der Pulpakrone zu denken hat. Ist die Pulpakrone unter der erweichten Dentinschicht geschrumpft, so werden natürlich Blutentziehungen nicht viel nützen; die sicherste Hülfe gewährt hier die Perforation des Zahnes und Extraction der zerfallenen Pulpa. So

---

*) cfr. den Krankenbericht auf Seite 31.
**) cfr. Seite 170.

lange jedoch der schmerzende Zahn seinen Glanz noch nicht verloren hat, ist es zweckmässig, es mit der antiphlogistischen Behandlung zu versuchen, ehe man zur Perforation schreitet.

Zuweilen verläuft die Ueberkappung Anfangs günstig, und erst nach Monaten treten — meist durch thermische Insulte — ganz plötzlich heftige Schmerzen in dem gefüllten Zahne ein, die dann gewöhnlich zur Entzündung der Pulpa führen. Ich beobachtete zwei solcher Fälle; in dem einen war bei einem Studenten, Herrn Sch., die Pulpa eines oberen Mahlzahnes überkappt, ungefähr acht Monate später wurde der mit Amalgam gefüllte Zahn, über dessen Pulpakappe — wie sich nach Entfernung der Füllung herausstellte — der schlechte Wärmeleiter fehlte, durch thermische Insulte so schmerzhaft, dass die Anbohrung und Cauterisation der Pulpa vorgenommen werden musste. Nach der Perforation, welcher eine reichliche Blutung, mit einem Tröpfchen Eiter vermischt, aus der angestochenen Pulpa folgte, und nach einer leichten Aetzung derselben mit Phenoltannin und Arsenik verschwanden die Symptome der Periostitis, die hier durch Hyperämie herbeigeführt waren, fast momentan; die Pulpakrone wurde am anderen Tage amputirt und der Zahn auf's Neue gefüllt.

Der zweite Fall betraf eine Dame, bei der ich die Pulpa eines unteren Mahlzahnes (in einer Distalhöhle) überkappt hatte. Der Zahn, der nur ab und zu gebrummt hatte, blieb zwei und ein halbes Jahr hindurch schmerzfrei, dann wurde er plötzlich empfindlich; es kam, noch ehe meine Hülfe wieder aufgesucht wurde, zur acuten Pulpitis und Periostitis, so dass der Zahn direkt extrahirt werden musste. Die Section ergab eine total entzündete Pulpakrone mit einem grossen, freien Dentikel, durch dessen allmähliches Wachsthum zuerst die Irritation herbeigeführt war, die dann durch thermische Insulte bis zur Entzündung gesteigert wurde. Bemerkenswerth ist, dass sich hier in keinem Falle Ersatzdentin gebildet hatte. Beide Cementkappen lagen noch unmittelbar der Pulpa an. Auch stärkere thermische Reizung der Pulpa durch eine dünne, feste Dentindecke hindurch kann zur Entzündung führen. Unter günstigen Verhältnissen kommt es hier vielleicht bei schwacher Reizung zur **Ersatzdentinbildung, bei stärkerer ist die Entfernung der**

Metallfüllung und der provisorische Verschluss der Höhle mit Guttapercha das einzige Mittel, die Pulpa zu retten.

Ueber die Behandlung der Pulpaentzündung in Folge von Dentinneubildungen haben wir bereits in dem Kapitel: „Ueber Neubildung in der Pulpa" ausführlich berichtet.

Ich habe noch an dieser Stelle vor dem zu **häufigen Gebrauche der Jodtinktur** behufs Einpinselung der Schleimhaut des Mundes zu warnen. Durch Beobachtungen von Schede und Volkmann in Halle*) ist constatirt worden, dass schon nach einer einmaligen Einpinselung von Jodtinktur auf die Haut in wenigen Minuten sich die Gefässe bedeutend erweitern und eine sehr starke Durchtränkung der Gewebe mit Blutplasma und eine Auswanderung zahlreicher weisser Blutkörperchen mit Bindegewebswucherung vorkommt. Erscheinungen, die man nicht allein in unmittelbarer Nähe der gepinselten Stelle, sondern tief im Muskelgewebe, ja selbst im Periost und im Knochenmark (beim Kaninchen) beobachtet hat. Es hatte sich somit ergeben, dass bei der verhältnissmässig leichten Reizung der Haut durch eine Jodpinselung auf ihre unverletzte Oberfläche schon dieselben pathologischen Veränderungen stattfinden, wie in der Nähe einer profusen Eiterung. Der weitere Verlauf war nach den Untersuchungen von Schede am Kaninchen restitutio in integrum.

Eine gleiche Wirkung lässt sich annehmen, wenn man die Jodtinktur auf das gesunde Zahnfleisch (Schleimhaut) applicirt, nur wird der Erfolg hier ein stärkerer sein; trifft der Reiz aber ein Gewebe, in dem schon acute entzündliche Vorgänge stattfinden, so liegt die Annahme nahe, dass wenigstens in manchen Fällen der im entzündlichen Zustande befindliche Theil nicht mehr im Stande ist, diesen doppelten Irritationen Widerstand zu leisten; statt der erwarteten restitutio in integrum haben wir dann eine hochgradige Steigerung der entzündlichen Processe, besonders wenn der neue Reiz ein so heftiger ist, wie wir ihn durch wiederholte Jodpinselung zu Stande bringen. Ist es nun auch noch

---

*) cfr. Verhandlungen der deutschen Gesellschaft für Chirurgie, erster Congress.

nicht durch das Experiment erwiesen, dass die Application der Jodtinktur auf das Zahnfleisch bei Periostitis gefährliche Folgen nach sich zieht, so dürften doch die nachstehenden Beobachtungen zur Vorsicht beim Gebrauche der Jodtinktur in diesen Fällen mahnen.

Frau S... besuchte mich im December v. J wegen einer leichten Periostitis an einem oberen cariösen Praemolar. Da sich die junge Frau der von mir vorgeschlagenen Extraction nicht unterziehen wollte, pinselte ich Jod-Aconittinktur auf das Zahnfleisch und verordnete eine gleiche Lösung täglich zweimal einzupinseln, worauf die Schmerzen bald verschwanden. Nach einiger Zeit trat die Periostitis wieder auf und die Patientin gebrauchte — ohne mich vorher wieder zu consultiren — die Jodtinktur täglich vier bis sechs mal (!) Einige Tage nach dieser forcirten Jodpinselung trat eine bretthart starke Geschwulst des Gesichtes, dann eine „septische Phlegmone" ein, die unter metastatischen Erscheinungen im Kniegelenk den **Tod der Patientin** herbeiführte.

Einen anderen Fall beobachtete ich bei einem 18jährigen Herrn. Hier trat schon nach einmaliger Einpinselung auf das Zahnfleisch an einem etwas periostkranken oberen Bicuspidaten über Nacht eine phlegmonöse schmerzlose Anschwellung des Gesichtes ein, die unter Salicylwatte-Verbänden auf die Backe nach 18 Stunden wieder zurücktrat.

Ob in diesen beiden Fällen die Phlegmone selbstständig aus Periostitis hervorgegangen war, oder erst in Folge des hinzutretenden starken Reizes der Jodpinselung, lässt sich allerdings nicht mit Sicherheit entscheiden. Es ist aber im höchsten Grade wahrscheinlich, dass das letztere der Fall war*).

Schmerzen nach der Amputation der Pulpakrone sind, wenn sie gleich nach der Ueberkappung der Wurzelstümpfe eintreten, auf Ueberfüllung der Wurzelkanäle zurückzuführen. Auch hier werden die ableitenden Mittel, die wir oben empfohlen haben, Hülfe bringen.

---

* Von der Anwendung der Jodtinktur bei Wurzelhautentzündung an cariösen Zähnen komme ich immer mehr und mehr zurück. Eine gründliche Desinfection des Wurzelkanals und eine leichte Reinigung der Alveole mit Phenoljod durch Einstreichung desselben zwischen Zahnhals und Zahnfleisch schafft viel schnellere Hülfe als die kritiklose Einpinselung mit Jodtinktur.

Die Schmerzen sind gewöhnlich erträglicher Natur, so dass in den meisten Fällen eine leichte, vom Arzte selbst vorzunehmende Jodpinselung genügt, das Uebel zu beseitigen. Da, wo (gewöhnlich nach einer Erkältung) der Zahn später plötzlich gegen Kälte und Wärme und auch gegen Percussion etwas empfindlich wird, empfehle ich neben den örtlichen Ableitungsmitteln auf das Zahnfleisch auch noch warme Breiumschläge auf die Backe und etwas Morphium und Chinin innerlich. Zuweilen sind auch Ableitungen auf den Darmkanal nützlich*).

Die Perforation der Pulpawuzeln, um den Pulpakanälen Luft zu verschaffen resp. die überkappten Pulpawurzeln zu cauterisiren, ist, da wir es hier nur äusserst selten mit Entzündung oder Gangrän der Pulpawurzeln zu thun haben, durchaus nutzlos, es wird mit dieser Operation gar nichts erreicht. (cfr. Seite 132.)

Treten in amputirten Pulpawurzeln erst nach Monaten Schmerzen ein, so sind sie entweder auf fortschreitende Thrombose oder auf Schrumpfung und Verkreidung der Pulpawurzeln und auf die dadurch gesetzte leichte Hyperämie der Wurzelhaut zurückzuführen. Im Allgemeinen sind die Erscheinungen doch derart, dass die Patienten die Genesung ohne Extraction der Zähne, die in diesem Stadium gewöhnlich sehr fest in den gesunden Alveolen stehen, gut abwarten können und wollen; die Schmerzen verschwinden in vielen Fällen ohne jede Hülfe oder nach der oben angegebenen Behandlung.

Die Behandlung der Misserfolge nach dem Ausfüllen der Wurzelkanäle ist im Wesentlichen von dem beschriebenen Verfahren nicht verschieden. Leicht brennende Schmerzen, die gleich nach dem Ausfüllen der Pulpahöhle entstehen, sind auf schwache Aetzung des Periostes, bedingt durch capillare Aufsaugung des Phenolcementes, zurückzuführen. Nur wenn der Druck auf den breitflüssigen Phenolcement aussergewöhnlich stark war, können Theile desselben durch die Wurzelspitze hindurch an das Periost oder in die Alveole gedrängt sein. In dem letzteren Falle werden die Schmerzen natürlich viel heftiger auftreten, aber auch hier — wenn die Periostitis selbst

---

*) cfr. die Capitel Pulpitis und Periostitis in dem Recept-Taschenbuche für Zahnärzte von Friedrich Kleinmann, Verlag von Arthur Felix.

bereits vor dem Füllen der Kanäle abgelaufen war — durch Blutentziehung und warme Umschläge bald gelindert werden. (cfr. Seite 210.)

Da, wo die leichte, entzündliche Schwellung der Wurzelhaut und des Zahnfleisches vor dem Füllen noch nicht ganz verschwunden war, wird, trotz Desinfection der Alveole und antiseptischer Wurzelfüllung, ein oder zwei Tage nach dem Ausfüllen der Kanäle durch Exsudatansammlung Periostitis der Alveole eintreten, die dann eine energisch fortgesetzte Behandlung mit warmen Breiumschlägen auf die Backe und Ausspülung des Mundes mit einem Decoct von Capitum papav., Herb. hyoscya (mit einem Zusatze von Natr. nitr.) behandelt wird.

Einschnitte in das Zahnfleisch verkürzen den Verlauf; sie sind nöthig, sobald sich Eiter unter dem Zahnfleische durch Fluctuation bemerkbar macht.

Durch diese Behandlung ist es mir bis jetzt noch in allen Fällen gelungen, einen Zahn, dessen Wurzelkanal ich gefüllt hatte und an dessen Erhaltung mir und dem Patienten viel lag, zu retten. Ab und zu zeigen sich wol leichte Affectionen des Periostes; wiederholte Eiterbildung habe ich nach einmaliger Entleerung der Alveole nach aussen, bei sorgfältiger Ausfüllung der Wurzelkanäle mit Phenolcement, noch nicht beobachtet.

Bei einer jungen Dame stellten sich ungefähr vier Wochen nach dem Ausfüllen der Wurzelkanäle eines oberen Praemolaren zuerst ziehende Schmerzen in dem Oberkiefer ein, die sich ab und zu zu heftigen neuralgischen Schmerzen in der ganzen Gesichtsfläche steigerten; Symptome, die auf Wurzelhautentzündung schliessen liessen, lagen nicht vor. Die von mir verordnete Einreibung von Veratrin und Jodkali (Veratrin 1,0, Morphium acet 0,5, Ungt. Kali jodat., Ungt. rosat aa 15,0) brachte nur wenig Linderung. Zuletzt überwies ich die Patientin der Behandlung des Hausarztes, der jedoch das Leiden auch nicht ganz zu heben vermochte.

Allem Anscheine nach standen die Gesichtsschmerzen mit einer Gemüthsbewegung im engsten Zusammenhange, denn als ein lang gehegter Wunsch plötzlich in Erfüllung ging, und meine Patientin glückliche Braut wurde, verschwand auch die Neuralgie in kurzer Zeit. Es war also hier der Bräutigam das beste Mittel, die Neuralgie zu beseitigen. Schade, dass derselbe nicht als Pharmakon in unseren Apotheken zu haben ist.

Auf keinen Fall entschliesse man sich, einen nach unserer Methode behandelten Zahn bei Nachschmerz sofort zu extrahiren. Es sind mir genug Fälle bekannt, dass Patienten Wochen und Monate lang über Unbequemlichkeit und Unbrauchbarkeit des Zahnes klagten, bis sie schnell davon befreit wurden, wenn sie plötzlich durch Schmerzen in der anderen Kieferseite gezwungen waren, die bis dahin ausser Dienst gelassenen Zähne zum Kauen wieder zu benutzen, so dass man eigentlich den Patienten direkt sagen kann, dass ihre gefüllten Zähne erst dann schmerzfrei werden und bleiben, wenn sie dieselben zum Kauen benutzen und ordentlich reinigen.

Ueberhaupt unternehme man die hier in Anregung gebrachten Operationen nur bei solchen Patienten, bei denen man voraussetzen darf, dass sie die gefüllten Zähne auch hinterher so pflegen werden, wie es zur Erhaltung derselben nöthig ist. **Dann suche man gleichzeitig nach und nach den Mund von sämmtlichen fauligen Wurzeln und Zähnen zu befreien, denn nur dann, wenn wir für eine gesunde Nachbarschaft sorgen, werden auch die von uns gefüllten Zähne gesund bleiben.**

Wir erzeigen dem Patienten keine Wohlthat, wenn wir zwischen faulenden Zahnresten die Pulpa eines besseren Zahnes cauterisiren und den Zahn füllen. Will oder kann sich der Patient seinen Mund nicht gründlich in Stand setzen lassen, dann extrahire ich die schmerzenden Zähne sofort, um den Fäulnissherd im Munde zu beseitigen; wenigstens schneide ich, muss ich cauterisiren, hier nachträglich stets die defecten Zahnkronen ab, so dass der Patient mit Zahnpulver und etwas Kornbranntwein oder Zahntinktur die glattgefeilten Wurzeln reinigen kann. Dadurch beugt man dem rapiden Zerfalle der Zahnreihe vor.

Ueberhaupt will ich nicht so verstanden sein, als sollte nach unserer Methode nun in Zukunft **jeder** kranke Zahn erhalten werden. Wir werden viele Zähne erhalten, die früher als rettungslos angesehen und extrahirt wurden, doch nicht alle.

Unsere Methode soll nur für die Fälle Anwendung finden, wo uns und dem Patienten an der Erhaltung eines oder mehrerer Zähne mit erkrankter Pulpa sehr viel gelegen ist, und solche Fälle kommen ja in jeder Praxis vor. Ich erinnere nur an folgende:

Erstens. Wenn einzelnstehende Mahlzähne des Ober- oder Unterkiefers das Kauen allein besorgen müssen und nun eine kranke Pulpa haben.

Zweitens. Wo wir noch kräftige Mahlzähne unter gleichen Verhältnissen als Stützpunkte für Zahnersatzstücke gebrauchen können.

Drittens. Wo in einer noch geschlossenen Zahnreihe ein Mahlzahn mit kräftiger Krone erkrankt, die übrigen Zähne des Mundes aber noch gesund sind.

Viertens. Endlich da, wo der Patient die Extraction fürchtet, sich aber willig jeder anderen Operation unterwirft, welche ihm Aussicht auf Erhaltung seines Zahnes bietet. (cfr. Seite 50.)

Das sind die Fälle, wo ich in meiner Praxis die hier genannten Operationen ausführe, dann aber auch — nachdem ich dem Patienten mit wenigen Worten die Prognose der einzelnen Operationen klargelegt habe — keine Zeit und Mühe scheue, ein gutes Resultat zu erreichen.

An jeden unserer Leser richten wir noch die Bitte, unsere Behandlung nicht etwa deshalb zu modificiren, weil sie im ersten Augenblick etwas umständlich erscheint. Bei einiger Uebung geht die Operation bald so schnell von Statten, wie wir es nur wünschen können*).

Im Allgemeinen werden ja die zahnärztlichen Leistungen gut honorirt, und ich bin daher der Meinung, dass Jeder, der sich Zahnarzt nennt und den Namen mit Recht führen will, auch bei der Behandlung der Pulpakrankheiten Zeit und Geduld seinen Patienten entgegenzubringen hat.

---

*) Werden die soeben besprochenen Operationen bei einem Patienten ausgeführt, der zum ersten Male die zahnärztliche Hülfe in Anspruch nimmt, so ist es richtig und zweckmässig, wenn irgend möglich, gleichzeitig eine leicht auszuführende Füllung in einem der miterkrankten Mahlzähne einzulegen. Dem Patienten wird hierdurch am besten bewiesen, dass ein kleines Uebel leichter und sicherer geheilt werden kann, als ein grosses, und unsere Ermahnungen, die wir dem Patienten mit auf den Weg geben, in Zukunft früher Hülfe bei uns zu suchen, werden besser verstanden und auch beachtet.

Zuletzt möchte ich noch dem jungen Zahnarzte dringend empfehlen, über alle von ihm ausgeführten Operationen **genaue übersichtliche statistische Tabellen** zu führen. Ich empfehle zu diesem Zwecke den Gebrauch der untenstehenden Kärtchen (**Fig. 70**), auf deren Kehrseite der Name und die Sprechstunden des Zahnarztes oder ein kleines Rechnungsformular steht.

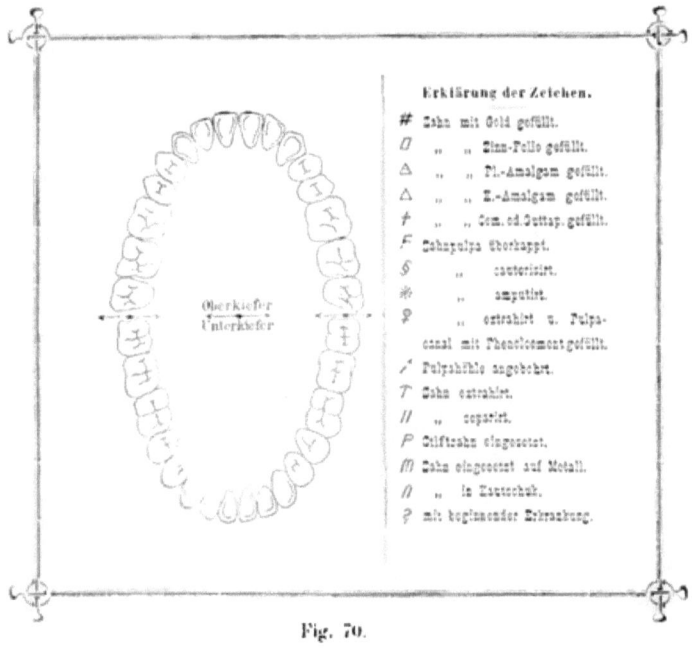

Fig. 70.

Durch solche Notizen wird nicht allein der behandelnde Arzt selbst, sondern werden auch seine Collegen sofort orientirt, wie die betreffenden von uns behandelten Zähne zur Zeit gefüllt worden sind. Es könnte durch die allgemeine Einführung einheitlicher Notizkarten manchem unangenehmen Irrthume vorgebeugt werden, und glaube ich dieselben daher nicht dringend genug empfehlen zu können. Selbstverständlich wird zudem jeder Patient von mir noch in das Tagesnotizbuch (Seiffert's Kalender für Zahnärzte oder den Preussischen Medizinalkalender) eingetragen und die Behandlung mit denselben Zeichen in einem Kreuzstrich notirt. Die behandelten Zähne werden dabei durch Zahlen bezeichnet und zwar erhält der mittlere Schneidezahn 1, der seitliche 2, der Eckzahn 3 u. s. w., der dritte Mahlzahn 8. Z. B:

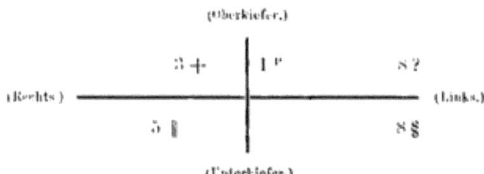

Die ganze Behandlung ist mit der Bleifeder in wenigen Minuten gebucht und gestattet am Schlusse des Monates genaue statistische Tabellen zu entwerfen, deren Werth wir hier gar nicht auszuführen brauchen, denn sie bilden ja für die Wissenschaft in vielen Fällen die einzige sichere Grundlage.

Mit der Beschreibung meiner Operationsmethode bin ich nun zu Ende; hoffentlich ist es mir gelungen durch Wort und Bild eine allgemein verständliche Darlegung derselben zu erzielen. Vielleicht wird, wer dieselbe nur einer flüchtigen Durchsicht gewürdigt hat, finden, ich sei an einigen Stellen etwas zu ausführlich gewesen; mit Rücksicht aber auf die Neuheit der Disciplin, die hier vorgetragen wird, ferner mit Rücksicht auf die bisherige Ausbildung der Zahnärzte in Deutschland, denen, wie wir aus eigener Erfahrung wissen, die eigentliche zahnärztliche Praxis früher nicht gelehrt worden ist, musste auf manche entfernt liegende Punkte zurückgegriffen werden.

Allerdings muss ich an die Geschicklichkeit und Sorgfalt eines Jeden, der nach unserer Methode operiren will, ziemlich hohe Anforderungen stellen. Denn in einer ungünstig gelegenen Höhle eine freigelegte Pulpa richtig zu überkappen, eine genaue Differenzialdiagnose zwischen irritirten und partiell entzündeten Pulpen zu stellen, die Verhältnisse endlich, unter denen eine Pulpa amputirt oder ein Wurzelkanal direkt gefüllt werden kann, richtig zu beurtheilen, das Alles erfordert eine bedeutend grössere Sachkenntniss und operative Geschicklichkeit, als eine kleine Cavität mit Gold zu füllen.

Mit unseren verbesserten Instrumenten sind jetzt kleinere und grössere Höhlen unter Benutzung des Coffer-dam schnell und sicher mit adhäsivem Gold gefüllt. Um dies zu erlernen, bedarf es keines besondern Studiums und keiner ärztlichen Vorbildung, das kann auch jeder geschickte Techniker erlernen, wenn er nur die uns zur Zeit fehlenden Lehrer findet.

Wir verkennen den Werth einer guten Goldfüllung keineswegs, wir wünschen nur, dass bei unseren Studirenden nicht der Glaube erweckt werde, als sei Jeder, der eine kleine unempfindliche Höhle mit Gold auszustopfen versteht, nun auch schon ein vortrefflicher Zahnarzt. Das ist er noch lange nicht, und es ist ein ganz falscher Massstab, die zahnärztliche Grösse nach der Grösse der Goldfüllungen bestimmen zu wollen, wir wollen in Deutschland keine Goldkünstler, sondern Zahnärzte ausbilden.

Dies ist die Aufgabe der modernen Zahnheilkunde, und wenn es mir geglückt sein sollte, durch diese Arbeit, deren Resultate nicht am Studirtische zusammengestellt, sondern vom grünen Baum der Praxis gepflückt sind, dem Studirenden einen sicheren Führer auf den Anfangs so mühseligen Weg zur Selbständigkeit mitgegeben zu haben, so ist der Zweck derselben erreicht.